航空油品军民融合系列丛书

民用机场供油工程

邓志彬　主　编

杨月新　詹婷雯　汤海平　赵　梁　副主编

王　立　熊　云　陈智亮　主　审

U0264502

中国石化出版社

内 容 提 要

本书紧扣民用航空油料保障需求，分章节介绍了航空油料基本特性、机场油库总图、供油工艺流程、储油设施、供油管道、动力机械与水力计算、飞机加油设施与作业、附属设施设备，内容涵盖了民用机场供油工程的系统概况、设施设备、设计计算、运行控制与安全管理；系统介绍了供油工程系统概况、工艺流程体系、关键设备设施原理与特性，可为从事民用航空机场油料保障方面的工程、教学、研究等专业人员提供理论依据与技术参考。

本书可以作为航空类高等院校航空油料储运工程等相关专业的教材，也可作为民航油料部门员工培训的参考教材。

图书在版编目(CIP)数据

民用机场供油工程/邓志彬主编. —北京：中国
石化出版社，2022.1
ISBN 978 - 7 - 5114 - 6534 - 4

Ⅰ. ①民… Ⅱ. ①邓… Ⅲ. ①民用机场 – 航空油料 –
供应 – 建筑工程 Ⅳ. ①V351.19

中国版本图书馆 CIP 数据核字(2022)第 016301 号

中国石化出版社出版发行
地址：北京市东城区安定门外大街 58 号
邮编：100011 电话：(010)57512500
发行部电话：(010)57512575
http://www.sinopec-press.com
E-mail：press@ sinopec.com
北京力信诚印刷有限公司印刷
全国各地新华书店经销
*
787 × 1092 毫米 16 开本 15.75 印张 348 千字
2022 年 2 月第 1 版 2022 年 2 月第 1 次印刷
定价：58.00 元

《民用机场供油工程》编委会

前言 PREFACE

航空油料是民航的"血液"，是民用航空器翱翔天空的动力源泉。航空油料保障作为民用航空业安全运行的重要组成部分，其技术和管理水平的提高，是我国实现由"民航大国"向"民航强国"历史性跨越发展的必然要求。本书紧扣民用航空油料保障实际需求，分章节介绍了机场供油工程概述、布局与功能、供油工艺流程、机场油库泵站、机场供油管道、航空油料装卸、航空油料储存、航空油料加注、附属设施设备，内容涵盖了民用机场供油工程的系统概况、工艺流程、设施设备、设计计算、运行控制与安全管理；系统介绍了供油工程系统概况、工艺流程体系、关键设备设施原理与特性，可为从事民用航空油料保障方面的工程、教学、研究等专业人员提供理论依据与技术参考。

目前，民航业和石油与化工行业中未见专门针对民用机场供油工程的专业教材。作为民航特色院校新建的航空油料储运方向本科生，应该选用具备民航特色和针对本专业特点的教材，因此我们组织相关专业教师从本科教学实际出发，集思广益，完成了本教材的编写工作。本书以民用航空机场供油工程为主线，内容设置由浅入深，循序渐进，涵盖了民用机场供油工程的发展历程、系统组成、规划设计、计算校核、运行、管理等方面的理论与知识。作为航空油料储运相关专业的课程教材，本书可以满足民用航空油料储运人才培养的基本要求。同时，教材结合相关最新的国家与行业标准规范和技术发展特点进行内容设置，也可为相关行业从业人员提供技术参考。

本书第1章、第5章、第9章由中国民用航空飞行学院邓志彬编写；第2章由詹婷雯编写；第3章、第6章、第8章由杨月新编写；第4章由赵梁编写；第7章由汤海平编写；中国民用航空飞行学院刘翔、南京航空航天大学金义参与了本书的编写和修订工作，全书由邓志彬统稿。

本书在编写过程中得到了中国民用航空局、解放军空军勤务学院、解放军陆军勤务学院、中国航空油料集团有限公司、西南石油大学等相关单位专家的支持与帮助，在此一并感谢！本书在编写过程中参阅和引用了大量文献资料，在此对作者表示感谢！

　　本书涉及专业范围广、技术性强，加之民用航空机场供油工程技术发展日新月异，书中难免有不妥甚至错误之处，敬请专家、读者不吝指正，共同促进民用航空油料保障技术和管理水平的提高。

目 录 CONTENTS

第1章 绪论 ……………………………………………………………………（ 1 ）

1.1 民用机场概述 …………………………………………………………（ 1 ）

1.1.1 机场概念与分类 …………………………………………………（ 1 ）

1.1.2 机场功能分区 ……………………………………………………（ 6 ）

1.1.3 机场管理与发展趋势 ……………………………………………（ 11 ）

1.2 航空油料及其基本特性 ………………………………………………（ 13 ）

1.2.1 石油概述 …………………………………………………………（ 13 ）

1.2.2 航空油料使用环境 ………………………………………………（ 15 ）

1.2.3 航空油料分类与特点 ……………………………………………（ 18 ）

1.3 民用机场供油工程概述 ………………………………………………（ 23 ）

1.3.1 定义与分类 ………………………………………………………（ 23 ）

1.3.2 系统组成 …………………………………………………………（ 24 ）

1.3.3 供油工程的发展趋势 ……………………………………………（ 30 ）

思考题 …………………………………………………………………………（ 31 ）

参考文献 ………………………………………………………………………（ 31 ）

第2章 布局与功能 ……………………………………………………………（ 33 ）

2.1 油库基本概念 …………………………………………………………（ 33 ）

2.1.1 定义 ………………………………………………………………（ 33 ）

2.1.2 油库类型 …………………………………………………………（ 34 ）

2.1.3 油库职能 …………………………………………………………（ 36 ）

2.2 油库的分级与分区 ……………………………………………………（ 37 ）

2.2.1 油库分级 …………………………………………………………（ 37 ）

2.2.2 油库分区 …………………………………………………………（ 38 ）

2.3 油库容量 ………………………………………………………………（ 41 ）

2.3.1 油库容量定义 ································· (42)

2.3.2 传统油库库容测算 ···························· (42)

2.3.3 机场油库库容测算 ···························· (44)

2.4 选址与规划 ······································ (46)

2.4.1 油库库址选择 ································· (46)

2.4.2 机场供油工程选址的特殊要求 ················· (50)

2.4.3 机场供油工程规划 ···························· (52)

2.5 总图设计 ·· (56)

2.5.1 总图布置原则 ································· (56)

2.5.2 总平面布置 ··································· (57)

2.5.3 道路布置 ····································· (62)

2.5.4 竖向设计 ····································· (63)

2.5.5 总图绘制 ····································· (65)

2.6 其他 ·· (67)

2.6.1 围墙与围界 ··································· (67)

2.6.2 绿化 ··· (67)

2.6.3 防火堤 ······································· (67)

思考题 ·· (71)

参考文献 ·· (71)

第3章 供油工艺流程 ·································· (72)

3.1 概述 ·· (72)

3.1.1 工艺流程设计任务 ···························· (72)

3.1.2 工艺流程制定原则 ···························· (73)

3.1.3 工艺流程绘制要求 ···························· (74)

3.2 管路系统 ·· (78)

3.2.1 单管系统 ····································· (78)

3.2.2 双管系统 ····································· (78)

3.2.3 独立系统 ····································· (78)

3.3 油库工艺流程图 ·································· (79)

3.3.1 中转油库工艺流程图 ·························· (79)

3.3.2 运输机场油库工艺流程图 ………………………………………（81）

3.3.3 小型运输机场油库工艺流程图 …………………………………（83）

3.3.4 通用航空机场油库工艺流程图 …………………………………（84）

3.4 供油工艺与设施材料 …………………………………………………（86）

3.4.1 机场供油工艺 ……………………………………………………（86）

3.4.2 设施材料 …………………………………………………………（91）

思考题 ………………………………………………………………………（96）

参考文献 ……………………………………………………………………（96）

第4章 机场油库泵站 ………………………………………………………（97）

4.1 概述 ……………………………………………………………………（97）

4.2 泵站工艺 ………………………………………………………………（98）

4.2.1 运输机场泵站工艺 ………………………………………………（98）

4.2.2 小型机场泵站工艺 ………………………………………………（100）

4.2.3 通用机场泵站工艺 ………………………………………………（101）

4.3 离心泵工况调节与联合使用 …………………………………………（102）

4.3.1 离心泵管路特性与工作点 ………………………………………（102）

4.3.2 阀门调节 …………………………………………………………（103）

4.3.3 转速调节 …………………………………………………………（104）

4.3.4 离心泵联合使用 …………………………………………………（104）

4.4 泵房位置、布置与建筑要求 …………………………………………（106）

4.4.1 泵房位置与布置 …………………………………………………（106）

4.4.2 泵房建筑要求 ……………………………………………………（107）

4.5 泵站安全管理 …………………………………………………………（108）

思考题 ………………………………………………………………………（111）

参考文献 ……………………………………………………………………（111）

第5章 机场供油管道 ………………………………………………………（112）

5.1 供油管道概述 …………………………………………………………（112）

5.1.1 定义 ………………………………………………………………（112）

5.1.2 分类 ………………………………………………………………（112）

5.2 库内工艺管道 …………………………………………………………（113）

5.2.1　管材种类 ··· (113)

5.2.2　水力计算 ··· (115)

5.2.3　强度计算 ··· (117)

5.2.4　安装与验收 ··· (119)

5.3　机坪管道 ··· (125)

5.3.1　定义与分类 ··· (125)

5.3.2　机坪管道构型与设计要求 ····································· (126)

5.3.3　机坪管道设施设备 ··· (128)

5.3.4　机坪管道恒压系统 ··· (130)

5.4　管道的管理与防护 ·· (132)

5.4.1　管道完整性管理 ··· (132)

5.4.2　管道腐蚀与防护 ··· (133)

5.4.3　管道泄漏检测 ·· (136)

思考题 ·· (140)

参考文献 ·· (140)

第6章　航空油料装卸 ··· (141)

6.1　铁路装卸 ··· (141)

6.1.1　概述 ··· (141)

6.1.2　装卸工艺 ··· (146)

6.1.3　装卸作业管理 ·· (149)

6.2　水路装卸 ··· (151)

6.2.1　概述 ··· (151)

6.2.2　装卸工艺 ··· (154)

6.2.3　装卸作业管理 ·· (155)

6.3　公路装卸 ··· (156)

6.3.1　概述 ··· (156)

6.3.2　装卸工艺 ··· (157)

6.3.3　装卸作业管理 ·· (159)

6.4　质量控制与计量管理 ·· (161)

6.4.1　接收质量控制 ·· (161)

　　　6.4.2　发出质量控制 ……………………………………………（164）

　　　6.4.3　收发计量管理 ……………………………………………（166）

　　思考题 …………………………………………………………………（168）

　　参考文献 ………………………………………………………………（169）

第7章　航空油料储存 ……………………………………………（170）

　7.1　概述 …………………………………………………………………（170）

　7.2　民用运输机场航空油料储存 ……………………………………（170）

　　　7.2.1　民用机场油料储存系统布置 ……………………………（170）

　　　7.2.2　民用机场油料储存装置选型 ……………………………（174）

　　　7.2.3　民用机场油料储存系统附属设施要求 …………………（175）

　7.3　小型民用运输机场航空油料储存 ………………………………（178）

　　　7.3.1　小型民用运输机场油料储存装置选型 …………………（178）

　　　7.3.2　立式储存系统与附属设备要求 …………………………（179）

　　　7.3.3　卧式储存系统与附属设备要求 …………………………（180）

　7.4　通用航空机场航空油料储存 ……………………………………（181）

　　　7.4.1　通用航空机场油料储存系统 ……………………………（181）

　　　7.4.2　通用航空机场油料储存要求 ……………………………（182）

　7.5　机场航空油料储存日常安全管理 ………………………………（182）

　　　7.5.1　管理的目的与制度 ………………………………………（182）

　　　7.5.2　航空油料储存设施完好性管理 …………………………（183）

　　　7.5.3　航空油料储存安全容量管理 ……………………………（184）

　　　7.5.4　航空油料储存设施运行安全管理 ………………………（186）

　　思考题 …………………………………………………………………（190）

　　参考文献 ………………………………………………………………（190）

第8章　航空油料加注 ……………………………………………（191）

　8.1　概述 …………………………………………………………………（191）

　　　8.1.1　加注流程与结构 …………………………………………（191）

　　　8.1.2　航空器简介 ………………………………………………（192）

　　　8.1.3　加注运行管理 ……………………………………………（197）

　8.2　罐式加油作业 ………………………………………………………（201）

8.2.1 罐式加油车概述 …………………………………………………… (201)

8.2.2 罐式加油工艺 …………………………………………………… (202)

8.2.3 罐式加油作业管理 ……………………………………………… (206)

8.3 管线加油作业 ……………………………………………………… (212)

8.3.1 管线加油车概述 ………………………………………………… (212)

8.3.2 管线加油工艺 …………………………………………………… (212)

8.3.3 管线加油作业管理 ……………………………………………… (215)

8.4 撬装加油作业 ……………………………………………………… (216)

8.4.1 撬装加油装置概述 ……………………………………………… (216)

8.4.2 撬装加油工艺 …………………………………………………… (217)

8.4.3 撬装加油作业管理 ……………………………………………… (218)

8.5 质量控制与计量管理 ……………………………………………… (219)

8.5.1 日常维护检查 …………………………………………………… (219)

8.5.2 日常取样检查 …………………………………………………… (220)

8.5.3 加油过程中取样检查 …………………………………………… (220)

8.5.4 计量管理 ………………………………………………………… (221)

思考题 …………………………………………………………………… (222)

参考文献 ………………………………………………………………… (222)

第9章 附属系统 ……………………………………………………… (224)

9.1 安全标志与标识 …………………………………………………… (224)

9.1.1 设施设备标识 …………………………………………………… (224)

9.1.2 职业健康、安全与环保标识 …………………………………… (226)

9.2 油库供配电系统 …………………………………………………… (227)

9.2.1 供电电源与线路要求 …………………………………………… (227)

9.2.2 不同环境的供配电 ……………………………………………… (229)

9.3 供油信息化系统 …………………………………………………… (230)

9.3.1 总体要求 ………………………………………………………… (230)

9.3.2 仪表与通信 ……………………………………………………… (231)

9.3.3 报警与联锁联动 ………………………………………………… (233)

9.3.4 紧急关闭系统 …………………………………………………… (233)

9.4 消防、安防与给排水 ……………………………………………（234）

9.4.1 消防系统 ………………………………………………（234）

9.4.2 安防系统 ………………………………………………（236）

9.4.3 给排水与污水处理 ……………………………………（236）

思考题 …………………………………………………………（237）

参考文献 ………………………………………………………（238）

第1章 绪 论

1.1 民用机场概述

1.1.1 机场概念与分类

随着国际交流的增多及经济文化的发展，民航运输已成为国际间往来的主要通道。在国内，民航运输量也在持续增加。民航运输快捷、舒适，大大缩短了空间和时间对人类活动的限制，给政治、经济、文化及社会生活带来了巨大影响。

民航运输系统由以下四部分组成：飞机(又称机队)、机场、航路和客户。客户是航空服务的对象，飞机是运载工具。两地之间预定的航空运输路线称为航线，飞机沿航线在空中飞行的通道称为航路，航线构成了航空运输网络，网络的交节点就是机场。四者之间相互制约，相互影响，相互促进，机场则是它们的交汇点。飞机性能的提高和载重的增加以及机队的扩大为客户带来了方便，推动了运输业的发展，但也对机场提出了更高要求。

1. 机场的概念

1)机场的定义

按照中国民用航空总局 2013 年发布的 MH 5001—2013《民用机场飞行区技术标准》规定：机场(aerodrome)是在地面或水面上划定的一块区域，包括相关的各种建筑物、设施和装置，供飞机起飞、着陆、停放、加油、维修及组织飞行保障活动使用的场所。简而言之，机场是指可供飞机起飞、降落、滑行、停放的场地和有关的建筑物及设施的总称。

机场作为公共交通设施，具有公益性设施所共有的社会属性。20 世纪 80 年代以来，随着航空运输业市场化程度的不断加深，机场的运营管理也开始了公司化的进程，尤其是 80 年代后期的机场私有化趋势，在世界范围内逐步形成了一批以现代企业制度为主要特征的机场管理公司，这些公司向海外的管理输出，对世界和我国的机场产生了极其深刻的影响。同时，机场的建设与运营关系到航空公司的生存发展乃至国家利益和人民生命财产安全，世界各国政府都在一定程度上对机场的建设与运营进行宏观调控和推行行政许可制度。中国民航管理体制的改革，在机场属地化的同时，也加快了机场公司化的进程。目前，我国已相继形成了若干上市的机场股份有限公司、机场集团公司，一些国内著名的机场公司也有管理输出的趋势，中国机场业的竞争日益加剧。

2)机场的功能

民航机场是飞机飞行运输的起点站、终点站，又是经停站。其功能主要如下：

（1）最主要且最根本的是供飞机安全、及时、有序地起飞和着陆。

（2）在飞机起降前后，提供各种设施和方便，供旅客舒适快捷地上下飞机，供货邮按时上下飞机。

（3）提供包括维护和修理在内的各种技术服务，如通信导航、空中交通管制、航空气象、航空情报等。

（4）为飞机提供给养（燃油、食品、水、航材等）和清除运走废弃物。

（5）提供方便和迅速的地面交通连接外界，为旅客和货邮的到达及离开机场提供方便的地面交通道路。

（6）一旦飞机发生事故时，能提供消防和紧急救援服务。

（7）机场功能的扩大，即提供多种衍生的商业服务。

3）机场的基本服务

从服务的对象和服务内容而言，民用航空机场一般提供以下三个层次的基本服务：

（1）基本的营运服务（essential operational services and facilities）。保障飞机和机场用户的安全，包括：空中交通管制（ATC）、飞机进近和着陆、气象服务、通信、警察和保安、消防和急救（包括搜寻和援救）、跑道和房屋的维护。

（2）处理交通流量的服务（traffic－handling services）。与飞机有关的活动，如清洁、动力的提供、行李/货物的装载和卸载，这些活动有时候也称作地面作业。有的活动直接和交通量有关，包含旅客、行李、货物运输。

（3）商业活动服务（commercial activities）。通常包括经营商店、饭店、酒吧、报摊、停车场、电影院、保龄球、理发店、超市、会议中心和宾馆等，还包括候机楼和机场的土地。

2. 机场的分类

由于机场是提供航空运输服务的基础和核心，根据其服务对象、所起作用、航线性质、旅客乘机目的等可有多种分类方法。

1）按服务对象划分

军用机场：供军事飞行专用的机场，是军用飞机起飞、着陆、停放和组织、保障飞行活动的场所，也是航空兵进行作战训练等各项任务的基地。

民用机场：包括民用运输机场和通用机场。其中民用运输机场为从事旅客、货物运输等公共航空运输活动的民用飞机提供起飞、降落等服务的机场，简称"运输机场"；通用机场就是使用民用航空器从事公共航空运输以外的民用航空活动而使用的机场，也就是专门为民航的"通用航空"飞行任务起降的机场。运输机场飞行的航空器目前大多为波音和空中客车两大系列的支干线客机，还有少量其他系列；而通用机场飞行的航空器具有低、慢、小等特征，包括固定翼飞机和直升机，型号系列比较繁杂；通用机场大多设在没有运输机场的地域，其建设成本比运输机场要低得多。

军民合用机场：既有军事飞行，又从事民用航空运输的机场。

2）按在民航运输网络系统中所起的作用划分

枢纽机场：连接国际、国内，航线密集的大型机场，例如，北京首都机场、上海虹桥机场和广州白云机场。

干线机场：以国内航线为主，空运量较为集中的机场。这类机场主要是指省会、自治区首府、重要工业、旅游、开放城市的机场，例如大连周水子国际机场、厦门高崎国际机场、桂林两江机场、深圳宝安国际机场等。

支线机场：这类机场大多分布在各省、自治区地面交通不太方便的地方，机场规模一般较小，等级也较低，例如丽江机场、喀什机场、黄龙机场等。

3）按航线性质划分

国际航线机场：提供国与国之间航空运输的机场，有国际航班进出，并设有海关、边防检查（移民检查）、卫生检疫和动植物检疫等政府联检机构。国际机场又可分为国际定期航班机场、国际定期航班备降机场和国际不定期航班机场。

国内航线机场：专供国内航线使用的机场，包括在我国大陆民航运输企业与香港、澳门地区之间定期或不定期航班飞行使用的地区航线机场。

4）按机场所在城市的性质、地位划分

Ⅰ类机场：即全国经济、政治、文化大城市的机场，是全国航空运输网络和国际航线的枢纽，运输业务繁忙，除承担直达客货运输外，还具有中转功能。北京、上海、广州的机场均属于此类机场，亦为枢纽机场。

Ⅱ类机场：即省会、自治区首府、直辖市和重要的经济特区、开放城市和旅游城市，或经济发达、人口密集城市的机场，可以建立跨省、跨区域的国内航线，是区域或省区内民航运输的枢纽，有的可开辟少量的国际航线，亦为干线机场。

Ⅲ类机场：即国内经济比较发达的中小城市，或一般的对外开放和旅游城市的机场，除开辟区域和省区内支线外，可与少量跨省区中心城市建立航线，故也可称为次干线机场，如青岛、温州、三亚等城市的机场。

Ⅳ类机场：即省、自治区内经济比较发达的中小城市和旅游城市，或经济欠发达、但地面交通不便城市的机场。航线主要是在本省区内或连接邻近省区。这类机场也可称为支线机场。

5）按旅客乘机目的划分

始发/终程机场：始发和终程旅客占旅客的大多数，始发和终程的飞机或掉头回程架次比例很高。目前国内机场大多属于这类机场。

经停（过境）机场：往往位于航线的经停点，没有或很少有始发航班飞机，只有比例不大的始发/终程旅客，绝大多数是过境旅客，飞机一般停驻时间很短。

中转（转机）机场：有相当大比例的旅客下飞机后，立即转乘其他航线的航班飞机飞往目的地。

除以上所述几种划分机场类别的标准外，从安全飞行角度考虑还须确定备降机场。备降机场是指在飞行计划中事先规定的，当预定着陆机场不宜着陆时，飞机可前往着陆的机场。其中，起飞机场也可以是备降机场。在我国，备降机场是由民航总局事先确定的。如太原机场、天津机场和大连机场为首都机场的备降机场。

3. 机场的分级

对于实际运行中的机场，除了按照上述的分类方法进行简单的性质分类外，为了更加精准地实现对机场的规划、设计、建设、运行全流程的管理，对于不同机场，还有具体的分级标准，一般有如下几种分级方法：

1）国际民航组织飞行区等级代码（ICAO Aerodrome Reference Code）

决定机场基础设施大小的一个主要因素是航空器的种类及其使用的设施与起降架次。例如大飞机，意味着大的载运量同时出现在候机楼，并占用大面积的机坪，需要大量燃油，需要很长的跑道。ICAO 为了将航空器与机场匹配这一目的，开发了国际统一的标准，并公布在《芝加哥公约》（Chicago Convention）的附件，即附件 14—机场（Annex 14 – Aerodromes）中，中国民用航空局发布的民航规范 MH 5001—2013《民用机场飞行区技术标准》在总则中对其有直接应用。相关数据如表 1 – 1 所示。

表 1 – 1　机场飞行区等级指标

指标 I		指标 II		
数码	基准场道长度/m	字码	翼展/m	主起落架外轮缘之间的距离/m
1	<800	A	<15	<4.5
2	800 ~ 1200（不包括）	B	15 ~ 24（不包括）	4.5 ~ 6（不包括）
3	1200 ~ 1800（不包括）	C	24 ~ 36（不包括）	6 ~ 9（不包括）
4	≥1800	D	36 ~ 52（不包括）	9 ~ 14（不包括）
		E	52 ~ 65（不包括）	9 ~ 14（不包括）
		F	65 ~ 80（不包括）	14 ~ 16（不包括）

该规范将机场飞行区按基准场地长度划分为 4 级，以数码表示；并按飞机的翼展大小和主起落架外轮缘间距离划分为 6 级，以字码表示。在表 1 – 1 中，数码表示的飞机基准飞行场地长度，是指飞机基准飞行场地长度，是在相应飞机的飞行手册中所载的，由发证当局规定的或由飞机制造厂提供的等量数据，当该机型的最大批准的起飞重量，在海平面、无风和跑道无坡条件（即海拔高度为零，气温 15℃，无风，跑道坡度为零的标准条件）下对起飞所需的最小飞行场地长度。在使用情况下，飞机场地长度指飞机的平衡飞行场地长度，或在其他情况下为起飞距离。字码应选择翼展或主起落架外轮外侧边间距要求较高者。而在附件 14（第八版）中，主起落架外轮外边距已不作为确定飞行区指标 II 需要考虑的因素，只考虑翼展因素。

根据国际民航组织的规定，飞行区等级由第一要素数码（等级指标 I）和第二要素字码（等级指标 II）的基准代号划分，用来确定跑道长度或所需道面强度，即所能起降型机的种类和大小。不同代码及与之匹配的飞机种类见表 1 – 2 所示。

表 1 – 2　飞行区代码与其匹配的飞机种类

ICAO Reference Code	飞机类型
Code 4E	B747 – 400（100 – 400series），A330，A340，B777
Code 4D	DC – 10，MD11，L1011，B767，A300，A310
Code 4C	A320，B727，B737
Code 3C	F100，Bae146，F50

续表

ICAO Reference Code	飞机类型
Code 2C	Dash8
Code 2B	Saab340，Metroliner，Bandeirante
Code 1B	Dornier228，Twin Otter

2）跑道导航设施等级

（1）非仪表跑道：供飞机用目视进近程序飞行的跑道，代字为 V。

（2）仪表跑道，供飞机用仪表进近程序飞行的跑道。可分为：

①非精密进近跑道：装备相应的目视助航设备和非目视助航设备的仪表跑道，能足以对直接进近提供方向性引导，代字为 NP；

②Ⅰ类精密进近跑道：装备仪表着陆系统和（或）微波着陆系统以及目视助航设备，能供飞机在决断高度低至 60m 和跑道视程低至 800m 时着陆的仪表跑道，代字为 CATⅠ；

③Ⅱ类精密进近跑道：装备仪表着陆系统和（或）微波着陆系统以及目视助航设备，能供飞机在决断高度低至 30m 和跑道视程低至 400m 时着陆的仪表跑道，代字为 CATⅡ；

④Ⅲ类精密进近跑道：装备仪表着陆系统和（或）微波着陆系统的仪表跑道。该系统可引导飞机直至跑道，并沿道面着陆及滑跑。它又根据对目视助航设备的需要程度分为 A、B、C 三类，分别以 CATⅢA、CATⅢB、CATⅢC 为代字。

可根据运行中的决断高度和跑道视程对不同运行进行分类。其中，决断高度是指在飞机做精密进近飞行中规定的高度，在该高度，如不能看到继续进近所需的目视参考物或标志等则必须开始复飞；而跑道视程则是指飞机驾驶员在跑道中线上所能看见的跑道表面标志，或标出跑道外廓的灯光，或辨认出其中线的距离。具体分类如下：

Ⅰ类运行：决断高度不低于 60m，能见度不小于 800m 或跑道视程不小于 550m 的精密进近和着陆。

Ⅱ类运行：决断高度低于 60m，但不低于 30m，跑道视程不小于 350m 的精密进近和着陆。

ⅢA 类运行：决断高度低于 30m，或无决断高，跑道视程不小于 200m 的精密进近和着陆。

ⅢB 类运行：决断高度低于 30m，或无决断高，跑道视程小于 200m，但不小于 50m 的精密进近和着陆。

ⅢC 类运行：无决断高度和无跑道视程的精密进近和着陆。

3）航站业务量规模等级划分

按照航站业务量对其等级进行划分，可参考表 1-3。

表 1-3 航站业务量规模分级标准

航站等级	年旅客吞吐量/万人	年货邮吞吐量/kt
小型	<10	<2
中小型	10~50(不包括)	2~12.5(不包括)

续表

航站等级	年旅客吞吐量/万人	年货邮吞吐量/kt
中型	50~300(不包括)	12.5~100(不包括)
大型	300~1000(不包括)	100~500(不包括)
特大型	≥1000	≥500

4)民航运输机场规划分级

按照飞行区等级和跑道的导航设施综合对其等级进行划分，可参考表1-4。

表1-4　民航运输机场规划分级

机场等级	飞行区等级	跑道的导航设施等级	航站等级
四级	3B、2C及以下	V、NP	小型
三级	3C、3D	NP、CAT Ⅰ	中小型
二级	4C	CAT Ⅰ	中型
一级	4D、4E	CAT Ⅰ、CAT Ⅱ	大型
特级	4E及以上	CAT Ⅱ及以上	特大型

5)关于救援和消防的机场分级

按照飞机总长度和最大机身宽度可对救援和消防的机场进行分级，参考表1-5。

表1-5　救援和消防的机场级别

机场级别	飞机总长度/m	最大机身宽度/m
1	0~9(不包括)	2
2	9~12(不包括)	2
3	12~18(不包括)	3
4	18~24(不包括)	4
5	24~28(不包括)	4
6	28~39(不包括)	5
7	39~49(不包括)	6
8	49~61(不包括)	7
9	61~76(不包括)	7
10	76~90(不包括)	8

1.1.2　机场功能分区

民用运输机场也称为航空站，简称为航站，其组成如图1-1所示。

机场的区域包括了地面和空中两部分。一般，又可将机场分为空侧(air side)和陆侧(land side)两部分。空侧(又称对空面或向空面)是受机场当局控制的区域，包括飞行区、停机坪及相邻地区和建筑物或其中的一部分，进入该区域是受管制的。陆侧则是为航空运输提供客运、货运及邮运服务的区域，非旅行的公众能自由进出这部分区域的场所和建筑物。

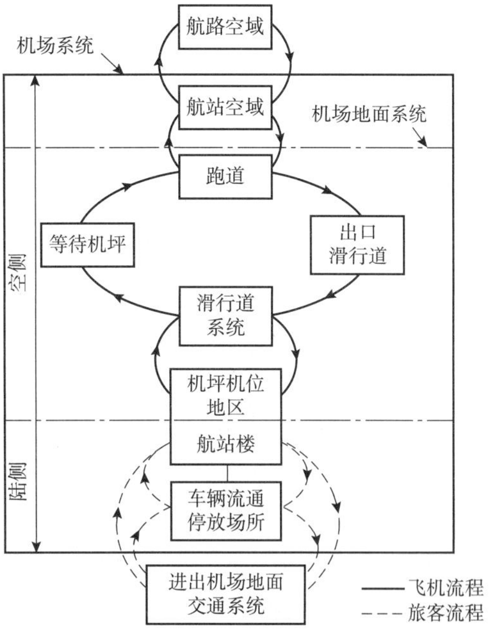

1. 机场分区及其功能

从机场运行管理的角度，机场可分为航站空间、飞行区、航站区和延伸区，各区的主要功能如下。

1）航站空间管理

航站空间的运行管理是飞机运行的空中保障系统，它由空管部门提供空中交通管制服务，使飞机保持安全间隔；由航行情报部门提供飞行情报和告警；由导航部门实施进近着陆和起飞爬升引导；由通信部门保持地－空、地－地联络；由气象部门提供航站和航路天气状况以及危险天气的预报。

2）飞行区管理

图1-1 机场系统组成示意图

飞行区运行管理是飞机运行的地面保障(含净空保护)系统，它为飞机提供起飞、着陆、滑行场地以及净空保护；在机坪上为飞机提供滑行、停靠、驻留、上下客、装卸货廊、维护、排污、清洁、除冰雪、加水、加油、航食补给等服务。

3）航站区管理

航站区主要由旅客航站楼、货运区、地面交通系统共同构成，旅客航站楼主要提供旅客、行李集散，安检及各种旅客服务；货运区提供货物集散、安检及各种货运服务；地面交通系统主要保障场区车辆、人员的地面运行。

4）延伸区服务

延伸区包括机务维修区、油库、航空公司基地、航空配餐区、民航各系统办公区与生活区和空港开发区。

从机场规划建设的角度，机场按照各类设施的功能可细分为飞行区、机场空中交通管制设施、旅客航站区、货运区、机务维修设施，机场供油设施、机场消防与救援设施、机场安全保卫设施、生产辅助和行政后勤设施，机场地面交通设施、机场动力公用设施，机场绿化、美化布置、机场环境保护设施等功能区。

2. 飞行区、航站区与机务维修区

1）飞行区（Airfield Area）

飞行区指机场内供飞机起飞、着陆、滑行和停放的地区。包括跑道、升降带、跑道端安全区、停止道、滑行道、滑行带、机坪以及机场净空。

狭义上的飞行区不包括机坪，其范围相当于附件14中定义的运转区。而广义上的飞行区包括机坪，相当于附件14中定义的活动地区(飞机活动地区)。国际上习惯将旅客航站楼以及货站对空一侧，即飞机运行的一侧称为空侧，其范围与广义上的飞行区和附件14中定义的活动地区相当。空侧的准确范围目前尚有争议。

具体来说，飞行区包括地面设施和净空区两部分，其中地面设施是机场的主体，如图1-2所示。

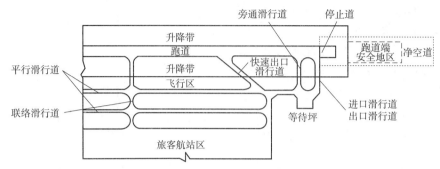

图1-2 现代运输机场飞行区地面设施的组成

（1）升降带。升降带由跑道、停止道（如设置的话）、土质地区组成。

①跑道。跑道直接供飞机起飞滑跑和着陆滑跑用。运输机在起飞时，必须先在跑道上进行起飞滑跑，边滑跑边加速，一直加速到机翼上的升力大于飞机的重量，运输机才能逐渐离开地面。运输机着陆时速度很大，必须在跑道上边滑跑边减速才能逐渐停下来。所以运输机对跑道的依赖性很大，如果没有跑道，地面上的运输机就上不了天，天上的运输机也到不了地面。因此，跑道是机场上最重要的建筑物。

我国民航运输机场的跑道通常用水泥混凝土筑成，少数用沥青混凝土筑成。

民航运输机场通常只设一条跑道，有的运输量大的机场设两条甚至更多的跑道。跑道按其作用可分为主要跑道、辅助跑道、起飞跑道等三种。

主要跑道：是指在条件许可时比其他跑道优先使用的跑道，按使用该机场最大机型的要求修建，长度较长，承载力也较高。

辅助跑道：也称次要跑道，是指因受侧风影响，飞机不能在主跑道上起飞着陆时，供辅助起降用的跑道。由于飞机在辅助跑道上起降都有逆风影响，所以其长度比主跑道短些。

起飞跑道：是指只供起飞用的跑道。

跑道根据其配置的无线电导航设施情况可分为非仪表跑道及仪表跑道两种，具体分类在1.1.1节中已有介绍，此处不再赘述。

②跑道道肩。紧接跑道边缘要铺道肩，作为跑道和土质地面之间过渡用，以减少飞机一旦冲出或偏出跑道时被损坏的危险。也起减少雨水从邻接土质地面渗入跑道下面土基的作用，确保土基强度。

跑道道肩通常用水泥混凝土或沥青混凝土筑成。由于飞机不在道肩上滑行，所以道肩的厚度比跑道薄一些。

③停止道。停止道设在跑道端部，供飞机中断起飞时能在其上面安全停驻用。由于使用次数很少，所以停止道可以铺低级道面。

机场设置停止道可以减短跑道长度。但由于跑道两端都要设长度相同的停止道，使机场占地面积增大，因此在征地困难的地区，不宜设停止道。

④升降带土质地区。跑道两侧的升降带土质地区，主要供保证飞机在起飞着陆滑跑过

程中一旦偏出跑道时的安全用，不允许有危及飞行安全的障碍物。跑道两侧附近的土质地区应平整并压实，其纵横坡度应足以防止积水和符合无线电导航设施的技术要求。但纵横坡度不宜过大，以防止雨水冲蚀地面和确保飞机偏出跑道时的安全。

跑道两端的升降带土质地区，主要供保证飞机在起飞着陆过程中一旦冲出跑道时以及着陆提前接地时的安全用，应平整和压实。在邻近跑道至少30m长的地区应铺道面，防止地面被起飞飞机吹蚀而产生坑洞。其纵坡尽量与跑道端部相同，以确保飞行安全。

(2)跑道端安全地区。跑道端安全地区设在升降带两端，用来减少起飞着陆的飞机偶尔冲出跑道以及提前接地时遭受损坏的危险。其地面必须平整、压实，并且不能有危及飞行安全的障碍物。

(3)净空道。当跑道长度较短，只能保证飞机起飞滑跑安全，而不能确保飞机完成初始爬升(10.7m高)安全时，机场应设置净空道，以弥补跑道长度的不足。净空道设在跑道两端，其土地应由机场当局管理，以便确保不会出现危及飞行安全的障碍物。

(4)滑行道。滑行道供飞机从飞行区的一部分通往其他部分用。主要有下列五种：

①进口滑行道：设在跑道端部，供飞机进入跑道起飞用。设在双向起飞着陆用的跑道端的进口滑行道，亦作为出口滑行道。

②旁通滑行道：设在跑道端附近，供起飞的飞机临时决定不起飞时，从进口滑行道迅速滑回用。也供跑道端进口滑行道堵塞时飞机进入跑道起飞用。

③出口滑行道：供着陆飞机脱离跑道用。交通量较大的机场，除了设在跑道两端的出口滑行道外，还应在跑道中部设置。设在跑道中部有直角出口滑行道和锐角出口滑行道两种。锐角出口滑行道亦称为快速出口滑行道。

④平行滑行道：平行跑道供飞机通往跑道两端用。在交通量很大的机场，通常设置两条平行滑行道，分别供飞机来往单向滑行使用，这两条平行滑行道合称为双平行滑行道。

⑤联络滑行道：交通量小的机场，通常只设一条从站坪直通跑道的短滑行道，这条滑行道称为联络滑行道。交通量大的机场，双平行滑行道之间设置垂直连接的短滑行道，也称为联络滑行道，供飞机从一条平行滑行道通往另一条平行滑行道用。

(5)机坪。飞行区的机坪主要有等待坪和掉头坪两种。等待坪供飞机等待起飞或让路而临时停放用，通常设在跑道端附近的平行滑行道旁边。掉头坪供飞机掉头用，当飞行区不设平行滑行道时应在跑道端设掉头坪。

(6)净空区。是指飞机起飞着陆涉及的范围，为了确保飞行安全，对该范围内的地形地物高度必须严格限制，不许有危及飞行安全的障碍物。

2)航站区(terminal area)

指旅客航站楼以及货站对随的一侧，即客货运行的一侧，国际上习惯称为陆侧(landside)，主要由旅客航站楼、货运区、地面交通系统共同构成。旅客航站楼主要提供：旅客和行李集散、安检，各种旅客服务；货运区提供：货邮集散、安检，各种货运服务；地面交通系统主要保障场区车辆、人员的地面运行。

在机场规划中，将航站区分为旅客航站区(passenger terminal area)和货运区(cargo terminal area)。旅客航站区指机场内以旅客航站楼为中心的那部分地区，包括站坪、旅客航站楼和车道边、停车及地面交通等设施。货运区指以航空货运楼为中心的那部分地区，包括货机坪(只在有纯货机起降的机场设置)、货运库及办公用房、货邮集散场地、停车及货运交通等设施。

3)机务维修区(maintenance area)

通常,在规模较大的航空公司基地机场的飞行区与航站区之间还专设有机务维修区,为飞机发动机、机上各种设备提供维修服务。机务维修区一般包括维修机坪、维修机库、维修工厂或维修车间、航空器材库等,非基地机场对航班飞机的过站维护一般在机坪上完成,不专设机务维修区。

此外,在机场的飞行区与航站区之间,多设有航空食品加工区,在飞行区边缘或附近地区设有航空油料库。

3. 机场控制区与非控制区

1)机场控制区(control area)

指飞行区及其毗邻地区和建筑物的部分区域,旅客、行李、货邮进入该区域是受管制的。旅客航站楼内的控制区通常以安检通道入口(国际旅客以联检通道入口)为界,旅客进入安检通道(或联检通道)后,即进入受管制的区域;托运行李控制区通常以值机柜台为界,行李由值机柜台收取后进入控制区域;货邮进入货站被收取后进入控制区域。

为了机场的安全管理,在进入控制区的通道入口处均有保安人员看守。进入控制区的工作人员,必须持有相应的证件并佩戴胸牌,进入的车辆必须有相应的牌照。在控制区内的旅客只能按照旅客流程在限定的区域内活动,并遵守机场相应的管理规定。进入控制区的行李及货邮也始终处于受控状态。

2)非控制区(no - control area)

指相对于控制区以外的机场地区,在这些区域内,旅客可以自由活动,在遵守公共场有关规定的前提下,一般不受管制。

除以上主要功能分区外,机场一般还应包括以下重要设施。

(1)机场空中交通管理设施,包括空中交通管制、指挥塔台、航行情报、航空气象、机场通信和机场导航等设施。

(2)供油设施,包括卸油站、中转油库区、机场使用油库区、航空加油站、机坪管线加油系统以及地面汽车加油站等。卸油站和中转油库区一般位于机场边界之外。

(3)应急救援设施,包括应急指挥中心、救援及医疗中心等设施。

(4)动力及电信系统,包括供电、供水、供气、供暖及电信等设施。

(5)机场保安消防设施,包括飞行区的保安设施、航站楼的保安设施、货运区保安设施、消防站、消防供水系统、公安监控报警系统以及公安、保安、安检人员的业务和训练场所。

(6)货运区,包括货运仓库、货物集散地和办公设施以及货机坪。

(7)机场环境保障设施,包括防汛抗洪及雨水排放系统、污水处理与排放系统、污物垃圾处理设施、噪声测量及防治措施、鸟害及鼠害防治措施、绿化措施等。

(8)基地航空公司区,航空公司(或分公司)基地所在的机场,应为其安排停机坪、机库、维修车间和航材库等。

(9)属于机场的机务维护设施及地面服务设施等。

（10）旅客服务设施，如航空食品公司、宾馆、休息场所、商店及餐饮、娱乐、游览、会务等设施。

（11）驻场单位区，包括多功能联检单位(海关、边防、商检、卫生及动植物检疫等)、银行、邮局、旅行社等部门。

（12）机场办公及值班宿舍。

1.1.3 机场管理与发展趋势

1. 机场管理的概念和内容

1）机场管理的概念

按照现代管理学的理论，管理是在一定的目标之下，对组织所拥有的资源进行协调的过程。对管理的描述应包含目标、资源、协调3个要素。

目前，全世界共有4万多个机场，其中有定期、不定期航班的机场约7000多个。尽管机场的生产、建设规模、运行管理模式千差万别，但其共性的本质功能是保障航空运输地面活动的安全、高效运行。不同国家、不同管理模式下的机场所拥有的资源也不尽相同。机场管理的协调与其他所有管理活动一样，也包括计划、决策、组织、领导、控制5个方面。有鉴于此，归纳机场管理的概念如下：

为了确保航空运输地面活动的安全、高效运行，并充分发挥其效益和资源优势而进行的管理，包括计划、决策、组织、领导、控制等。

2）机场管理的主要内容

按照机场管理的概念，机场管理主要包括以下4方面的内容：

（1）机场的宏观管理。机场的宏观管理包括国际民航组织、中国民航、各级政府对机场的政策、法规、技术标准；监督检查机场运行安全，颁发机场使用许可证；制订全国的机场布局规划，审定重要机场的总体规划；调控机场业市场，督查私有化机场的经营管理等。

目前，中国民用航空法规、规划、标准体系主要划分为以下4个层次：

①国家法律，由全国人大会议通过颁发，如《中华人民共和国航空法》《行政处罚法》《行政诉讼法》《国家赔偿法》《行政复议法》《行政监察法》等。

②国家有关行政法规与全国性规划，由国务院颁发，如《中华人民共和国飞行基本规则》《航空器适航管理条例》《航空安全保卫条例》以及《民用机场管理条例》《全国民用机场布局规划》等。

③民用航空管理规章、标准，由民航总局颁发，如机场使用许可规定、机场建设管理规定、机场安全运行管理规定、民用运输机场飞行区技术标准等。

④咨询通告类管理文件、程序、标准等，由相关司局发布，通常作为航空管理规章、标准的补充与解释。

（2）机场经营管理。机场经营管理包括研究制订机场发展战略规划，机场市场研究与开发，机场的商业化与特许经营管理等。

（3）机场运行管理。机场运行管理包括机场运行管理模式、组织机构与人员配备、建立机场安全管理系统、协调组织机场的生产运行等。

（4）机场规划与扩建。机场规划与扩建包括组织制订机场总体规划，机场增容与扩建的决策，工程项目管理等。

2. 现代机场的发展趋势

从国外民航强国及其民用航空业的发展历程及发展状况分析，现代机场发展的主要趋势体现在以下 5 个方面。

1）主要机场的规模化

随着世界航空运输的快速发展，现代大型机场的空运生产规模迅速增长。在目前 7000 多个有航班的运输机场中，一些超大型机场脱颖而出，在世界航空运输中具有举足轻重的作用。在这其中，中国被誉为推进全球航空业发展的最强劲引擎之一。随着民航业发展持续提速，中国年旅客吞吐量达到"千万级"的机场已达 37 个（截至 2021 年 1 月）。世界排名前 30 位的超大型机场的年增长率多在 3% ~ 5% 以下，在很长一段时间内，我国多数大中型机场空运生产量保持了 10% 以上的高速增长，各大城市机场在世界级大型机场中的排位不断攀升。按照中国民用航空局发布的相关数据，"十三五"期间，我国共新建、迁建运输机场 43 个，全国颁证运输机场数量增加到 241 个，新增跑道 41 条、航站楼 588 万平方米、机位 2300 个，新增航空油料储备能力 5.3 万立方米，机场新增设计容量约 4 亿人次，总容量达 14 亿人次。

2）中心机场的枢纽化

20 世纪 70 年代以来，世界主要的大型航空公司纷纷优化其航线结构，建设自身的中枢航线网络，处于航线网络中心地带的一些机场逐步发展为以大规模客货集散为主要特色的枢纽机场。由于枢纽机场一般空运区位优越、空运业务繁忙、容量大、有一定中转份额且中转功能显著、中转效率高，其运作一般由单个或多个航空公司为运作核心。由于枢纽机场在国家空运发展的作用巨大，各国政府都高度重视并大力支持，从而形成良好的政策环境。根据各民航强国的发展经验看，枢纽工程建设是未来中国民航的重点工作之一，也是实现民航强国目标的重要途径。它必将对我国的航空公司、机场、空管、航空服务代理商等相关各方的发展产生深刻的影响。

3）部分机场的私有化

20 世纪 80 年代以来，世界机场业的发展呈现出机场私有化的明显趋势，机场私有化浪潮在席卷欧、美、亚太机场的同时，也对我国机场业的发展产生了极为深刻的影响，主要体现在机场股份制改造、机场集团公司的产生、机场管理的输入与输出、机场特许经营与管理模式的转型、机场市场竞争加剧等几个方面。应该注意的是，机场作为公益性基础设施的特性，决定了机场不可能像一般企业那样完全市场化运作。目前，世界及我国机场的私有化仍局限于部分具备市场化运作条件的机场进行，即使在私有化程度最高的英国，机场也离不开政府的宏观调控与经营监督。英国民航局立法管理英国机场控股公司（BAA），民航局定期审核 BAA 的经营状况，伦敦附近几个私有化机场的航空性收费标准由民航局制订，确保每年下降 3%，民航局每五年审核一次机场费，并确定下一个五年的机场费标准。

4）机场的商业化与特许经营

现代机场的规模化、枢纽化、信息化发展，使机场的建设规模及其投资越来越大，同时建设周期长导致其投资回收期漫长且回报率低，而国内外机场的经营状况表明，机场在没有达到一定规模之前，其航空性收入难以维持机场的良性发展。因此机场的投资经营具有明显的低效益特性。尽管如此，各国及当地政府几乎无一例外地大力支持机场和航空业的发展。这是由于机场及航空业的发展会带来巨大的社会效益和间接经济效益，特别对国家、地区经济的促动及其所在城市的发展产生巨大影响。国内外成功机场的经营之道，主要是靠大力发展机场商业，通过增加非航业务收入，采用灵活的收费价格，吸引航空公司的进入，做大运营规模，实现机场与航空公司的双赢。

5）发展环保型绿色机场

随着各国政府对"节能减排"的高度重视，以及社会上环保意识的不断深入，发展环保型绿色机场已成为现代机场发展的必由之路。航空运输的特点决定了民航是能源消耗的重点行业，目前，我国交通运输业能源消耗已占全国的 7% ~ 8%，而民航运输能耗占交通运输业总能耗的 8% 左右。随着世界石油价格的快速上涨，航空公司的运营成本也不断攀升，另一方面大量燃油的消耗，使其排放的废气大量增加，民航的"节能减排"迫在眉睫。此外，机场日常运营要消耗大量能源，机场的规划建设与运行效率在一定程度上决定航班飞机在地面运营的能耗，发展环保型绿色机场已成为民航"节能减排"不可缺少的重要部分。

1.2 航空油料及其基本特性

按照中国民用航空局 2017 年发布的 MH 5008—2017《民用航空运输机场供油工程设计规范》的规定，航空油料（aviation oil）是指航空燃料及润滑、液压等机械传动专用油品的总称，简称"航空油料"，一般包括：

（1）航空燃料（aviation fuel）：飞机动力用油，包括航空煤油（喷气式发动机用油，以下简称"航煤"）和航空汽油（活塞式航空发动机用油，以下简称"航汽"）等燃料；

（2）航空润滑油（aviation lubricating oil）：飞机机械或仪表润滑用油；

（3）航空润滑脂（aviation lubrication grease）：飞机机械或仪表润滑用脂；

（4）特种液（aviation special liquid）：飞机液压传动用油、冷却液等。

其中第（2）（3）（4）种油品统称为"航空附属油品"。随着科技的进步，目前人们已经能够从植物等可再生资源中提取航空燃料和航空附属油品的生产原料，但从用量和使用成本等方面综合考虑，航空油料的主要来源仍然是石油。本节将就石油以及航空油料的使用环境、分类、特点等进行简要的介绍。

1.2.1 石油概述

1. 石油的由来与特性

石油又称原油，是从地下深处开采出来的棕黑色可燃黏稠液体。1983 年第 11 届世界石油大会正式提出了对石油、原油、天然气等名词的定义。

石油（petroleum）：指气态、液态和固态的烃类混合物，具有天然性状；原油（crude oil）：指石油的基本类型，常压下呈液态，其中也包括一些液态非烃类组分（天然的液态烃类混合物）；天然气（natural gas）：指石油的主要类型，常温常压下呈气态，在地层条件下溶解于原油中；因此，石油这一概念实际上包括了人们习惯上所说的原油、天然气、伴生气、凝析油等。

19 世纪中叶开始，随着石油开采事业的兴起，石油成因引起了学者们的兴趣，由于对原始物质的看法不同，逐步形成了无机起源和有机起源两大学派。无机成因论者认为，石油是由自然界的无机物生成的；有机成因论者认为，石油是由自然界的有机物生成的。随着石油工业和石油地质学的迅速发展，有机地球化学成功地应用于石油成因和形成条件诸方面的研究中，石油有机成因理论得到进一步充实和发展。目前，石油有机成因说得到绝大多数石油地质学者的支持，特别是石油有机成因的晚期成油说在地质勘探工作中占主导地位。

天然石油(又称原油)的颜色非常丰富，有红、金黄、墨绿、黑、褐红甚至透明，这是由它本身所含胶质、沥青质的含量决定的，二者含量越高颜色越深。原油一般呈黑绿色、棕色、黑色或浅黄色，如图 1-3 所示。原油的颜色越浅其油质越好，透明的原油甚至可直接加在机动车油箱中代替燃油。

图 1-3　不同形态的石油

石油的性质随产地不同差异很大，一般密度为 $0.8\sim1.0\,g/cm^3$，黏度范围很宽，凝固点差别很大($-50\sim35℃$)，沸点范围为常温到 $500℃$ 以上，可溶于多种有机溶剂，不溶于水，但可与水形成乳状液。一般来讲，原油都有相似的特性。然而，实际资料表明，不同油田、不同油层、不同油井甚至同一油井不同时期产出的原油在物化性质上也会存在明显差异，这种差异反映了原油化学组成的多样性和复杂性。

2. 石油的重要作用

石油主要用作燃油，也是许多化学工业产品如溶剂、化肥、杀虫剂和塑料等的原材料。国际上石油的计量单位通常是桶，1t 约等于 7 桶，如果油质较轻(稀)，则 1t 约等于 7.2 桶或 7.3 桶。石油作为一种重要的能源，可以说是现代经济的血液。因此，石油的开采已经成为最重要的重工业之一。

由于石油具有燃烧完全、发热量高、运输方便等优点，被广泛应用于工业、农业、交通运输业以及国防等方面，石油被喻为"黑色的金子"和"工业的血液"。

对于大部分现代城市居民来说，他们与石油的关系一般局限于家庭供暖、厨房燃料和私人小汽车燃料上。然而，从整个社会经济和工业来看，自从 19 世纪末期开始，高效、轻便和可使用液体燃料的内燃机以及 20 世纪初飞机诞生以后，石油便开始与现代工业，特别是交通运输业，结下不解之缘。

20 世纪 30 年代，内燃机车开始取代蒸汽机车，其燃料由煤炭改为石油。50 年代，发达资本主义国家掀起新的"动力革命"，动力锅炉弃煤用油，石油成为国民经济各部门的主要动力来源。当然，这次动力革命主要得益于发展中国家，尤其是中东地区充足而廉价的石油供应。在 70 年代初期，即第一次能源危机之前，石油在世界能源消费构成中接近50%。但 70 年代中后期两次石油危机以后，发达国家采取相应对策，加速发展新能源，重新启用煤炭，采取节能措施等，使石油能源所占比重有所下降。目前石油占能源消费量大致保持在 40% 左右。

众所周知，原油一般被炼制成汽油、柴油、煤油、润滑油等油品用来作为汽车、飞机、内燃机车的动力和润滑用油。石油炼制包括原油的初次加工和原油的深加工，两个加工过程目的不一样，加工后得到的产品也不尽相同。图 1－4 为石油炼制产品的简单示意图。凡是使用煤炭为动力的地方，都可以使用石油，但石油在现代化交通运输中的作用，煤炭都是无法替代的，尤其是其高效、方便、洁净等优点，远远优于煤炭。所以，如果没有石油，工业、农业和交通运输业就将瘫痪。

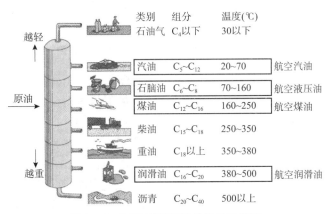

图 1－4　石油及其产品的简单示意图

1.2.2　航空油料使用环境

1. 航空发动机的分类

航空发动机是为航空器提供飞行所需动力的热力机械，在过去的 100 年里，人类所使用的主要航空发动机，可分为活塞式发动机与喷气式发动机两大类。图 1－5 给出了目前主要航空发动机的分类。

2. 活塞式发动机与使用要求

航空活塞式发动机是依靠活塞在气缸中的往复运动使气体工质完成热力循环，将燃料的化学能转化为机械能的热力机械，它与一般汽车用的活塞式发动机在结构与工作原理上基本相同，都是

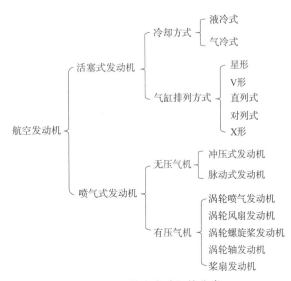

图 1－5　航空发动机的分类

由曲轴、连杆、活塞、气缸、进气阀、排气阀等组成。如图 1-6 所示。

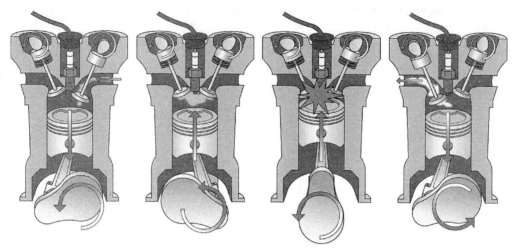

图 1-6　活塞式发动机的工作原理示意图

　　发动机工作时，曲轴做旋转运动，活塞则在连杆的驱动下，在气缸内做上、下移动的往复运动。当曲轴的曲柄(曲轴上拐出的部分)转到最下位置时，相应地活塞在气缸中的位置也处于最下端，此时活塞所处的位置称"下死点"；当曲轴的曲柄转到最上的位置时，活塞在气缸中也处于最上端的位置，此处称为"上死点"。发动机工作时，曲轴不断地旋转，活塞则在气缸中在上、下死点间来回做往复运动。在气缸头上有一个进气门，一个排气门，两个气门内分别装有可上、下移动的进、排气阀。当进气阀向下移动时，进气门被打开，空气与汽油的混合物进入气缸；同样，当排气阀向下移动时，排气门被打开，气缸内燃烧过的气体排出缸外。

　　由于单个气缸提供的动力有限，且单汽缸发动机曲轴每旋转两次只燃烧一次，使得运转很不均匀，人们通过增加汽缸数的办法，依次少量燃烧来使运转更加匀称，而且也使得活塞变得更小，运动更便捷，从而使发动机的转动也更灵活，而在单缸容积相同的情况下，气缸数目越多发动机功率越大。图 1-7 是水平对置的双缸活塞式发动机示意图，图 1-8 是航空业常用的星形布局活塞式发动机示意图。

图 1-7　水平对置的双缸活塞式发动机示意图

图 1-8　星形布局活塞发动机示意图

汽油机压缩终了的压力对发动机的经济性影响最大，它是由发动机的压缩比决定的。压缩比愈大，汽油机的功率和经济性愈好，但对汽油机的材质要求和汽油辛烷值的要求也愈高。

根据汽油机的工作条件，汽油应具备下列使用性能：

(1)适当的蒸发性能和可靠的燃料供给性能；

(2)燃烧时没有爆震、噪声和早燃现象；

(3)良好的抗氧化安定性；

(4)不含水分和机械杂质，对发动机和金属设备没有腐蚀作用；

(5)排出的污染物少。

此外，对于航空汽油还有一些其他要求，其中燃烧性能最为重要，具体指标可以参考航空汽油的相关质量标准。

3. 喷气式发动机与使用要求

一方面，由于发动机的功率与飞机飞行速度的三次方成正比，随着飞行速度的进一步提高，发动机功率进一步增大，活塞发动机的重量也迅速增大，已经不能满足高速飞行的要求；另一方面，螺旋桨的效率在飞行速度大于 700km/h 后会急剧下降。这两方面均限制了飞行速度的提高。因此，采用活塞式航空发动机 – 螺旋桨组合的飞机，其飞行速度不可能接近音速，当然更不可能达到音速或超过音速。为了提高飞行速度，就像当初航空先驱者抛弃蒸汽机一样，需要放弃活塞式发动机，而研制功率更大、重量更轻的新型航空发动机——喷气发动机。

民航常用的发动机属于涡轮喷气式发动机，其基础结构示意如图 1–9 所示，在有压气机的空气喷气发动机中，压气机用燃烧室后的燃气涡轮来驱动，因此这类发动机又称为航空燃气涡轮发动机。

在这类发动机中，由驱动压气机的燃气涡轮出来的燃气在尾喷管中膨胀以高速喷出直接产生推力的发动机，称为涡轮喷气发动机；由驱动压气机的燃气涡轮出来的燃气，先在另一

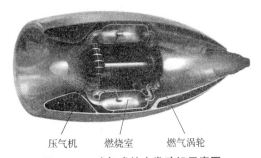

压气机　　燃烧室　　燃气涡轮

图 1–9　喷气式航空发动机示意图

个涡轮(称为低压涡轮)中膨胀，以驱动一个装在压气机前面的、比压气机直径大的风扇(实际上就是一套叶片比压气机叶片长的压气机)，最后再在尾喷管中膨胀并以一定的速度喷出，这种发动机称为涡轮风扇发动机。同涡轮喷气发动机相比，涡轮风扇发动机的结构更为复杂，但是通过风扇的设置，可以增加能量利用效率，从而提高功率以及改善燃油经济性。

在涡轮风扇发动机中，风扇出来的空气，一部分流进压气机，经过燃烧室、涡轮由尾喷管喷出，这股气流称为内涵气流，其流通部分称内涵；另一部分围绕内涵道的外部环形通道(称外涵道)流过，称外涵气流。由于有内外两个涵道，涡轮风扇发动机有时又称内外涵发动机。内外涵气流可分别排出，也可以在排气系统内混合排出。流过外涵道与流过内涵道的空气流量之比称为"涵道比"，涵道比低于 2~3 的发动机称小涵道比涡轮风扇发动

机，涵道比大于 4~5 的称高涵道比涡轮风扇发动机。

在涡轮风扇发动机中，推力是由内、外涵两部分的气流产生的。小涵道比涡轮风扇发动机中，外涵道产生的推力占总推力的比例较低，在高涵道比涡轮风扇发动机中，推力主要由外涵道产生，例如，涵道比为 5.0 的涡轮风扇发动机中，外涵道产生的推力占发动机总推力的 80% 左右。民用航空支干线客机为了降低噪声和燃油消耗，一般采用的是大涵道比涡轮风扇发动机。

此外，在喷气式发动机中，由驱动压气机的涡轮出来的燃气，先流经一个驱动减速器的涡轮，再流入尾喷管中喷出，减速器的输出轴上安装螺旋桨，以此作为飞行的主要动力，这种发动机称为涡轮螺旋桨发动机。

在喷气式发动机中，由驱动压气机的涡轮出来的燃气，先流经一个驱动减速器的涡轮，再流入尾喷管中喷出，减速器的输出轴以较高的转速(约 8000r/min)与传动直升机旋翼的主减速器相连，这种发动机称涡轮轴发动机。

喷气式发动机需要在高空、低温和低气压条件下，把燃料的热能转变为燃气动能进行工作。其工作特点是：喷气发动机在启动时，由电火花把喷出的航空燃油引燃，然后再由喷油嘴喷入喷气燃料，在高速空气流中连续喷油并连续燃烧，这与活塞式发动机气缸中燃料的间歇燃烧不同，并且喷气式发动机内燃料的燃烧速度比活塞式发动机快数倍，这就要求燃料燃烧连续、平稳、迅速、安全。要在高空飞行中满足上述要求，会遇到很多问题。例如，高空飞行中，因为空气不足，发动机变换工作状态时容易熄火；燃烧不易完全，以致产生积炭和增加耗油率；高空气温低，燃料较难顺利地从油箱流入发动机；高空的低气压使燃料容易蒸发；由于高速飞行与空气摩擦产生热量，使燃料温度升高，容易变质等。为了保证喷气发动机正常工作，杜绝上述问题的发生，喷气燃料必须具备以下一些性能：

(1)良好的燃烧性能。具有较高的热值，燃烧迅速、完全，不生成积炭和有害的燃烧产物。

(2)适当的蒸发性。保证燃烧稳定，在高空中不产生气阻，蒸发损失小。

(3)低温流动性好，低温时不易析出烃晶体和冰晶体。

(4)良好的洁净度。

(5)较好的热安定性和储存安定性。

(6)良好的润滑性能。

(7)没有腐蚀性。

(8)较高的热值和密度。

(9)较小的起电性。

1.2.3 航空油料分类与特点

1. 航空汽油

航空汽油(avgas)，也称为航空活塞式发动机燃料，外观为透明液体，可燃，馏程为 30~220℃，主要成分为 C_5~C_{12} 脂肪烃和环烷烃类，以及一定量芳香烃。具有较高辛烷值(抗爆震燃烧性能)的航空汽油主要用于高压比的航空活塞式发动机。用作航空活塞式发动机燃料的石油产品,需要具有足够低的结晶点(一般要求在 -60℃ 以下)和较高的发热量,良好的蒸发性和足够的抗爆性。

从主要成分来讲,航空汽油与高标号车用汽油主要成分相似,但是为提高航空汽油的抗爆性,航空汽油中添加了能够增加抗爆震性的四乙基铅,而出于环保要求,高毒性四乙基铅早于 20 世纪 80 年代就禁止在车用汽油中使用了。根据马达法辛烷值不同,国内航空汽油可分为 75 号、UL91 号、95 号、100 号和 100LL 号五个牌号(GB 1787—2018 航空活塞式发动机燃料),其中"UL(unleaded)"代表无铅,"LL(low lead)"代表低铅,不同牌号航空汽油的性质如下所述:

(1)75 号,为无铅航空汽油,无色,马达法辛烷值不小于 75(即使用汽油 - 空气贫混合物在巡航条件下的发动机马达法辛烷值≥75MON),主要用于无增压器的小型活塞式航空发动机。在我国大多用于初教六型飞机,该型号主要在军队训练初级飞行人员时使用。但在 2019 年以前,由于初教六型飞机未获得民航标准适航证件,仅能以单机适航证(Ⅲ类特许飞行证)的形式在民航从事娱乐运动类飞行,这大大限制了其使用范围,因此 75 号航空汽油在民航领域未得到广泛使用。

(2)UL91 号,为无铅高标号航空汽油,橙色,马达法辛烷值不小于 91,UL91 是国际上使用数量最多的航空汽油牌号之一。该牌号的航空汽油彻底消除了适用发动机的铅污染,同时满足抗爆性能、抗氧化性、优良的低温流动特性等指标要求,可以大大减少飞机发动机积铅、积炭现象,有效降低动力故障率,提高通用航空的安全水平。

(3)95 号,为含铅航空汽油,无色,马达法辛烷值为 95MON,品度值不小于 130(即汽油 - 空气贫混合物在巡航条件下的马达法辛烷值为 95MON,汽油 - 空气富混合物在起飞时的品度值为 130),每千克最大含铅量不大于 3.2g,含有较多的四乙基铅。主要用于有增压器的大型活塞式航空发动机。在我国主要用于运五型飞机使用的活塞五或波兰产 ASz - 62 IR - 16 发动机。

(4)100 号,为高辛烷值含铅航空汽油,绿色,马达法辛烷值为 100MON,品度值不小于 130,每千克最大含铅量不大于 2.4g。由于其含铅量较高,价格较贵,但具有较好的抗爆震性,20 世纪中后期在我国有很大的使用量,我国的中国石油兰州炼油厂曾是此种航空汽油的主要生产厂家。

(5)100LL 号,为高辛烷值低铅航空汽油,蓝色,马达法辛烷值为 100MON,品度值不小于 130,每千克最大含铅量不大于 1.2g,每加仑最大含铅量为 2.12g(人工添加了四乙基铅),是现今最常用的航空汽油。100LL 航空汽油的马达法辛烷值为 98.6MON,品度值不小于 130。100LL 航空汽油是国际上使用量最大的航空汽油之一。国际上的主要生产商为美国的壳牌公司和法国的道达尔公司等,2015 年以来,我国已有多家企业具备了生产资质,且生产能力已基本满足国内通用航空企业的需求。

此外,目前国内外航空监管部门和航空油料供应商也正在积极推进高标号超低铅和无铅航空汽油的研发与应用,其中 100VLL 号航空汽油(very low lead,极低铅)我国已有企业具备生产能力,而美国联邦航空局(FAA)正在持续协调和试推广 UL100 号无铅航空汽油的研发应用,可见随着航空安全和环境保护意识的增强,无铅化、环境友好将是新型航空汽油的必然发展趋势。

航空汽油除含有催化裂化汽油的精制组分外，还添加了多种添加剂，如异丙苯、烷基化汽油、工业异辛烷、异戊烷和四乙基铅，有时还加入少量腐蚀抑制剂及少量油溶性染料。由于我国生产航空汽油的组分来源主要是催化裂化以及催化重整所生产的馏程为 40 ~ 180℃的汽油馏分，要求它们不加铅的辛烷值应不低于 70，且在馏分组成、化学安定性及腐蚀等方面都要达到航空汽油的质量指标。在此基础上，需要与其他高辛烷值组分（如工业异丙苯、工业异辛烷、异戊烷、乙基苯）、抗爆剂调制而成。其中的异构烷烃用于提高航空汽油的辛烷值，芳烃则用来提高其品度值。除抗爆剂外，航空汽油的生产调和中还需要添加一系列的添加剂，如抗氧剂、抗静电剂、防冰剂、金属减活剂、防腐剂、追踪剂、生物灭杀剂以及染色剂等。

2. 航空煤油

航空煤油主要应用于喷气式发动机，又称喷气燃料。喷气燃料按照其性质和使用环境可以分很多种，目前我国生产的民用喷气燃料只有 3 号喷气燃料（GB 6537—2018）一种。3号喷气燃料主要为石油炼制中的煤油馏分，馏程的终馏点要求不高于 300℃，其特点是闪点较高，规定不低于 38℃。此外，3 号喷气燃料还较严格地限制了硫醇性硫含量。

3 号喷气燃料由直馏馏分、加氢裂化和加氢精制等组分及必要的添加剂调和而成的一种透明液体，主要由不同馏分的烃类化合物组成。对航空涡轮发动机来说，汽油不安全，容易挥发，太容易燃烧；柴油黏度太大，在燃气轮机里不适合，因为是靠很细的喷嘴把燃料喷成云雾状跟高压高温空气充分混合，产生猛烈燃烧。3 号喷气燃料密度适宜，热值高，燃烧性能好，能迅速、稳定、连续、完全燃烧，且燃烧区域小，积炭量少，不易结焦；低温流动性好，能满足寒冷低温地区和高空飞行对油品流动性的要求；热安定性和抗氧化安定性好，可以满足超音速高空飞行的需要；洁净度高，无机械杂质及水分等有害物质，硫含量尤其是硫醇性硫含量低，对机件腐蚀小。

目前国际上最常用的航空煤油，是以煤油馏分为基础，并根据国际标准规格生产的 JET A - 1。JET A - 1 是英国国防部 DEF STAN 91 - 91 中规定的航空煤油，而 3 号喷气燃料是我国 GB 6537 规定的航空煤油，两者除少数理化指标不一致外，实际上是等效的。在美国，另有一种型号的 JET A - 1 煤油，称为 JET A。此外，还有一种常用的民用航空煤油是 JET B，这是一种以石脑油与煤油混合配方制成的航空煤油，主要是为改善寒冷天气下的性能而制的。不过，JET B 航空煤油的重量较低，处理时的危险性较大，因此只有在寒冷天气而有绝对需要时才会使用。JET A 航空煤油自 20 世纪 50 年代就成为美国的标准航空煤油类型。只有美国才有供应 JET A 航空煤油。JET A 与 JET A - 1 相似，但凝固点为 - 40℃，比 JET A - 1 的 - 47℃ 高。与 JET A - 1 一样，JET A 的闪点也是最少 38℃，而自燃温度则超过 425℃，JET A 的标准燃油编码为 1863，在运油车与储存设施也会注明。JET A 专用的运油车、油库与管道，均会以黑底贴纸写上白色 "JET A" 字样，以及下面的另一条黑线作为识别。

在以美军为代表的北约国家军队，所使用的航空煤油具有另外一套称为 JP 系列的编号。部分类型与民用航空煤油几乎相同，只是部分的添加剂含量稍有不同：JET A - 1 与 JP - 8 类同，而 JET B 与 JP - 4 相似。其他的军用燃料属于高度专门化的制品，为特定的用途而设。JP - 5 燃油颇为常见，主要用于航母舰载机，以减少舰上火警的危机。其他牌号的航空煤油为针对某一种特定飞机而开发：JP - 6 专为 XB - 70 轰炸机而制，而 JP - 7 就是 SR -

71 黑鸟式侦察机的特定燃油。两者都经过特别调配，具有很高的闪点以应对高超音速飞机遇上的高热与应力，例如 JP-7 用明火无法点燃。另外一种美国空军所使用的单一型号飞机专用燃油是 JPTS，该航空煤油于 1956 年开发，是专为洛克希德研制的 U-2 间谍飞机开发的。

3. 附属油品

附属油品是指除航空燃油外民用航空器所需的其他各类油料，主要包括液压油、润滑油、润滑脂、清洗用油等，由于附属油品品种较多，但每种油料的用量相对较小。限于篇幅，此处仅对润滑油和液压油这两类使用量最大的油品分别进行介绍。

1) 航空润滑油

航空润滑油是航空油料的一部分，作为"机械运转的血液"，在飞机发动机中起着润滑、冷却、清净、密封、防锈等重要作用，广泛用于喷气发动机的摩擦部位，用于前、中、后轴承和传动装置，大量用于飞机发动机、起落架和机载设备等关键部件，为发动机转子轴承和起落架提供润滑、冷却，是飞机、发动机和机载设备上各系统不可缺少的功能材料。对于涡轮螺旋桨发动机来说，还用于螺旋桨减速器。随着航空涡轮发动机转速、功率和负荷的不断增加，涡轮前温度、压力、增压比和推重比参数的不断升高，苛刻的用油环境给航空润滑油的使用带来了新的难题。在发动机内部高温高压的环境中，润滑油与金属部件接触，金属作为催化剂容易加速润滑油的氧化变质，黏度、酸值等理化指标的变化，使其润滑效果降低，腐蚀能力加强；同时，在外部低温环境下，发动机启动或再启动需要克服润滑油低温变稠、凝固等一系列问题，这对润滑油的各项使用指标提出了更为苛刻的要求。航空发动机润滑油关键性使用指标主要有润滑性、氧化安定性、低温流动性和防腐性。

我国大部分通用航空发动机润滑油依赖进口，国外美孚、壳牌和伊士曼垄断了整个市场。出于保护核心技术的考虑，西方国家对我国航空润滑油进行严密的技术封锁，拒绝为中国油品进行实验，造成国产航空润滑油无法获得 SAE(美国机动车工程师协会)的认证。随着我国民航行业规模的发展，特别是低空领域的开放和通用航空的发展以及飞机、发动机等关键设备国产化进程的推进，活塞发动机润滑油的使用量逐年增加。因此，为使国产航空润滑油能顺利获得 SAE 认证，做好国产润滑油产品性能和相容性评估，开展与民航发展相适应的适航验证技术研究，对保证我国民航飞行安全具有重要意义。

2) 航空液压油

航空液压油是在飞机液压系统中的液体工作介质，它不仅要能有效地传递压力，还要起润滑、密封、防锈、防腐和冷却等作用。航空液压油品质的好坏直接关系飞机液压系统能否有效可靠地工作，影响飞行安全。

根据飞机液压系统的结构和工作条件，航空液压油应能满足以下性能要求。

(1)黏度、黏温特性和润滑性：液压系统使用的液压油必须具有适当的黏度，才能保证工作正常，发挥最好的工作效率。如果黏度过大，液压油在系统中的阻力增加，不仅会造成液压能的内损，过多地消耗泵的功率，温升增快，还会因液压油流动缓慢，液压传动装置工作不灵敏；黏度过小时，液压系统难以密封，液压油容易漏失，降低泵的容积效率，造成系统压力不足，甚至使控制系统失调。飞机液压系统的工作温度范围很宽，因此为保证飞机液压系统正常工作，航空液压油必须具有良好的黏温特性，即当温度变化时，液压油的黏度变化越小越好。另外，液压油对液压油泵和某些滑动部件起润滑减摩作用，随着液压系统向大功率、高压、高速、大流量及高精度的方向发展，液压部件可能会出现边界润滑状态，引起摩擦和磨损，因此要求液压油具有良好的润滑性能。

(2)氧化安定性：航空液压油在本身组成和外界环境共同作用的条件下，很容易氧化变质。航空液压油氧化后，颜色变深，酸值增加，黏度发生变化，产生不溶性胶质和沉淀，导致液压油流动阻力增大，附件内的活动零件黏滞，堵塞油滤、油孔，腐蚀导管等。因此液压油必须具有良好的氧化安定性。

(3)抗泡沫性：航空液压油能溶解一定量的空气，压力愈大，溶解的空气量也愈多。当系统的压力降低时，空气的溶解度下降，大量空气就会被释放出来，形成许多细小的泡沫。如果液压油的抗泡沫性能不好，这些泡沫便不易消失，并随着液压油循环遍及整个系统，从而造成不良后果。

(4)与橡胶密封材料的相容性：航空液压油对液压系统中的橡胶密封材料不应起破坏作用，以保证系统密封良好，有效地传递能量。航空液压油种类不同，其化学组成和性能不尽相同，而橡胶材料的性能也随种类不同而差异很大，因此在选用液压油时，应注意液压油与橡胶密封材料的相容性或配伍性。

(5)腐蚀性和防护性：航空液压油对酸值、水溶性酸或碱、铜片试验、腐蚀度等指标有严格的要求，以防止低分子有机酸、无机酸和碱、活性硫化物、氧化产物等腐蚀液压系统的金属部件；同时还要求液压油在水分、空气存在的条件下对这些金属部件有防护作用，不致生锈和腐蚀。

(6)洁净度：飞机液压系统的附件构造精密，间隙很小，如油泵柱塞与柱塞壁之间正常间隙只有 $0.01 \sim 0.02\text{mm}$，转子与分油盘的间隙只有 0.005mm。液压油中如果含有水分，会引起金属部件锈蚀，促进液压油挥发，甚至与液压油相互作用，加速氧化分解，生成沉淀和腐蚀性物质。混入液压油中的水分经过油泵、节流器等机械搅动，容易生成乳化液，恶化润滑性能，加剧机械磨损。液压油中的溶解水如果游离出来，在过滤器、减压活门、分流活门等处结冰，还可导致液压系统的工作故障，例如襟翼和起落架收放迟缓，减速装置不灵敏等。因此，要求液压油有良好的洁净度。

(7)低温性能和高温安定性：液压油要有良好的低温性能，即在最低的环境温度下，要能保持良好的流动性，以便传递能量并能正常启动。同时要求不应有胶凝、结晶、浑浊、固化或组分分离等现象，以保证系统工作正常。反映这一性能的有凝点或倾点等指标。随着飞机液压系统的工作温度和工作压力不断提高，对某些液压油(如高温液压油和抗燃液压油)提出了高温安定性要求，即在高温条件下，要求液压油对金属的腐蚀、酸值的增加以及黏度的变化不超过一定值，同时要求不生成沉淀或不溶性物质。

(8)抗燃性：液压油在高压下工作，容易渗漏，特别是当液压管路通过发动机的排气系统时，如果管路被破坏，飞溅的油液洒落到高热的金属部件上很容易引起火灾，对液压系统和飞机安全造成威胁。因此不仅要求某些航空液压油的闪点、燃点要高，而且对表征液压油可燃性的自动点火温度、热表面点火、火焰扩散等指标也提出了较高的要求。

1.3 民用机场供油工程概述

1.3.1 定义与分类

1. 定义

民用机场供油工程是为了保证民用航空机场的正常运行而配套建设的具有收发、储存、加注等功能的航空油料设施及车辆加油设施的工程，简称供油工程。

无论是运输机场，还是通用机场的供油工程，民用机场供油工程的核心功用是相同的，都是收发、储存、加注航空油料，所不同的是随着机场规模和服务对象的变化，供油工程年供油量的多少、相关设施的多寡、工艺系统的复杂程度有所区别。

就机场供油工程而言，运输机场的供油工程通常应包含机场油库、航空油料供应站、机坪管网，具备航空油料接收、储存、加注等能力，同时运输机场大多应兼具通航机场的供油保障能力，并能够满足机场内场车辆的油料保障需求；小型民用机场因其年供油量小，所以供油工程多数为库站合一形式，航空油料储存能力不大，具备航空油料的公路运输接收、储存、加注等能力；而通航机场的年供油量更少，所以其供油工程基本应为库站合一形式，航空油料储存能力很小，甚至是以车代库，或采用撬装加油装置。但由于通航飞行器的多样化，通航机场的航空油料一般都包括航空煤油和航空汽油两种，甚至有的以航空汽油为主。

2. 分类

根据服务对象和目标年供油量的不同，不同规模机场供油工程的工艺流程和设施设备有所简化或差异，按照现有设计和建设标准，可简要划分为：大型运输机场供油工程、小型运输机场供油工程、通用航空机场供油工程，其分类依据和所执行的标准如下。

(1)大型运输机场供油工程：是指建设目标年供油量大于50000t的民用运输机场(含军民合用机场民用部分)供油工程。对于建设目标年供油量大于50000t的民航供油工程，库容量较大，供油设施比较复杂，通常设有机场油库、航空加油站及汽车加油站，配套设施还可设有中转油库、装卸油站、输油管道及机坪加油管道等，此类机场供油量较大，功能完善，设备复杂，是民用机场供油工程的主要建设对象，其适用的标准为《民用运输机场供油工程设计规范》(MH 5008)。

(2)小型运输机场供油工程：建设目标年年供油量不大于50000t(含)的新建、扩建或改建民用运输机场的供油工程。包括民用运输机场和军民合用机场民用部分的供油工程。小型机场的年加油量(发运其他机场的航空燃料数量亦计入加油量)不大于50000t，其航空油料来源不一，有的来自炼油厂，有的来自大中型运输机场油库，有的来自其他企业油库。运输方式有铁路、公路、水路。一般来说采用公路运输方式较为简捷、经济，但对于远离配送油库的小型民用运输机场，借助于其他企业的铁路专线、码头进行运输可能更为经济。

小型民用运输机场供油工程作为民用运输机场建设的重要组成部分，既要保证航空油料质量，又要做到工艺合理顺畅、操作便捷、降低劳动强度、提高生产效率，实现节能、节地、节水、节材、环境保护的绿色供油工程建设目标。此类机场油库与年供油量50000t以上的机场供油工程相比,库容小,供油设施相对简单:一方面,可以实现库(机场油库)站(航空加油站)合一的供油模式,减少供应环节,缩短供油流程;另一方面,该类供油设施能够共用机场的消防、低压配电等公用设施,实现资源共享,避免重复建设,达到上述绿色供油工程的建设目标。据统计,目前国内约有70%的运输机场年供油量在50000t以下,这类机场数量多,分布广。因此,这类机场供油工程的规范建设具有重要意义,其设计按《小型民用运输机场供油工程设计规范》(MH 5029)执行。

(3)通用航空机场供油工程:为通用航空机场运行保障而建设的航空油料供油工程,包括通用航空油库和通用航空加油站工程。通用航空供油工程既包括通用机场的供油工程,也包括运输机场通航部分的供油工程。其中总罐容大于210m³,具有航空油料收发、储存功能,为通用航空器提供供油服务的场所称为通用航空油库,总罐容不大于210m³,具有航空油料收发、储存、加油等功能,为通用航空器提供加油服务的场所,称为通用航空加油站,通用航空供油工程的建设按《通用航空供油工程建设规范》(MH/T 5030)执行。

1.3.2 系统组成

1. 航空油料供应系统

充分的航空油料供应是航空运输能否进行的前提,随着航空油料供应的基地机场规模的扩大,其对于航空油料的需求也大大增加。在现代大型国际机场,某些大型航空飞机的单机储油箱多达7个,飞机的储油量能力已达百吨以上。随着科学技术事业的发展和航空运输现代化进程的加快,高性能、高质量的飞行势必要求有一个现代化的、设施完善、功能完备的航空油料供应系统进行保障。

现代航空油料供应系统是由石油生产、航空油料生产、长距离输送、油库、输油管道、航空加油站、机坪管网、加油车及压力控制、流量计量、油品质量监控、安全和保护等一系列设施和设备共同组成的综合技术系统。整个系统的大致流程可以利用图1-10加以说明:由地底开采的石油输送到炼油厂进行加工炼制,精制后得到的航空油料经铁路、公路、

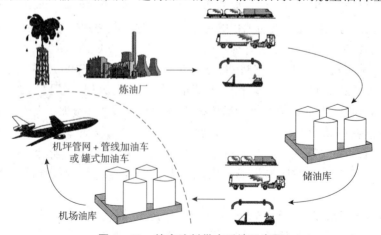

图1-10 航空油料供应系统示意图

水上运输或输油管道运输后进入储油库，进一步通过多种运输方式中转后到达设在机场附近的航空油料机场油库，航空油料在储存和运输后经过沉淀、过滤、检验等技术处理，最后再通过飞机专用加油车或管道等加油设施输送到需要加油的飞机。

机场供油工程是整个航空油料供应系统不可或缺的组成部分，其位于现代航空油料供应系统的终端部分，也是其主要组成部分。按照本章1.3.1中给出的定义，狭义的机场供油工程是保障飞行的机场配套建设的收发、储存、加注设施的统称，主要包括从机场油库到飞机油箱之间的所有设施设备，即图1-10中虚线内的部分。

2. 主要组成

机场供油工程是航空油料供应系统的末端，其保障飞行的功能决定了工程的主要组成。主要由储油设施、接卸设施、输转设施以及加注设施组成。其中，储油设施位于机场油库内，机场油库与一般民用油库结构和功能大致相同，包括收发油、储油及其他各种配套设施。小型机场的储油设施一般位于使用油库或使用桶装，大型机场的储油设施除布置在使用油库中，还需设置于储备油库中，某些机场还包括中转油库的储油设施。接卸设施又可以为铁路油槽车装卸油设施、汽车油槽车装卸油设施、码头装卸油设施和输油管道接卸设施四种，各自对应不同的输转设施。航空机场的加注设施是机场供油工程的一个子系统，对于大型机场，主要是指机坪加油管网和管线式飞机加油车，对于中小型机场则是罐式飞机加油车或撬装加油设备。在现代化大型机场建设中，机场供油工程的规划已被纳入机场总体规划之中，一般会先期于跑道、空管、维修等其他子系统进行建设并投运，在机场改扩建工程中一般也会在飞行区和机坪的改造扩建中予以充分考虑。以下对包含机场供油工程在内的航空油料供应系统主要组成部分进行简要介绍。

1) 储油设施

航空燃油主要采用各种金属和非金属储罐进行储存，其中民用航空航空燃油主要使用金属储罐储存，储罐作为直接储油设置，一般集中设置在油库中，所在区域称为储罐区。为了保证储罐的正常使用，还需要相关的动力设备、自动控制、消防等，通常这些设施集中布置于油库(oil depot)中。油库是机场供油工程中储油设施和部分接卸设施的重要集中场所。一般来说，机场供油工程中的油库是为民用运输机场提供航空油料，具有航空油料接收、储存、输转、发放(装载)及航空油料质量检验、计量设备检定等功能的场所，一般包括：

(1) 储油库(storage depot)：接收和储存铁路、水路、公路、输油管道的一种或多种方式来油，并为中转油库或机场油库输转航空油料的专用储备油库。

(2) 中转油库(terminal depot)：接收和储存铁路、水路、公路、输油管道的一种或多种方式来油，主要为机场油库输转航空油料的油库。

(3) 机场油库(airport depot)：主要直接为航空加油站或机坪加油管道等输送航空油料的油库。

机场油库的选址应选择在交通便利，且不易造成环境污染的地方。目前世界上绝大多数的运输航空机场油库都设置在离航空机场较近的地方或者直接设置于机场内部(如图1-11所示)，以便于民航飞机的燃油加注。

图 1-11 某机场油库示意图

航空油料的储油设施是民用机场供油工程的必要组成，由于民航机场对油料的需求量较大，因而民航机场一般都建有机场油库，枢纽机场可建设储油库。机场油库的储油量是机场供油工程设计建设中的一个重要问题。油库的储存能力一般在机场规划的时候就必须同步予以考虑，油库容量的大小取决于机场单位时间内飞机加油的需求量。一般考虑的主要因素有机场的发展规划、油料的运输和供应渠道、飞机的类型、航线的结构、运送的距离以及从炼油厂到油库的运输周期等。通常，机场油库储存和输转的油品主要为航空煤油和航空汽油，航空煤油供装备喷气发动机的飞机使用，航空汽油供活塞发动机使用。机场油库可以供应航空汽油，也可以供应航空煤油，主要是根据所保障飞机的需求来确定。目前在民用航空领域，使用航空汽油的机型远少于实行航空煤油的机型，所以多数机场油库以供应航空煤油为主。机场储油设施以航空煤油为储存主体，容量比较大，航空汽油的库容量一般比较小，它只有航空煤油的不到 1/10。机场油库通常都建在航空机场附近，以便于给到港飞机随时加油。在机场分布密集、油料消耗量较大的航空枢纽机场，一般还建有规模较大的航空油料基地，如广州华南蓝天航空油料有限公司实际上就是我国航空系统设在中南地区的航空油料基地。航空油料基地利用较大容量的中转储油库向其周边地区的航空机场供应航空油料，由此构成以蓝天公司油库为中心，周边地区机场为辐射接收点的航空油料供应系统。

2）输转设施

在航空油料的供应体系中，不论从产地到炼油厂还是从炼油厂经过各级油库最终到达机场油库，期间都可能经历长距离或中短距离的直接输送和转输。目前，对于航空油料的输送主要是通过铁路油槽车、公路油槽车、油轮或输油管道运输，根据运量、运距及地理条件的不同而选择经济的运输方式。一般说来，运量和运距较小时大都选用铁路或公路运输，而距离和输量较大时则选择水路或者输油管道运输。对于四种运输方式，主要有以下特点。

（1）铁路运输：主要借助铁路油槽车进行航空油料运输。

其主要优点有：①运输速度快，时速可达 80～120km/h；②运输能力大，以国产 G50

型 50m³ 轻油罐车为例，该型油罐车单罐总容积为 52.5m³，有效容积为 50m³，按照单列 48～56 节罐车计算，一次运输量可达 2500m³ 以上；③铁路运输过程受自然条件限制较小，连续性强，基本能保证全年运行；④运输成本较低，据统计，我国铁路运输成本分别是汽车运输成本的 1/17～1/11，民航运输成本的 1/267～1/97。

铁路运输的缺点是：①投资成本高，单线铁路每公里造价为（100～300）万元，复线造价在（400～500）万元；②建设周期长，一条干线建设需 5～10 年，占地面积大且维护成本高。

综合考虑，铁路适于在内陆地区运送中、长距离、大运量，时间性强、可靠性要求高的油料输送，从经济角度分析，在运输量比较大的地区之间建设铁路比较合理。

（2）公路运输：主要借助汽车油槽车进行航空油料运输。

其主要优点是：①机动灵活，货物损耗少，运送速度快，可以实现点对点运输；②投资少，主要借助现有成熟的公路网络，且新修建公路的材料和技术也比较容易解决，易于在全社会广泛发展。

其主要缺点在于：①运输能力小，容积 35～48m³ 的重型半挂公路油槽车一般每次只能运送约 20～30t 航空燃油，大约只相当于单节铁路油槽车载重量的一半；②运输能耗很高，分别是铁路运输能耗的 10.6～15.1 倍，是沿海运输能耗的 11.2～15.9 倍，是内河运输能耗的 13.5～19.1 倍，是管道运输能耗的 4.8～6.9 倍；③运输成本高，分别是铁路运输的 11.1～17.5 倍，是水路运输的 27.7～43.6 倍；④受气候影响明显，恶劣天气下不具备运输条件或运输效率大幅降低。

因此，公路运输比较适宜在内陆地区短途运输航空油料。例如，可以与铁路、水路、管道联运，为上述运输方式提供短途转运；可以深入山区及偏远地区为通用航空提供油料保障；在远离铁路的未铺设管道区域从事干线运输。

（3）水路运输：采用油轮进行航空油料的输送。

从技术性能看，水路运输的主要优点有：①运输能力大，在四种运输方式中，水路运输能力最大；在内河干线运行的顶推驳船队的载运能力可达（3～4）万吨，世界上最大的远洋油船载重已超过 50 万吨；②建设投资低，水路运输只需利用江河湖海等自然水利资源，除必须投资购造船舶、建设港口之外，沿海航道几乎不需投资；③运输成本低，我国沿海运输成本只有铁路的 40%，美国沿海运输成本只有铁路运输的 1/8；④平均运输距离长，可克服大洋的限制，执行跨国跨大洲的远途运输。

其主要缺点是：①受自然条件影响较大，内河航道和某些港口的通航受季节影响较大，冬季结冰，枯水期水位变低，难以保证全年通航；②运送速度慢，尤其在远洋运输中，时效性难以保证。

因此，水路运输的综合优势较为突出，适宜于运距长、运量大、时间性不太强的航空油料运输。目前，我国进口航空油料的运输主要通过水路运输。

（4）管道输送：通过埋地管道执行航空油料的输送。

管道运输是随着石油和天然气产量的增长而发展起来的，目前已成为陆上油、气运输的主要运输方式，管道运输的主要优点是：①运输量大，一条 720mm 输油管线的年输量约等于一条单线铁路的运量，但其造价不及铁路的 1/2；②占地少，工程建设量相对较小，管道运输只需要铺设管线、修建泵站，土石方工程量比修建铁路小得多，而且在平原地区大多埋在地下，不占农田；③能耗小，在四种运输方式中是最低的；④采用密闭输送，损耗少，对外界无污染；⑤不受气候影响，可以全天候运输，运输油料的可靠性高；⑥两地之间可近乎直线埋设，运输距离短。

当然，通过管道进行油料运输也有一些不足的地方，管道运输的缺点主要包括：①专用性强，只能执行单品航空油料运输或者几种油料的顺序输送；②管道起输量与最高运输量间的变化幅度小，一旦建成难以适应较大的运量变化；③初期建设投资高，建设和运行管理的专业性要求高。

因此，管道运输适用于单向、定点、品类简单、运输量大且需要连续输送的液体运输，而这恰恰是航空油料远距离输送的特点。与管道运输相比，海运在长距离大量运输时更为经济，但海运却受地理环境影响；公路运输更为灵活、多样，但它运输量小且运费高，一般只用于少量油品的较短途运输；铁路运输可以利用已建设的铁路网方便进行，但它总的运输能力有限，往往使输油量受到限制，而且运输成本较高、油气损耗大，由于多空载返程，所以大量运油不经济。因此，管道运输是航空油料的主要运输方式之一。并且在以上的四种运输方式中，管道运输的运量和运距仅次于水路运输，而投资低于铁路运输，综合效率高于其他几种运输方式。因此，目前大型机场工程主要通过管道实现航空油料的长距离运输。

此外，理论上航空油料也可以通过航空运输的方式进行长距离输送，其优点是速度快捷，不受地形限制，可点对点直接达到需供油单位，但是这种方式运输费用高昂，运输量小，经济性很差，在正常情况下一般不会用于民用航空的油料供应保障。

综合分析以上的几种运输方式可见：航空油料的输送方式以专用管道输送最为理想。管道运输可以避免反复装卸，节省运输工具，且可使供油连续不断，在油料输送距离适中的情况下应尽可能发展管道运输。例如在美国一些大型航空机场，如纽约、芝加哥等机场，目前已有长达数百公里的输油管道直接给飞机注入航空油料。但由于铺设管道的资金投资大，成本较高，而且不易日常维护，因而对远距离航空油料输送来说还必须考虑收益与投资成本的关系。对于中小规模或投资有限的民航机场来说，航空油料的远距离运输应尽可能采用成本相对较低的水运、公路或铁路运输。在水运、公路和铁路运输输送方式中，由于水上运输和铁路运输的装载量比较大，因而运输单位成本相对比较低，而公路运输虽然装载量小，但具有机动灵活、前期投资小和便于装卸的优点。在机场储油库到航空机场注入飞机阶段，由于距离比较近，因此一般采用加油车或管道直接输送。

3）油料接卸设施

航空油料的接卸设施称为装卸油站（loading and unloading station），是接卸和装载航空油料的专用场所，简称油站，一般包括：

（1）铁路装卸油站（railway loading and unloading oil station）：设有铁路装卸航空油料专用线、装卸油栈桥、装卸臂（鹤管）、卸油泵站及其他配套设施，供铁路装卸油用的场所。

（2）码头装卸油站（port loading and unloading oil station）：在海港或内河港设有相应设施，供油轮停靠、装卸航空油料用的场所。

航空油料接卸设施是机场供油工程的起点，也是航空油料在进入机场供油工程前油料储运网络的终端。沿海机场的接卸点可能是油码头，而内陆机场的接卸点可能是水陆交通枢纽，少数机场的接卸点也可以与供油管网直接相连。陆路运输主要是把国内炼油厂的航空油料经由铁路运输再经一定的技术处理后输送到机场油库。水路运输主要有两条供油渠道，一是经海上油轮运输的国内炼油厂生产的航空油料，如浙江镇海炼油厂、江苏南京炼油厂等；另一条是经海上油轮运输的国外航空油料。

4）加注设施

航空油料加注是民用机场供油的最后一个环节，即将通过计量、调压和净化后的航空油料加注到飞机油箱中。根据机场的吞吐量、规模和飞机发动机的种类，航空油料加注设备和工艺流程有所不同。一般说来，大型运输机场采用管线加油方式，小型运输机场采用罐式加油方式，通用航空机场采用罐式或撬装加油方式。

可见，各种管线和罐式加油车作为航空油料的直接加注设备，在航空燃油加注中起到了关键性的作用，为了保证各类加油车的顺利运行，机场中大多专门设置了相关区域用于保障加油车相关作业，称为加油站。对于运输业务繁忙，辅助车辆众多的大型运输航空机场，加油站是供油正常运行中必不可少的。按照加油服务的对象，可以分为航空加油站和汽车加油站，其定义如下：

（1）航空加油站（into - plane fueling services）：为飞机提供加油服务，具备飞机加油调度、加油车停放及维修、航空油料装载等一种或多种功能的工作场所，包括装油点、加油车停放点等，简称加油站。航空加油站并不提供普通的车用油料加注，而是专门针对罐式飞机加油车，提供与航空油料装载和加注相关的服务。

（2）汽车加油站（filling station）：具有接收、储存和加油功能，为机动车和特种车辆提供加油、充电及其他便利性服务的场所，一般包括：

①空侧汽车加油站（airside filling station）：设置在飞行区内，专为飞行区内特种车辆提供加油或充电及其他便利性服务的专用车辆加油站，简称空侧加油站；

②陆侧汽车加油站（landside filling station）：设置在飞行区外，为机动车提供加油或充电及其他便利性服务的机动车辆加油站，简称陆侧加油站。

对于大型运输机场，飞机在机坪上加油可采取罐式加油车、加油井、加油栓＋管道加油车三种方式。

（1）加油车是目前大多数机场常用的加油方式。利用加油车对航空飞机注入航空油料的主要优点是加油车机动灵活，可以在机坪上任意地点给飞机加油。对于不太繁忙的航空机场来说，只需要投入少量的加油车即可满足加油需要，因而从管理营运成本上来说比较经济。但如果航空机场比较繁忙，单位时间进出港的飞机比较多，如采取增加加油车的数量，那么由此所带来的不良后果是，由于加油车占用较大的空间，相对安全性就要大大降低。例如，波音B747－400型飞机的加油量约为130t，MD－11的加油量约为95t，波音B－777加油量为75t，这些飞机加油时需要两辆甚至更多的加油车，庞大而笨拙的加油车不但占用了机坪有限而紧张的作业空间，而且还增加了碰撞或发生火灾的可能性。此外，当加油车完成作业后还需要大量的停放场地和专门的服务维修人员。

（2）加油井是给航空飞机注入航空油料的又一种形式，加油井直接设在机坪下面，飞机需要加油时，只需打开井盖即可为飞机直接注入航空油料。机场加油井通过管道与机场油库直接相连，设在油库的油泵可将油料压送至加油井，每个加油井配备有一套油量表、滤油器、空气分离器、软管和卷盘，可以为靠近的飞机加油。加油井可以随时、连续供油，它不需要车辆。利用加油井注入航空油料的方式虽然有方便等优点，但也存在投资大、设备重复，以及不便扩建改造等缺陷。这是一种早期应用较多的布置方式，由于设备在地井中，挥发的油气不易扩散，增大了火灾爆炸和人员中毒的危险性，此外，地井中湿度大，设备容易产生腐蚀，影响使用寿命，因此，加油井方式在新建机场中目前已很少采用。

（3）在加油井的基础上改进后形成第三种加油方式，即加油栓加油。油栓加油方式和加油井的输油方式基本相同，只是用一个专用的加油栓阀替代油井，并且加油栓一般也是布置在地下，称为加油栓井。把油量表、滤油器、空气分离器、软管和卷盘等设备安装在一辆小型车上，小车可以自行移动或被牵引，一般具有自行能力的车辆称为管线加油车，牵引式的称为加油挂车。通过小车上设备的移动就可以克服加油井设备庞大和重复建设的缺陷。加油栓方式具有随时、连续供油的优点，且灵活性大。加油栓的缺点是加油时仍需要有车辆在机坪上活动。

目前国内外航空机场的加油方式大都采用管道输送和加油车相结合的方法来向飞机注入航空油料。在一些繁忙的大型机场，还设有专门为大型客机加油的专用跑道，并预埋有加油管道以加油栓的方式进行加油。而在通用航空机场，由于燃油加注量少，经济性要求高、飞机起降要求相对较低的原因，一般不会采用预埋管道的方式进行航空油料保障。但其航空油料的供应和加注方式也更为灵活，一般会采用罐式加油车、储油供油加注一体化撬装设备，乃至手动加注的方式进行航空燃油保障。

1.3.3 供油工程的发展趋势

航空油料作为民航的血液，是飞机翱翔九天的动力源泉，是民航业发展的重要战略物资之一。随着我国民航业的高速发展，"十三五"期间航空燃油消耗量平均年增长速度保持在10%左右。每年如何将数千吨的航空燃油持续、及时、安全、经济地输送到目标机场，为飞机提供动力，是国家公共航空运输体系的重要任务。改革开放以来，我国在积极引入国外先进技术的基础上，通过持续艰苦奋斗和自力更生，目前已建成了较为完善的航空油料安全保障体系，能够独立为国内外商业航空和通用航空运输提供航空油料保障，并在油料研发、品质监控、流动保障、事故预防与控制等大部分领域达到了跟跑及并跑国际科技发达国家的水平。能够独立进行航空油料及其添加剂的研制开发，能够针对航空油料各种致害事故的机理进行研究并开发相应的防控技术，能够独立开发航空油料安全保障装备。

与此同时，也要看到目前我国航空油料保障领域科技发展水平同国际民航强国相比，仍有很大的发展空间，一部分核心技术与关键装备与西方发达国家相比仍存在10~20年的差距。同时，进入21世纪后，伴随着行业对于航空油料保障安全的持续关注和新技术的革命性发展，为我国航空油料保障领域科技发展带来一系列机遇和挑战。结合当前技术发展态势，在今后一段时间内，航空油料供油工程可能在以下方面重点发展：

1）航空油料品质实时监控技术

航空油料的品质直接关系飞行安全和飞行品质，任何质量指标的不合格都可能导致油品在储运、加注和飞行过程中发生严重的安全事故。并且，随着社会对于环保的关注度持续提高。需要从航空油料本身品质和使用环境出发，降低污染与排放，开发环境友好、绿色环保的航空油料品质监控及其防控技术，实现对航空油料品质实时监控与保持。具体来说，就是由航空油料的物化特性和使用特性入手，通过对航空油料各组分和基本性质的持续分析，实现航空油料从炼厂到航空器发动机的全流程品质实时监控与预警，杜绝航空油料品质下降导致的安全事故，并通过组分优化和针对性开发，实现航空油料品质的持续保持与提升。

2）绿色智慧型航空油料保障技术装备体系

随着人工智能、万物互联、5G等新兴科技理念和技术的引入，对传统航空油料保障装备的智能化、数字化、无人化水平等提出了新的挑战，从提高保障效率和降低保障成本的角度出发，开发多重冗余的无人装备保障体系势在必行。具体来说，基于蓬勃发展的人工智能、5G、大数据、高精度卫星导航、云计算技术，开展航空油料系统各流程装备与系统的节能减排和智能化研究，借助不断深入的微电子和现代装备制造技术，开发环境友好的智慧型航空油料保障技术装备体系，实现航空油料供应与保障系统的绿色智能化无人操作。

3）本质安全的航空油料安全保障体系

安全和服务是民航的两大命题，而其中安全是民航的底线，当今社会对于航空安全的预期越来越高。而快速发展的行业和激增的需求也导致航空油料安全事故预防控制的形势日益严峻。迫切需要通过相关基础理论与应用技术的突破，开展航空油料储运事故防控与安全保障，具体来说，就是针对航空油料储运过程中可能导致事故的主要因素，开展持续的理论和基础应用研究，对航空油料及其供应系统涉及的复杂流动过程、燃烧爆炸过程、金属腐蚀过程的机理开展深入研究，并基于此，开发航空油料燃烧爆炸防控、复杂流动保障技术、设施设备内外力破坏及腐蚀防护技术，实现航空油料全流程的事故防控与安全保障。

思考题

1. 按照机场的功能分区，航空燃油可能出现在机场的哪些区域？

2. 现代机场的大型化和枢纽化对航空燃油保障会产生什么影响？

3. 不同航空燃油的性质要求与其使用环境有何联系，试举例说明。

4. 为何航空汽油辛烷值与车用汽油的辛烷值采用不同的表示方法？

5. 为什么行业标准中将建设目标年供油量作为不同规模机场供油工程的区分依据？

6. 在小型民用机场和通用机场供油工程中，相比运输航空机场供油工程，部分设施会有所简化，这对航空油料保障运行工作会带来什么影响？

参考文献

[1]谭惠卓. 现代机场发展与管理[M]. 北京：中国民航出版社，2008.

[2]朱沛. 机场规划与运营管理[M]. 北京：兵器工业出版社，2005.

[3]邢俊昊，徐冠华，吕晓亮. 工业血液——石油[M]. 济南：山东科学技术出版社，2016.

[4] 刘大响，陈光. 航空发动机——飞机的心脏[M]. 北京：航空工业出版社，2003.

[5] 熊云，吴全才，刘晓. 储运油料学[M]. 北京：中国石化出版社，2013.

[6] 王从岗，张艳梅. 储运油料学[M]. 东营：中国石油大学出版社，2006.

[7] 中国石油化工集团公司. GB 50074—2014 石油库设计规范[S]. 北京：中国计划出版社，2014.

[8] 中国航空油料有限责任公司. MH 5008—2017 民用运输机场供油工程设计规范[S]. 北京：中国民航出版社，2017.

[9] 中国民用航空总局. MH 5001—2013 民用机场飞行区技术标准[S]. 北京：中国民航出版社，2013.

[10] 中国国家标准化管理委员会. GB 1787—2018 航空活塞式发动机燃料[S]. 2018.

[11] 中国民用航空总局. MH/T 6112—2016 91 号无铅航空汽油[S]. 北京：中国民航出版社，2016.

第2章 布局与功能

2.1 油库基本概念

2.1.1 定义

1. 油库

油库是用来接收、储存和发放原油或石油产品的独立或企业附属的仓库或设施。它是协调原油生产、加工、成品油供应及运输的纽带，也是国家原油及成品油储备和供应的基地。油库是国民经济、交通运输发展的支柱，是能源供应的重要设施。

2. 机场油库

民用机场供油工程按照功能划分为油库、加油站、机坪管道等部分。其中油库是民用机场供油工程的重要组成部分，是为民用运输机场提供航空油料，具有航空油料接收、储存、输转、发放(装载)及航空油料质量检验、计量设备检定等功能的场所。中国民航迄今为止规模最大的供油工程——北京大兴机场油库如图2-1所示。

图2-1 北京大兴机场油库实景图

3. 航空加油站

航空加油站是为飞机提供加油服务的场所，具有加油调度、油车停放维修、油品装载等多种功能，包括装油点、加油车停放点等区域。民用运输机场航空加油站如图 2 - 2 所示。

图2-2 民用运输机场航空加油站实景图

2.1.2 油库类型

1. 根据油库的管理体制和业务性质划分

（1）独立油库：专门接收、储存、发放油品的独立企业和单位。比如国家战略储备油库、供销和军事部门油库。

（2）企业附属油库：企业或其他单位为满足本部门需要而设置的油库。比如油田原油库、炼厂油库、港口油库。

其中，机场油库属于企业附属油库。

2. 根据油库的地理位置划分

根据油库建造位置的不同，可分为地面油库、隐蔽油库、山洞油库、水封石洞库、海上油库、地下盐岩库。

（1）地面油库：又称为地上油库，是将油罐直接建造在地面上，具有节省投资、建设周期短、易于管理维修等优势，是目前商业油库及一般企业附属油库的主要建造形式；但由于直接暴露在视线范围内，目标明显，战时易被破坏，防护能力较弱，因而不适合作为战略储备油库使用。同时，地面油库的油品蒸发损失较大，火灾危险性等级较高。

（2）隐蔽油库：将油罐部分覆土或全部埋入地下，且要求上方的覆土层厚度大于 0.5m。覆土作为伪装可提供一定的防护能力，在空中或库外不能直接看到储油设施，隐蔽性好。同时，隐蔽油库的油品蒸发损失较小，火灾危险性较小；但由于油库处于地下或半地下，为防止油罐因土压而破坏失效，必须加筑钢筋混凝土或其他护墙，投资大，建设周期长，不便于日常管理维修。

（3）山洞油库：将油罐建造在人工开挖的山洞或者天然的山洞内，具有隐蔽性好，防护能力强的特点，且油品的蒸发损失小，是我国的一般大型战略储备油库和军用油库的主要建造形式；但投资大，建设周期长，且洞内需做好防潮处理，否则洞内潮湿易腐蚀储罐。

（4）水封石洞库：利用稳定的地下水位，将油品封存在地下洞室中。不需要另建储油罐，而是将有稳定地下水位的岩体开挖的人工洞室作为储罐，封存油品。因油品被周围岩石内的地下水包围，除有少量的地下水渗入，油品不致外渗。水封石洞库一般都深埋地下，具有较强的隐蔽性和防护性，且建设费用相较山洞油库低，节省钢材，容量可高达 $10^5 m^3$；但它的库址难于选择，需要稳定的地下水位，技术条件复杂，现多建于沿海地区。

（5）海上油库：是一种随着海上石油开采而发展起来的储油方式，当海上开采石油离岸太远时，可采用储油船代替海上储油罐，用来储存和调拨石油。储油船一般要比停靠的油船吨位大，除了没有主机，不能自航外，其余都与一般油船相似。储油船上同样需要配备完整的输油系统、防火、防爆系统及油水分离装置等。其形式分为漂浮式、着底式两大类，飘浮式是将储油设施制成储油船或储油舱，让其漂泊在海面组成储油系统，建有防波堤和安全监测设施；着底式是将储油设施制成储罐让其固着于海底，形成水下储油系统。海上油库可以减少陆上用地，增大石油储备能力。

（6）地下盐岩库：盐岩是一种纯化学成因的岩石，由蒸发海水或湖泊作用沉淀而成。盐岩渗透性低、蠕变特性良好，对储存压力变化的适应性强，力学性能稳定，因而可作为良好的油气密封层，被广泛作为石油和天然气的地下储存介质。地下盐岩库由于安全性高，适合作为战备使用，在发达国家的战略储备中备受青睐，已发展成一种重要的储备媒介。

3. 根据油库的任务划分

根据油库所负担的任务，可分为储备油库、中转油库、供应油库 3 种类型。

（1）储备油库：主要承担国家和军队的石油及相关产品的储存任务，具有储量大、储存时间长的特点。对于机场供油工程而言，储备油库是用于接收和储存铁路、水路、公路、输油管道的一种或多种方式来油，并为中转油库或机场油库输转航空油料的专用储备油库。

（2）中转油库：主要承担油品的批量转运任务，具有容量较小、储存周期短，而收发频率高的特点。对于机场供油工程而言，中转油库是用于接收和储存铁路、水路、公路、输油管道的一种或多种方式来油，主要为机场油库输转航空油料的油库。

（3）供应油库：主要承担向用油单位供应油品的任务，具有收发量小、作业量不均匀的特点。针对机场供油工程，供应油库即为机场油库，主要用于直接为航空加油站或机坪加油管道等输送航空油料。

油库按照任务的分类并不是绝对的，许多油库并非只承担储备、转运或供应的某个单一任务，而是以其中的一项任务为主。支线机场的储油设施一般只有机场油库，枢纽机场和干线机场的储油设施除了机场油库外，有时还包括中转油库，早年建设的机场供油设施还有储存油库。

4. 根据油库所属机场的类型及规模划分

针对机场油库，根据所属机场的类型及规模，可分为民用运输机场油库、小型运输机场油库、通用航空机场油库 3 种类型。

（1）民用运输机场油库：建设目标年供油量大于 50000t，为民用运输机场提供航空油料，具有航空油料接收、储存、输转、发放（装载）及航空油料质量检验、计量设备检定等功能的场所。

(2)小型运输机场油库：建设日标年供油量不大于50000t，为民用运输机场航空器提供供油服务，具有航空燃料收发、储存、油品质量检查等功能的场所。

(3)通用航空机场油库：总罐容大于210m³，具有航空油料收发、储存功能，为通用航空器提供供油服务的场所。

2.1.3　油库职能

1. 调节油品的供销平衡

从石油开采、炼化到成品油供应、销售的过程中，经常出现供需不平衡的情况，油库作为调节油品供需的场所，当供过于求时，将过剩的油品储存起来，当供不应求时，则将储存的油品输出，满足供应，从而调节产、供、销之间的平衡，保障油品供应的连续性和稳定性。

2. 保障油品的使用价值

油品在油库静态储存的过程中，因其自身理化性质以及自然、社会、人为等多种因素的影响，油品的使用价值可能会降低甚至消失。比如油品产生的蒸发损耗，发生火灾事故等。航空油料的质量要求较高，油库作为保管油品的场所，通过科学有效的技术手段，以及先进的设备设施，需要保障油品的质量符合标准，保障油品在静态储存期间的使用价值。

3. 进行油品的集散和中转

油品集散是油库采用多种方式接收来油和发放存油的过程。比如，储备油库接收到航空煤油管道来油后，发往中转油库，然后再输送给机场油库。集散过程中，伴随着航空油料动态与静态的互相转换，运输方式以及储存形式可能发生改变，如从管道运输变为公路运输，从散装形式变为桶装形式。

4. 作为国家战略储备

石油是重要的能源物资，对于国家的国民经济发展具有重要意义。众多发达国家都将石油储备作为一项重要的战略进行部署实施。目前，存在战略储备与平准库存两种石油储备，战略石油储备是为了在战争或自然灾难时以保障国家石油的不间断供给的储备。而平准库存是为了平抑油价波动的储备。石油储备服务于国家的能源安全，保障油品的持续供给，并且具有平抑国内油价异常波动的功能。

不同类型的油库职能有所侧重，其中机场油库主要以保障航空器油料供应为中心，通过接收和储存数量足够、符合适航审定质量要求的油料，利用管线加油车或罐式加油车，快速高效地加注到飞机油箱中，是航空器运行后勤保障的重要环节。机场油库的储油设施与其他成品油油库相似，除收油、储油、发油及其他各种配套设施外，亦可实现机坪供油、倒罐、底污油处理、化验检测等生产、运行功能。

在航空油料的储存周转和燃油加注的过程中，机场油库的设施设备是航空油料的重要负载，在机场供油的过程中，要确保无跑冒滴漏，无油料质量问题，无安全隐患，保质保量为民航运输业服务。

2.2　油库的分级与分区

2.2.1　油库分级

根据《石油库设计规范》(GB 50074)的规定,油库划分为六个等级,如表 2 – 1 所示。

表 2 – 1　油库等级划分

等级	油库储罐计算总容量 $TV/10^4 m^3$
特级	$120 \leqslant TV \leqslant 360$
一级	$10 \leqslant TV < 120$
二级	$3 \leqslant TV < 10$
三级	$1 \leqslant TV < 3$
四级	$0.1 \leqslant TV < 1$
五级	$TV < 0.1$

注:表中 TV 不包括回收罐、污油罐的容量。

根据石油库储罐计算总容量,将石油库划分为六个等级,是为了便于对不同库容的石油库提出不同的技术和安全要求。

对于码头装卸油站的等级应按设计船型的载重吨位分级,根据《装卸油品码头防火设计规范》(JTJ 237)的规定,码头装卸油站划分为三个等级,如表 2 – 2 所示。

表 2 – 2　码头装卸油站分级

等级	海港船舶吨级 DWT	河港船舶吨级 DWT
一级	$DWT \geqslant 20000$	$DWT \geqslant 5000$
二级	$5000 \leqslant DWT < 20000$	$1000 \leqslant DWT < 5000$
三级	$DWT < 5000$	$DWT < 1000$

机场油库主要储存航空煤油、航空汽油等易燃易爆的石油产品,油库的库容越大,一旦发生火灾或爆炸事故的危险性越大,因此从油库防火的角度出发,根据库容的不同,需要制定相应的安全防火标准。同时,防火标准也跟油库储存油品的火灾危险性相关,不同油品的火灾危险性根据其闪点或特征的分类如表 2 – 3 所示。

表 2 – 3　油品的火灾危险性分类

类别		特征或闪点 $F_t/℃$
甲	A	15℃时的蒸气压大于 0.1MPa 的烃类液体及其他类似液体
	B	甲 A 类以外,$F_t < 28$
乙	A	$28 \leqslant F_t < 45$
	B	$45 \leqslant F_t < 60$

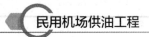

类别		特征或闪点 F_t/℃
丙	A	$60 \leqslant F_t \leqslant 120$
	B	$F_t > 120$

其中，航空煤油的闪点38℃，属于乙 A 类危险品，航空汽油属于甲 B 类危险品。根据石油库火灾事故统计资料，80%以上是甲 B 类和乙 A 类油品事故，剩下的是乙 B 类和丙 A 类油品事故，丙 B 类油品基本没有发生过火灾事故。由此可见，航空煤油和航空汽油都属于火灾事故需重点防范的第一类危险源。油库除了按照库容进行等级划分外，针对不同火灾危险性的易燃和可燃液体，也需采取不同的安全措施。

考虑到油品的火灾危险性，油库内生产性建(构)筑物的耐火等级应符合《石油库设计规范》(GB 50074)的规定，如表 2-4 所示。

表 2-4 石油库内生产性建(构)筑物的最低耐火等级

序号	建(构)筑物	液体类别	耐火等级
1	易燃和可燃液体泵房、阀门室、灌油间(亭)、铁路液体装卸暖库、消防泵房	—	二级
2	桶装液体库房及敞棚	甲、乙	二级
		丙	三级
3	化验室、计量间、控制室、机柜间、锅炉房、变配电间、修洗桶间、润滑油再生间、柴油发电机间、空气压缩机间、储罐支座(架)	—	二级
4	机修间、器材库、水泵房、铁路罐车装卸栈桥及罩棚、汽车罐车装卸站台及罩棚、液体码头桥、泵棚、阀门棚	—	三级

根据等级，建(构)筑物构件的燃烧性能和耐火极限应符合现行国家标准《建筑设计防火规范》GB 50016 的有关规定。三级耐火等级建(构)筑物的构件不得采用可燃材料，敞棚顶承重构件及顶面的耐火极限可不限，但不得采用可燃材料。铁路罐车装卸设施的栈桥和汽车罐车装卸设施灌装棚等采用钢结构，轻便美观，易于制作，但达不到二级耐火等级的要求，另外液体装卸栈桥(或站台)发生火灾造成严重损失的情况很少，故这一类建筑的耐火等级为三级是合理的。

2.2.2 油库分区

1. 机场油库分区

油库内的各种设施设备散发的油气浓度、火灾危险程度，以及生产操作方式各不相同，为了便于安全管理，需对各项设施进行分区布置。根据油库的业务，将其分为储油区、装卸区、辅助生产区、行政管理区 4 个区域，其中装卸区根据油料收发方式的不同又分为铁路装卸区、水路装卸区、公路装卸区。出于安全考虑，生活区通常设置在库外，与油库分开布置。油库分区示意图如图 2-3 所示。

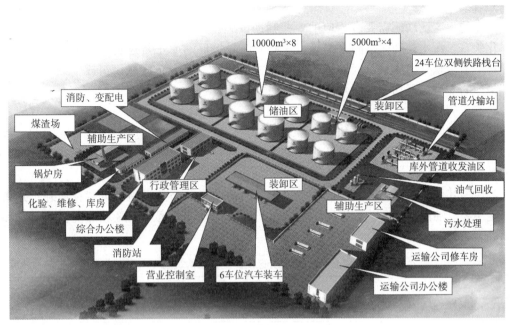

图2-3 油库分区示意图

1) 储油区

储油区又称油罐区,是油库储存油品的区域,也是油库的核心部位。储油区的首要任务是保证储油安全,防止火灾泄漏等各项安全事故。储油区的主要设备是储罐,此外还设有防火堤、消火栓等消防系统,采取防雷、防静电、安全监视等系列安防措施,保障储油区的安全。

2) 装卸区

装卸区是油品进出油库的操作场所,主要设施是泵房和相关的装卸器材。装卸区可分为铁路装卸区、水运装卸区和公路装卸区。装卸区的主要任务是灌装和接卸油品。它们的设施例如栈桥货位、鹤管数、油轮泊位、汽车罐车加油枪数、输油管径等都需要根据装卸油的品种、数量、装卸时间等要求来决定。

(1) 铁路装卸区。这一作业区主要是向铁路罐车灌装油品或由铁路罐车接卸油品,主要设施包括铁路专用线、油品装卸栈桥、装卸油鹤管以及相应的集油、输油管线、装卸油泵房等。

(2) 水路装卸区。当油库设置在沿海或靠近江河的地区,油品往往通过油轮和油驳进行吞吐。油库水运装卸区便是向油轮或油驳等水上运输工具灌装和接卸油品的区域。主要设施包括码头、趸船、泵房(一般设置在码头或趸船上)、装卸油桶的机械。

(3) 公路装卸区。目前,大多数油库的作业都是铁路或水运来油,再通过公路或水运,利用汽车罐车或油驳、桶装向外发油。公路装卸区的主要发放对象是加油站和用户。通常只要不靠江河的油库,几乎进入油库的所有油品都要通过公路向外发出,发油频繁。其主要设施包括汽车装卸油设备、罐桶间、高架罐等。

3）辅助生产区

油库的生产活动还需要有相应的一些辅助设施，如锅炉房、变配电间、机修间、材料库、化验室、污水处理、消防泵房等。这些设施是保证油库正常运转不可缺少的。但它们在操作上又是独立的体系。因此把这些设施相对地集中在一个区域，组成辅助生产区，有利于油库的安全管理和生产运营。

4）行政管理区

行政管理区是油库的行政和业务管理区域，是生产管理中心。它担负着油库的三大任务：①指挥生产，保证油品安全装卸和储存，并做好运行纪录。②贸易活动，进行油品的调入和销售。③保障油库安全。

油库的其他生活设施，如家属宿舍、娱乐活动场所等公共设施应设置在库外，并离库区一定距离。油库储油区、装卸区、辅助生产区、行政管理区4个区域的主要建筑物和构筑物如表2-5所示。

表2-5　油库分区及其主要建构筑物

序号	分区		区内主要建筑物和构筑物
1	储油区		油罐、防火堤、油泵房、变配电间等
2	装卸区	铁路	铁路装卸油品栈桥、油泵房、桶装油品仓库等
		水路	装卸油码头、油泵房、灌油间、桶装油品仓库等
		公路	高架罐、灌油间、汽车装卸油品设备、桶装仓库等
3	辅助生产区		修洗桶间、消防泵房、消防车库、机修间、器材库、锅炉房、化验室
4	行政管理区		办公室、传达室、车库、宿舍、浴室、食堂等

2. 航空加油站分区

航空加油站宜按综合作业区、辅助作业区和行政管理区进行分区布置，主要建（构）筑物宜按表2-6进行布置。

表2-6　航空加油站各区主要建（构）筑物或设施

序号	分区	各区内主要建（构）筑物或设施
1	综合作业区	油车库（棚）、装油设施、固定油罐、隔油池、污水处理设施等
2	辅助作业区	维修间（棚）、变配电间、器材间、计量检测室等
3	行政管理区	综合业务用房（调度室、值班室、办公室、警卫室）、倒班宿舍、浴室、食堂等

注：综合作业区与辅助作业区可合并设置。

3. 库站合一油库分区

小型运输机场相较于大中型运输机场而言，具有库容小、供油设施相对简单的特点，可采用库（机场油库）、站（航空加油站）合一的供油模式，同时具备机场油库和航空加油站的功能，以减少供应环节，缩短供油流程。适用于小型运输机场的库站分离供油模式见图2-4，适用于大中型运输机场的库站合一供油模式见图2-5。

库站合一油库分区宜按生产作业区、行政管理区进行平面布置，见表2-7所示。

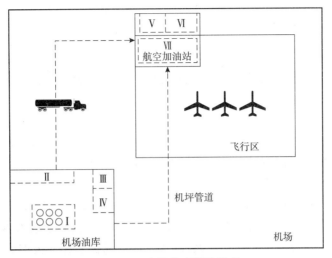

图2-4 库站分离供油模式

I—储油区；II—装卸区；III—辅助生产区；IV—行政管理区；
V—日常办公区；VI—辅助生产维修区；VII—生产作业区

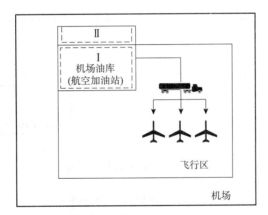

图2-5 库站合一供油模式

I—生产作业区；II—行政管理区

表2-7 油库各区主要功能

序号	分区	区内主要功能
1	生产作业区	航空油料储存、收发、设备修理、器材存放、油水处理、油车停放等
2	行政管理区	办公、变配电、值班、门卫、盥洗室等

2.3 油库容量

油库容量的确定是油库建设环节中需要优先解决的问题。正确地确定油库容量不仅可以加快建设速度，还可以节省投资，充分发挥投资效益。库容选择过大或过小都会造成不良后果：库容过小，无法满足油品储备需求，影响供应；库容过大，浪费用地与建设投资，增加储备成本。因而库容的合理选择对于油库的经济运行影响很大。

2.3.1 油库容量定义

油库的容量(m^3)是库内各个储罐容量的总和，而储罐的容量又分为公称容量、储存容量和作业容量。

1. 公称容量

即名义容量，是理论上的油罐容量，按油罐整个高度计算。一般设计油罐时，以这个尺寸计算容量，选择油罐的高度和直径。如图 2-6(a)所示。

2. 储存容量

是油罐的实际容量，由于当油罐储油时，并不能装到油罐的上边缘，而都留有一定距离，以保证储罐安全。对于固定顶油罐，要考虑液上泡沫灭火系统或者内浮顶的安装空间，对于浮顶油罐要考虑浮顶安装空间。油罐的公称容量减去上述所占的容量便是储存容量。如图 2-6(b)所示。

3. 作业容量

当油罐发油时，进出油管下部的一些油品并不能发出，称为油罐的"死藏"。因而油罐在使用操作上的容量比储存容量要小。作业容量是储存容量减去"死藏"容量。如图 2-6(c)所示。

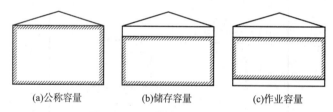

(a)公称容量　　　　(b)储存容量　　　　(c)作业容量

图 2-6　储罐容量定义示意图

而油罐的利用系数 η 是指油罐的储存容量与公称容量之比。

2.3.2 传统油库库容测算

储油库及中转油库库容预测与传统成品油库类似。储油库及中转油库的库容需满足两点：一是在集中来油时能及时把全部来油卸入库内储存；二是在两次来油的间歇，能提供足够的油品供应市场。因此供销情况和运输情况是决定油库储油容量的重要因素。目前我国广泛采用周转系数法、统计预测法、储存天数法等多种方式来确定库容，其中周转系数法的计算较为简单，但准确度稍逊，计算所得的库容偏高，统计预测法的计算较复杂，准确度较高。而对于来油量稳定，外输量波动的油库可以采用储存天数法。

1. 周转系数法

$$周转系数 = \frac{某种油品的年销量}{该油品储存设备的储存容量} \tag{2-1}$$

周转系数即某油品的储油设备在一年内可被周转使用的次数，可见周转系数越大，设备利用率越高，储油成本越低。油库周转系数的确定可根据该地区现有的油库经营资料获取，当没有资料可供参考时，可参照同类油库的周转系数确定库容。

油库的库容是所储备的各种油品设计容量的总和。各种油品的设计容量通过下式计算：

$$V_s = \frac{G}{K\rho\eta} \qquad\qquad (2-2)$$

式中 V_s——某种油品的设计容量，即公称容量，m^3；

  G——该种油品的年销量，t；

  ρ——该种油品的密度，t/m^3；

  K——该种油品的周转系数；

  η——油罐利用系数。

其中，K 值的大小对确定油罐容量非常关键，但 K 值确定起来很困难，它与油库的类型、业务性质、国民经济发展趋势、交通运输条件、油品市场变化规律等因素息息相关，难以用公式简单确定。通常，在我国新设计的商业油库中，对一、二级油库，K 值取 $1\sim3$，三级及以下油库，K 值取 $4\sim8$。以上取值偏保守，即储油设备的利用率较低、库容较大、基建投资大、投资回收年限长。因而 K 值的大小还应根据建库指令或项目建议书要求，与建库单位协商确定。

根据《石油化工企业储运系统罐区设计规范》SH 3007，对油罐的储存系数作规定如下，对于固定顶罐，罐容 $<1000m^3$ 时，$\eta=0.85$；罐容 $\geq1000m^3$ 时，$\eta=0.90$；对于浮顶罐和内浮顶罐，$\eta=0.90$；对于球罐和卧罐 $\eta=0.90$。

2. 统计预测法

库容的大小与来油情况和销售情况息息相关。如果油品的来油和销售是均匀的，比如，每 m 日来一次油，每日销售 n 吨，油库的储量就是 $m\times n$ 吨。如果来油间隔期比较小，即周转系数越大，库容就越小。但其实这是一种理想化的做法，因为实际上油品的销售不是均匀的，有销售的淡季和旺季，油品的运输可能也无法按照固定日期来油。因而想要确定合适的油库容量，就需要进行大量的统计分析，这样通过统计分析来确定库容的方法叫作统计预测法。

油库容量的大小，一般受三个因素的影响：发展趋势、季节变动、不规则变动。

(1)发展趋势：随着国民经济的发展，各种不同类型的油库普遍都有逐年增大其销售量的趋势。确定机场油库的容量时，要考虑机场中长期耗油量的递增情况。

(2)季节变动：这是一个时间序列，因油品在不同季节销售量也不同，有的油品随季节波动的趋势大，有的波动小。

(3)不规则的变动。这是在设计时难以预料的一些偶然因素，如销售中遇到的临时性用油。决定油库容量时，也应考虑到这个因素。

确定油库容量时，可参照具有类似条件的油库作为原型，逐年按月或按旬统计它们的年销售量和来油量，然后分析预测出今后数年的销售量和来油量，剩余累计的最大值与最小值之差与年周转额的乘积，即为油库库容。即油库在储存了最大销售量的同时，应能储存最大进油量。

每个月的月末剩余：

$$\Delta V_i = 进油量 - 销售量 \qquad (2-3)$$

剩余累计：

$$V_s = \sum \Delta V_i \qquad (2-4)$$

【例1】

如表2-8所示，来油和销售的数据均为在当年年周转额的所占百分比，设年周转额p，求油库库容。

表2-8　某油库销售量和来油量年表　　　　　　　　　　　　　　　　%

月份	一月	二月	三月	四月	五月	六月	七月	八月	九月	十月	十一月	十二月
来油	3	4	5	7	8	13	15	13	12	10	6	4
销售	14	13	11	7	4	3	3	7	9	9	10	10
月末剩余	-11	-9	-6	0	+4	+10	+12	+6	+3	+1	-4	-6
剩余累计	-11	-20	-26	-26	-22	-12	0	+6	+9	+10	+6	0

【解答】　剩余累计的最大值与最小值之差与年周转额的乘积，即为油库库容。$10\% - (-26\%)p$，即为$36\%p$。

3. 储存天数法

对于来油量稳定，波动主要出现在外输的油库可以采用储存天数法。针对这种油库，要保障在交通运输暂时中断的意外下，有足够的容量接收来油。将这种为保证运输中断时能存储矿场来油的天数称为储备天数，用N表示，其油库库容按下式计算。

$$V_s = \frac{GN}{365\rho\eta} \qquad (2-5)$$

式中　V_s——油库的设计容量，m^3；

　　　G——油品的年周转量，t；

　　　ρ——油品储存温度下的密度，t/m^3；

　　　η——油罐的利用系数；

　　　N——油品的储存天数。

油品的储存天数N取决于运输方式、气象和封冻停航等因素，作为参考，铁路外输可取$N=7$，长输管道外输可取$N=2\sim5$。

2.3.3　机场油库库容测算

机场油库的核心任务是飞机油料的加注功能和一定的储油功能，加油量预测值偏大会导致供油工程规模过大，造成资源浪费和固定成本增加，而加油预测量偏小会导致供应不足，无法适应机场流量增大的远期目标。合理的油库库容既要保证满足机场日常耗油量的需求，又需在来油意外波动时有足量的储存。机场油库容量受加油量预测和储存天数的影响。

1. 加油量预测

合理的加油量预测尤为重要，常用机场加油量预测法有飞行参数法、线性回归、比例增长法、平均架次加油量法、类比法等。

1）飞行参数法

由于不同机型的耗油量差别较大，如 ARJ – 21 平均每小时耗油量为 0.958t，而 A380 平均每小时耗油量高达 14.36t，因而加油量受到飞机机型的影响。飞行参数法依据机型组合、起降架次、需本场加油的架次比例、飞行时长等因素进行预测，如公式（2 – 6）所示。

$$y = \sum n_i b_i q_i t_i \tag{2 – 6}$$

式中　y——年加油量，10^4t/a；

　　　n_i——某类型飞机起降架次，万架次/年；

　　　b_i——某类型飞机需本场加油的架次比例，%；

　　　q_i——某类型飞机单架次平均飞行小时加油量，t/h；

　　　t_i——某类型飞机单架次平均飞行时长，h。

随着发动机更新换代和节油技术的应用，航空煤油单位消耗量持续下降，根据统计资料《从统计看民航2019》对民航运输企业航空煤油消耗量的统计数据，得出不同类型飞机的平均飞行小时加油量如表2 – 9所示。

表2 – 9　典型机型耗油量统计

类别	典型机型	平均飞行小时耗油量/t
B	CRJ900、ARJ – 21、EMB190	1.78
C	B737、A320	2.44
D	B757、B767、A350	4.05
E	B747、B777、A330	7.05
F	A380	12.15

2）线性回归

经过对航空业务数据线性分析，发现机场加油量与旅客吞吐量、货邮吞吐量、飞机起降架次、航空运输周转量等因素呈一定增长比例关系，通过数据拟合，建立相应的多元线性回归预测模型，公式如下。

$$Y = a + b_1 x_1 + b_2 x_2 + b_3 x_3 + b_4 x_4 \tag{2 – 7}$$

式中　Y——年加油量，10^4t；

　　　x_1——年旅客运输量，亿人；

　　　x_2——年货邮运输量，10^4t；

　　　x_3——飞机起降架次，万架次；

　　　x_4——运输总周转量，亿吨公里。

线性拟合法需要一定量的自变量和因变量统计数据，具有一定的局限性，适用于机场改扩建项目，不适用新建项目。采取线性拟合时，自变量的选取应考虑机场实际运营情况，例如枢纽机场的货运航班量相较客运航班少，但具有航线长、机型大、加油量比重高的特点，因而宜将货运航班、客运航班作为两个独立的自变量进行拟合。

3）比例增长法

比例增长法是通过分析历史加油数据得出增长比例，结合现有业务量确定加油增长比例，按比例预测飞机未来加油量。该方法适用于加油量增长率较为稳定的系统，公式如下。

$$Y_l = Y_n (1 + K)^{l-n} \qquad (2-8)$$

式中　Y_l——第 l 年的加油量，10^4t；

　　　Y_n——第 n 年的加油量，10^4t；

　　　K——第 n 年到第 l 年的加油量平均增长率。

此外，采用飞行参数法、线性回归、比例增长法、平均架次加油量法等加油量预测方法时，还需结合机场运行实际情况，综合考虑各项因素，例如飞机是否在本场加油，直飞航班和经停省会机场中转航班的加油量区分，以及随着国内枢纽机场愈加繁忙，飞机等待、滑行的时间延长，必然导致油耗增加等情况。

2. 机场油库库容预测

针对新建机场，库容需满足远期目标年供油量。当分期进行建设时，库容需满足近期目标年供油量。针对已运行的机场，当供油工程无法与机场同步扩建时，库容宜满足运行期间前半年平均日加油量不少于 7 天的航空油料供油量，确保供油安全。机场油库库容由远期（近期）目标年储存天数，加油量预测量决定。公式如下。

$$V = \frac{YD}{365\rho\eta} \qquad (2-9)$$

式中　V——机场油库库容，m^3；

　　　Y——年加油预测量，t；

　　　D——目标年供油天数，d；

　　　ρ——航空油料密度，t/m^3；

　　　η——油罐利用系数。

2.4　选址与规划

2.4.1　油库库址选择

油库的库址选择是油库建设中的重要一环，不仅关系油库建设的直接投资，而且对油库的使用维护带来长远的影响。油库选址是根据库址所需条件、安全环保要求，经过对区域地理位置、社会环境的调研，确定适宜油库建设的地点的过程，是一项政策性、技术性较强的工作。在选址时，需要结合区域位置、油品供销数量、水电供应情况、交通运输等一系列因素综合考虑，并符合环境保护和安全防火的要求，从适合建库的库址中，确定出较好的方案。

1. 选址原则

(1)严格遵守国家有关基本建设的各项方针政策,认真分析水、电、交通、水文地质、材料供应以及生产经营的各项关系,辩证处理选址过程中的各项矛盾问题。

(2)根据节约用地的原则,在库址的选择上尽量不占用或者少占用耕地,而选用荒地或坏地。当不可避免地占用耕地时,应当采取经济合理的方式减少所占面积,兼顾到当地的农业生产,积极配合当地的主管部门,促进农业发展。

(3)注意库址与周围环境的协调性,确保防火安全,防止环境污染,处理好与周边大型建筑的关系。

(4)依据国家相关部门制定的油品储运的规划布局,处理好油品的供销关系,做到经济合理、技术先进、生产安全、确保质量、节约能源。

2. 选址基本要求

1)区域环境

(1)根据上级批准的设计任务书,在指定的地域内选择库址,并按照相关安全规定,对油库的区域环境进行调研。

(2)因油库储存品易燃易爆,且具有战略储备特性,库址应尽量避开大中型城市、大型水库、重要交通枢纽、机场、电站、重点工矿企业或其他重要军事战略目标,避免相互影响,叠加不安全因素。但机场油库因需要保障航空器的供油,因此不可避免地需要靠近机坪设置。

(3)油库与周围住宅区、建筑物需满足一定的安全距离,与库外居住区、公共建筑物、工矿企业、交通线的安全距离,需满足《石油库设计规范》的要求,不得小于表2-10的规定。

表2-10 石油库与库外居住区、公共建筑物、工矿企业、交通线的安全距离 m

序号	石油库设施名称	石油库等级	库外建(构)筑物和设施名称				
			居住区和公共建筑物	工矿企业	国家铁路线	工业企业铁路线	道路
1	甲B、乙类液体地上罐组;甲B、乙类覆土立式油罐;无油气回收设施的甲B、乙A类液体装卸码头	一	100(75)	60	60	35	25
		二	90(45)	50	55	30	20
		三	80(40)	40	50	25	15
		四	70(35)	35	50	25	15
		五	50(35)	30	50	25	15
2	丙类液体地上罐组;丙类覆土立式油罐;乙B、丙类和采用油气回收设施的甲B、乙A类液体装卸码头;无油气回收设施的甲B、乙A类液体铁路或公路罐车装车设施;其他甲B、乙类液体设施	一	75(50)	45	45	26	20
		二	68(45)	38	40	23	15
		三	60(40)	30	38	20	15
		四	53(35)	26	38	20	15
		五	38(35)	23	38	20	15

序号	石油库设施名称	石油库等级	库外建(构)筑物和设施名称				
			居住区和公共建筑物	工矿企业	国家铁路线	工业企业铁路线	道路
3	覆土卧式油罐；乙B、丙类和采用油气回收设施的甲B、乙A类液体铁路或公路罐车装车设施；仅有卸车作业的铁路或公路罐车卸车设施；其他丙类液体设施	一	50(50)	30	30	18	18
		二	45(45)	25	28	15	15
		三	40(40)	20	25	15	15
		四	35(35)	18	25	15	15
		五	25(25)	15	25	15	15

注：1. 表中的工矿企业指除石油化工企业、石油库、油气田的油品站场和长距离输油管道的站场以外的企业。其他设施指油气回收设施、泵站、灌桶设施等设置有易燃和可燃液体、气体设备的设施。

2. 表中的安全距离，库内设施有防火堤的储罐区应从防火堤中心线算起，无防火堤的覆土立式油罐应从罐室出入口等孔口算起，无防火堤的覆土卧式油罐应从储罐外壁算起；装卸设施应从装卸车(船)时鹤管口的位置算起；其他设备布置在房间内的，应从房间外墙轴线算起；设备露天布置的(包括设在棚内)，应从设备外缘算起。

3. 表中括号内数字为石油库与少于100人或30户居住区的安全距离。居住区包括石油库的生活区。

4. Ⅰ、Ⅱ级毒性液体的储罐等设施与库外居住区、公共建筑物、工矿企业、交通线的最小安全距离，应按相应火灾危险性类别和所在石油库的等级在本表规定的基础上增加30%。

5. 特级石油库中，非原油类易燃和可燃液体的储罐等设施与库外居住区、公共建筑物、工矿企业、交通线的最小安全距离，应在本表规定的基础上增加20%。

6. 铁路附属石油库与国家铁路线及工业企业铁路线的距离，应按本规范铁路机车走行线的规定执行。

(4)当油库选址处于滨水地段，如靠近江河、湖泊或水库时，为避免油品起火时沿水面扩大危害，以及出于城市卫生的考虑，通常设置在码头、桥梁、水电站或城市的下游地段。

(5)油库的最低标高应高于计算最高洪水位0.5m。

(6)库址和飞机场的距离需满足机场净空要求。

(7)库址优先选取在邻近住宅区的下风口，避免油品蒸气刮向居民区，污染环境。

(8)商业油库最好靠近城市或用户进行建设，一方面能够缩短油库到用户的距离，另一方面油库建设时可以利用城市的条件，减少水、电、交通等建设的投资，经济合理。

2)库址地形

(1)所选地形有利于节省油库的建设、运营费用，并符合隐蔽性要求。

(2)针对平原地区建库，库址最好有明显的缓坡地形，以便于油品的重力自流，且解决排水问题。

(3)针对山区建库，尽量利用地势高低，实现油品的自流作业。例如最理想的地形是，铁路油罐车、储油罐、罐桶间或用户分布的地势由高到低，全部靠自流完成作业，最大程度降低运营费用，且不受外界供电的影响。

(4)针对隐蔽性要求高的油库，尽量选择山体肥厚的山沟，利用山体自然地势的阻挡，尽量减小目标，不致暴露在外。

(5)不要选择低洼地区，以免在雨季受灾。

3）水文地质

（1）石油库的库址应具备良好的地质条件，不得选择在有土崩、断层、滑坡、沼泽、流沙及泥石流的地区和地下矿藏开采后有可能塌陷的地区。其中，杂土层和黏土层都不宜作为建库的土质，最宜建库的土质为沙土层，因其易排水、腐蚀性小、土壤坚固且沉陷均匀。

（2）油库主要的大型建筑物为储罐，库址的地耐压力需满足储罐的载荷要求，具有足够的承载能力。譬如，通常 $5000m^3$ 的立式储罐高度约 14m，试水时加给地基土壤的载荷约 150kPa，因而要求库址的土壤地耐压不低于 150kPa。针对更大型的油罐需要更高等级的地耐压力。

（3）库址宜选在无地上浸水，且地下水位低的区域。因地下水位过高时，可能导致设备管线常年浸水，甚至使油罐浮起或损坏，尤其对于地下建筑物多的油库，带来很多的施工问题，处理困难，增加成本。

（4）针对山区地区建库，宜建造在山腰处，既可以防止山洪侵袭，又保障了土壤的干燥，设备不易腐蚀。

（5）油库应选在不受洪水、潮水或内涝威胁的地带；当不可避免时，应采取可靠的防洪排涝措施。按照规范，一级石油库防洪标准应按重现期不小于 100 年设计；二、三级石油库防洪标准应按重现期不小于 50 年设计；四、五级石油库防洪标准应按重现期不小于 25 年设计。

（6）一、二、三级石油库的库址，不能选在抗震设防烈度为 9 度及以上的地区。一级石油库不宜建在抗震设防烈度为 8 度的 IV 类场地地区。在地震烈度 9 度及以上的地区不得建造一、二、三级石油库的规定，主要是考虑在这类地区建库如发生强烈地震，储罐破裂的可能性大，对附近工矿企业的安全威胁大，经济损失严重。

（7）针对山洞库，除上述要求外，还需满足以下条件：库址应该避开地质断层或密集的破碎带，注意罐体的防护和岩石的稳定；为保证洞库的上部有足够的防护层，要求山体高而肥厚；山体坡度大于 30°，以利于缩短引洞长度，提高防护能力，减少被袭击的风险。

4）交通运输

（1）库址应优先选在交通便利的地方，以便于接卸转输油品。

（2）将铁路运输作为主要方式的油库，需靠近有接轨条件的区域，铁路专线的长度一般限制在 3km 以内，且铁路专线途径之处要避免设桥梁或开挖隧道等大工程。

（3）将公路运输作为主要方式的油库，宜设置在现有公路附近，以便道路引入库内，且引入公路时要避免穿越河流或铁路，节省开支。

（4）将水路运输作为主要方式的油库，宜设置在有条件建设装卸油品码头的区域，并收集河床的相关水文资料、船舶概况、码头地区的水深、冲刷情况等资料。

（5）油库选址需具备生产、消防、生活所需的水电条件，具备良好的排水条件。尤其是含油污水的排放，需要征得相关环保部门的同意。同时，考虑电力和通信条件，查明通信接线的位置，以及油库接线后是够需要换线。

2.4.2 机场供油工程选址的特殊要求

1. 一般原则

(1)机场供油工程的选址,应符合《石油库设计规范》(GB 50074)、《汽车加油加气站设计与施工规范》(GB 50156)、《输油管道工程设计规范》(GB 50253)等国家相关标准规范。

(2)符合城乡建设规划,以及机场中长期发展总体规划要求。

(3)满足环境保护、安全防火、职业健康的要求。

2. 运输机场供油工程选址特殊要求

1)中转油库的选址

中转油库、装卸油站适宜布置在机场附近有铁路专用线接轨或码头建造条件的地方或输油管道接口处,并具有输油管道直达机场油库的路由或公路运输的线路。

在机场附近建设中转油库、装卸油站,具有距离近便、节省投资、节约能源的优点。各供油工程子项目是相互衔接的系统工程,在选址时需要规划好输油管路或运输道路。

2)机场油库的选址

应满足《民用机场飞行区技术标准》(MH 5001)对障碍物限制面的要求;与机场空中交通管制设施的距离,应满足《航空无线电导航台(站)电磁环境要求》(GB 6364),以及《民用航空通信导航监视台(站)设置场地规范》(MH 4003)的要求,同时应满足塔台的视线通视要求;与机场航站楼、航管楼、塔台、机库等重要机场区域的安全距离应该符合《石油库设计规范》(GB 50074)中规定的公共建筑物的要求。机场油库选址尽可能靠近机坪,并且统筹做到既保障方便供油,又有利各方安全。

3)航空加油站的选址

航空加油站的选址需满足机场整体规划,为减少飞机加油车的行驶距离以及出入机场安检口的频次,航空加油站宜建设在飞行区内,同时靠近机坪布置,有飞机加油车直达机坪的道路。条件允许时,可跨飞行区围界布置,即日常办公、辅助生产、维修等功能布置在飞行区外,其余功能布置在飞行区内,航空加油站的职工倒班宿舍也可布置在机场油库或其他区域,远离噪声。

根据地上固定储油罐的有无,分为两种情况:设置有地上固定油罐的航空加油站的选址应符合《石油库设计规范》的相关要求;未设置地上固定油罐的航空加油站选址应符合《汽车加油加气站设计与施工规范》(GB 50156)及《汽车库、修车库、停车场设计防火规范》(GB 50067)的相关要求。

4)汽车加油站的选址

汽车加油站是为机动车和特种车提供加油、充电及其他便利性服务的工作场所,具备接收、储存和加油的功能。根据职能分为空侧汽车加油站和陆侧汽车加油站,其中空侧汽车加油站是设置在飞行区内,为飞行区内的特种车辆提供加油等相关便利性服务的专用车辆加油站;陆侧汽车加油站是设置在飞行区外,为其他机动车辆提供加油等相关便利性服务的机动车加油站。

汽车加油站选址需符合《汽车加油加气站设计与施工规范》(GB 50156)、《电动汽车充电站设计规范》(GB 50966)的相关规定。其中,空侧加油站可根据运输机场建设规模,设在小轮车集中区域；陆侧加油站可设置在机场主要进出公路旁，或设在办公区的适宜位置。且在条件允许情况下，可选用跨飞行区围界的"一站双岛"模式，将空侧加油站和陆侧加油站合并建设，即在飞行区内外分别设置加油岛，储油设施设在飞行区外，以便油车出入。

5) 选址禁区

根据《航空油料设施的设计、施工、运行、维护及测试》(EI1540 第五版)，机场油库选址要求需遵守机场管理局、地方政府以及国家的相关要求。

由于大多数机场的飞机是在同一跑道的两个不同方向分别进行起飞、着陆，对跑道两端设置了严格的限制条件，通常机场油库的需要避开以下禁区：

(1) 跑道的两端，进近面、起飞爬升面和净空锥形面。此区域内的所有建(构)筑物、临时设施的高度都受到严格限制，最大的潜在危险区域位于着陆/起飞跑道中心线的延伸处。

(2) 跑道和滑行道两侧净空区。跑道两侧净空区与跑道呈平行关系，跑道中心线两侧受到地面水平高度限制，因而严禁在此设置机场油库。当处于最大允许建筑物高度范围内时，带有埋地、半埋地或地上储罐的油库可设置在这些区域以外。

滑行道净空区与滑行道平行，并沿滑行道两边的中心线延伸，不应作为机场油库的选址范围。

(3) 飞机机坪周边。机场油库的任何部分与飞机的距离都必须符合机场管理局的现场裁定，并统筹兼顾油库和停放飞机的安全。

此外，条件允许时，机场油库的选址还应尽量考虑机场的长期发展需求以及土地开发情况。

3. 小型运输机场供油工程选址特殊要求

(1) 应与机场航站区的消防水池、消防泵站毗邻，因小型民用运输机场的消防设施与油库需要的消防设施规模基本相当，能满足油库消防要求，可充分利用机场的公共消防设施设备资源、专业的消防人员，发挥机场消防的专业优势，避免资源浪费。

(2) 宜靠近机坪，距机坪、航站楼的距离宜不大于500m。油库与机坪毗邻，加油车可以安全、快捷地到达机坪为航空器服务。根据对目前小型民用运输机场油库的调查，确定宜不大于500m的距离较为合适。

(3) 当不能实现库站合一时，宜将航空加油站布置在飞行区，敷设油库至航空加油站的输油管线。通过在油库与飞行区航空加油站之间敷设输油管线，可以降低机场加油车操作人员的劳动强度，减少运行风险。

基于场地受限或发展需要的因素，才允许油库与航空加油站独立建设。场地所限，即有的油库受制于加油车进出机坪道路规划的限制，无法选择符合要求的场址；有的满足不了油车的行驶、发油作业要求；有的是机场航站区场地的限制或者距机坪太远等；发展需要，即当小型民用运输机场发展到一定程度，现有的油库已无法满足当前生产需要时，可能需要对库、站进行分别建设。

(4) 油库可布置在飞行区。目前国外许多类似小型民用运输机场的油库布置在飞行区内，此类布置有利于供油保障。如图 2-7 所示。

图2-7　某小型民用运输机场油库布置在飞行区内

4. 通用航空机场供油工程选址特殊要求

通用航空机场供油工程的选址需符合机场建设的整体规划。为便于向通用航空器提供加油服务，加油站宜建设在机场飞行区内，并靠近停机坪布置。加油站配套的供电、消防、交通、通信等设施应与机场相应设施统筹规划建设。加油站的进场路或通往加油站的航空器通道应与机场道路统一规划，进场路可与航空器通道合并建设。

图2-8　撬装式加油装置

撬装式加油装置是通航所特有的设施设备，如图2-8所示。作为通用航空器提供加油服务的专用装置，是加油站的另一种形式，具有航空油料的接收、储存、加油功能，满足民用航空油品质量管理要求。撬装装置也应设置在机场飞行区内部。

2.4.3　机场供油工程规划

1. 规划原则

（1）供油工程是机场建设的重要组成部分，应与机场同步规划，与机场的整体规划目标保持一致。设置在机场以外的供油工程如铁路卸油站、输油管道等，也要纳入机场总体规划和城乡建设规划，以便统一考虑，协同发展。

（2）供油工程遵循"一次规划，分期建设，适度超前"的原则，既要满足本期建设目标年航空业务的需要，又要为远期发展规划预留用地。由于机场供油工程属于危化品建设项目，所履行的相关法律特殊程序较多，因此将油库等级、加油站扩建等按照远期规划进行设计，可以避免因油库、加油站与周边建筑安全距离不够而无法扩建的情况，降低分期建设的难度。

（3）遵循绿色工程的要求，尽量减少原材料、土地及水资源的浪费，避免大拆大建，减轻环境污染。机场油库平面布置如图2-9所示。

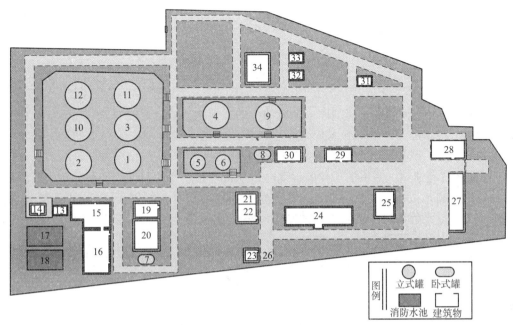

图2-9 机场油库平面布置图

1~12—航空油料储罐；13—调节池；14—污水处理间；15—高压配电间；16—消防泵房；
17、18—消防水池；19—中控室；20—油泵棚；21—应急器材间；22—车间库房；
23—门卫室；24—办公楼；25—油研中心；26—油库大门；27—车库；28—办公楼；
29—库房；30—综合平台；31—隔油池；32—库房；33—配电间；34—长输管线末站

2. 建设规模

1）运输机场供油工程的建设规模

（1）总库容。机场供油工程的总库容是指为本机场服务的所有油库库容量的总和，并且库容按照有效容积计算，不含储罐底油、管道存油或回收罐、污油罐的容量。总库容的确定宜按照远期目标年预测的机场发展规模、机型组合及所需航空油料品种、用油量、油源、运输条件等因素综合确定，根据我国多年的航空油料保障经验，综合考虑油品沉降、质量检验及维修检查等因素，供油工程的总库容宜按远期目标年不少于20天供油量进行规划，可分期进行建设。机场油库的库容满足近期目标年不少于15天的供油量较为合理。

针对已运行的机场，当供油工程无法与机场同步扩建时，库容宜满足运行期间前半年平均日加油量不少于7天的航空油料供油量，确保供油安全。

（2）机场油库的单罐容积。机场油库的储罐承担航空燃料接收、沉降、发出的职能，数量上不宜少于3座，其中单罐容积宜满足表2-11。

表2-11 单罐容积选择

近期目标年供油量/10^4t	单罐容积/10^4m³
小于30	0.2~0.5（含）
30~50（含）	0.5~1（含）

近期目标年供油量/10^4 t	单罐容积/10^4 m^3
50 ~ 100(含)	1 ~ 2(含)
100 以上	2 以上

(3)储油库、中转油库。储油库、中转油库的罐容量需结合运输方式、输转能力进行设计,存储同一种油品的储罐总容量应不小于该铁路油槽车设计车位的总载油量,或接卸最大油轮的载油量,或输油管道输送一批次的输油量。

(4)铁路装卸油站。因供油工程的近期与远期目标年航空油料供应量差异较大,铁路装卸油站专用线的车位数宜按照远期目标年航空油料供油量进行规划,依照近期目标年航空油料供油量建设设计。码头装卸油站的吨位宜根据水域条件、停靠油轮船型以及近、远期规划目标年的吞吐量设计。

(5)用地指标。供油工程的用地面积需符合《民用航空运输机场工程项目建设用地指标》的相关要求。其中,机场油库、航空加油站用地面积都需满足远期目标年生产运行的需求,且符合表2-12要求。

表2-12 油库及航空加油站建设用地指标

序号	远期目标年加油量/10^4 t	油库区建设用地指标/hm^2	航空加油站用地指标/hm^2
1	500	26	8
2	300	25	6.7
3	200	20	5.4
4	100	15	4
5	60	11	3.4
6	50	10	2.7
7	10	5.4	2
8	5	3.8	1.7

注:不同规模项目可采用内插入法进行计算。

考虑到航空加油站的功能及使用的便捷性,可根据其用地指标,结合机位布置情况,在条件允许的情况下将综合性航空加油站与加油车停放点的分开布置,采取"一综合、多停车点"的形式,多点布置,从而减小单座航空加油站的用地面积。

(6)管道规划。机场油库至航空加油站的输油管道、机坪管道以及输油管道进入机场后的管道安全间距需满足下列要求:①输油管道与市政管道(包括给水管、污水管、雨水管、热力管、煤气管、电力电缆、弱电电缆等)、沟(渠)交叉时的垂直净距应不小于0.5m。②航空油料管道与其他地下管道及与建(构)筑物的最小水平净距应满足表2-13的要求。

表2-13 航空油料管道与其他地下管道及与建(构)筑物的最小水平净距　　　　　　m

相邻管道名称	给水管道	雨水管	污水管	热力管	煤气管
航空油料管道	1	1	1	1.5	1.5(<1MPa) 2(1 ~ 3MPa)

续表

相邻管道名称	给水管道	雨水管	污水管	热力管	煤气管
相邻设施名称	弱电、电力电缆	低压及弱电电柱	高压线(塔) 接地装置	建(构)筑物	公路
航空油料管道	1(<500kV)	1	1(<35kV) 5(>35kV)	5	5

注：1. 与建(构)筑物间距从建(构)筑物外墙算起，对处于特殊困难地段或与公路平行的局部地段，采取安全保护措施后，可埋设在公路路肩边线以外的公路用地范围以内。

2. 管道间净距均以管道外壁起计；输油管道与电缆交叉时，在采取措施后间隔土层厚度可小于0.5m，但应不小于0.25m；管道交叉时根据具体情况确定保护措施。

（7）道路规划。各个单体供油工程项目的路网要与所在区域道路规划做好衔接，进出油库、加油站的道路应与机场内道路、城乡规划相协调；机坪管道的路由规划需纳入机场总体规划，由机场建设统一对路由位置预留空间，减少带油施工、改迁的施工难度。

为满足运输机场内机动车的加油、充电需求，运输机场应至少规划一座陆侧汽车加油站，并遵守《汽车加油加气站设计与施工规范》(GB 50156)、《电动汽车充电站设计规范》(GB 50966)的相关规定。

（8）位置标注。在供油工程规划图中，应对接收、储存、输转、发放（装载）、加注航空油料及含油污水处理等重要设施的具体位置进行标注，同时表明其对周边建(构)筑物的安全距离要求，控制供油设施对周边建筑物的安全威胁。

2）小型运输机场供油工程的建设规模

小型运输机场供油工程建设规模应根据机场本期建设目标年的业务量、拟定航线，以及航空油料的预测量、油源、运输条件等因素，结合当地国民经济的发展情况综合确定。目前我国的小型民用运输机场航空油料业务量基数小、发展变化较快、季节性高峰供油特点突出，不少小型民用运输机场在运行5年左右即进行工程扩建，不仅会出现拆了建、建了拆的现象，还可能出现无地可建、无法拆除的扩建困境，造成不必要的资源浪费。在总结目前国内运输机场航空油料主要供应商运行经验的基础上，油库库容宜按本期建设目标年预测不低于20天的供油量设计，按远期目标年预测不低于30天的供油量规划。

3）通用航空机场供油工程的建设规模

通航的日均业务量较小，通常情况下，一种号牌一台储罐即可满足运行需要，如澳大利亚的中等规模通用航空机场，通常建设2座约50m³储罐的加油站，其中航空煤油、航空汽油各一座，航空油料周转期常为6~8周。

通用航空机场加油站的罐容依据本期建设目标年的预测量、航空油料品种、牌号、加油保障作业模式等因素综合确定。

3. 供油保障模式

机场供油模式依据机场的定位、建设目标年预测的高峰小时加油量、加油架次等因素确定，对管线车加油、罐式加油车两种不同加油作业保障模式进行选择，经过经济和技术评估比较后敲定。对新建的航空油料业务量较小的机场，宜通过投资占用成本、拆除恢复成本、运行成本等财务评价的方式，确定本期的加油作业保障模式。

除航空附属油品及机动车(含特种车辆)用油外,运输机场供油品种主要是燃料油。民用运输机场机队规模大,主要涉及机型为喷气式发动机,油库主要储存航空煤油,如北京首都、广州白云、成都双流等干线机场所属油库。而部分小型民用运输机场,如襄阳、常德、安康、固原等支线机场,既要保障民航运输,也有通航培训的业务,涉及向活塞式发动机和喷气式发动机供油,因而所需油品主要为航空煤油、航空汽油。而针对活塞式发动机的航空汽油,最大的供应渠道在通航企业,用于教练机、直升机、私人飞机的油料供应,如中国民用航空飞行学院分院机场油库、四川天舟通用航空油库。根据《世界航空燃料规格及进展》研究表明,2010年我国通航企业的航空煤油与航空汽油的消耗量之比为4:1。其主要原因是,尽管活塞式发动机在通航领域的占比大,但相较而言油耗低,且随着航空工业的发展,正在逐步淘汰活塞式发动机而发展喷气式发动机。针对不同类别的机场油库,规模及设施设备一览表如表2-14所示。

表2-14 机场油库规模及设施设备一览表

类别	主要燃油种类	规模	库容规划	主要设施设备
民用运输机场油库	航空煤油	年供油量大于50000t	近期15d供油量 远期20d供油量	机坪管道、管线加油车、罐式加油车、储罐、泵
小型民用运输机场油库	航空煤油、航空汽油	年供油量小于50000t	近期20d供油量 远期30d供油量	罐式加油车、储罐、泵
通用航空机场油库	航空煤油、航空汽油	总罐容大于210m³	周转期6~8周	撬装式加油装置、罐式加油车、储罐、泵

2.5 总图设计

2.5.1 总图布置原则

(1)有利于发放作业。油库装卸和发放区尽量靠近交通线,缩短铁路专用线和公路支线的长度;

(2)库内的油品尽量做到单向流动,避免呈往返交叉;

(3)合理分区,利于生产作业的安全性,避免非生产人员来往于工作区域,尤其是储油区和装卸区;

(4)库内各项设施必须符合防火、卫生等相关设计规范,确保生产安全,且力求布置紧凑,减少占地面积;

(5)变配电间及锅炉房等辅助设施要尽量靠近主要用电、用汽单位,减少投资和运营成本;

(6)油库对外单位要设在靠近发放区的区域,便于与提货人员联系;

(7)充分利用地形,尽可能进行自流作业,并做好隐蔽;

(8)结合油库的长期发展,提前预留扩建余地;

(9)企业附属石油库与本企业建(构)筑物、交通线等的安全距离,不得小于表2-15的规定。

表2-15 企业附属石油库与本企业建(构)筑物、交通线等的安全距离

库内建(构)筑物和设施		液体类别	企业建(构)筑物等的距离/m					明火或散发火花的地点	厂内铁路	厂内道路	
			甲类生产厂房	甲类物品库房	乙、丙、丁、戊类生产厂房及物品库房耐火等级						
					一、二	三	四			主要	次要
储罐(V_T为罐区总容量,m^3)	$V_T \leq 50$	甲B、乙	25	25	12	15	20	25	25	15	10
	$50 < V_T \leq 200$		25	25	15	20	25	30	25	15	10
	$200 < V_T \leq 1000$		25	25	20	25	30	35	25	15	10
	$1000 < V_T \leq 5000$		30	30	25	30	40	40	25	15	10
	$V_T \leq 250$	丙	15	15	12	15	20	20	20	10	5
	$250 < V_T \leq 1000$		20	20	15	20	25	20	20	10	5
	$1000 < V_T \leq 5000$		25	25	20	25	30	30	20	10	5
	$5000 < V_T \leq 25000$		30	30	25	30	40	40	25	10	5
油泵房、灌油间		甲B、乙	12	15	12	14	16	30	20	10	5
		丙	12	12	10	12	14	15	12	8	5
桶装液体库房		甲B、乙	15	20	15	20	25	30	30	10	5
		丙	12	15	10	12	14	20	15	8	5
汽车罐车装卸设施		甲B、乙	14	14	15	16	18	30	20	15	15
		丙	10	10	10	12	14	20	10	8	5
其他生产性建筑物		甲B、乙	12	12	10	12	14	25	10	3	3
		丙	9	9	8	9	10	15	8	3	3

注:1. 当甲B、乙类易燃和可燃液体与丙类可燃液体混存时,丙A类可燃液体可按其容量的50%折算计入储罐区总容量,丙B类可燃液体可按其容量的25%折算计入储罐区总容量。

2. 对于埋地卧式储罐和储存丙B类可燃液体的储罐,本表距离(与厂内次要道路的距离除外)可减少50%,但不得小于10m。

3. 表中未注明的企业建(构)筑物与库内建(构)筑物的安全距离,应按现行国家标准《建筑设计防火规范》GB 50016规定的防火距离执行。

4. 企业附属石油库的甲B、乙类易燃和可燃液体储罐总容量大于5000m³,丙A类可燃液体储罐总容量大于25000m³时,企业附属石油库与本企业建(构)筑物、交通线等的安全距离,应符合《建筑设计防火规范》第4条的规定。

5. 企业附属石油库仅储存丙B类可燃液体时,可不受本表限制。

2.5.2 总平面布置

石油库的总平面布置,按储罐区、易燃和可燃液体装卸区、辅助作业区和行政管理区

分区布置。石油库各区内的主要建(构)筑物或设施,宜按规范规定布置。对于行政管理区和辅助作业区,使用性质相近的建(构)筑物,当符合生产使用和安全防火要求的条件时,可合并建设。

1. 铁路装卸区的布置

油库的边缘地带是铁路装卸区的适宜选址位置,因其一方面能够减少铁路与库区道路的交叉,利于安全防火,另一方面铁路油罐车的进出不会使其他各区的生产操作受到影响。

当铁路与油库进出口道路交叉时,铁路调车作业会对油库正常的车辆进出造成影响,且日常发生事故的危险性增大,尤其在火灾救援时,将妨碍库外的救护车辆的抵达。因而铁路线应避免与库内道路的交叉,且装卸区方位需与铁路专用线进库方向保持一致。

同时,铁路装卸区因频繁地装卸油品,区域的油蒸气浓度较高,为预防火灾,宜布置在辅助生产区的上风位置,并与周围的建(构)筑物保持一定的安全距离,并满足以下要求:

(1)因鹤管周围15m范围内是火灾爆炸危险场所,故鹤管距油库围墙大门不应小于20m;

(2)因铁路调车人员进行调车作业时,有时需要随车附挂进出油库大门,因此铁路专用线中心线与油库铁路大门边缘的距离符合:在有附挂调车作业时不应小于3.2m;在无附挂调车作业时不应小于2.44m;

(3)铁路专用线中心线与装卸油暖库(即寒冷地区有取暖设施的仓库)大门边缘的距离不应小于2m;

(4)暖库大门的净空高度不应小于2m。

2. 水运装卸区的布置

水运装卸区的内河装卸油品码头宜建在相邻码头或建(构)筑物的下游,如条件不允许,当具备可靠安全设施的条件下,亦可在上游进行建造。

海港(含河口港)的装卸码头不应与其他码头建造在同一港区水域。因一旦发生油船或油码头失火时,建造在同一港区水域的船舶撤离困难,尤其当装卸码头设在港区进出口位置时,阻碍船舶撤离,将造成严重事故损失。

装卸油品码头与相邻码头、建(构)筑物的安全距离不应小于表2-16规定。

表2-16　装卸油品码头与相邻码头、建(构)筑物的安全距离

装卸油品码头位置	油品类别	安全距离/m
公路(铁路)桥梁的下游	甲、乙	150
	丙A	100
公路(铁路)桥梁的上游	甲、乙	300
	丙A	200
内河大型船队锚地、固定停泊场、城市水源取水口的上游	甲、乙、丙A	1000

注:停靠小于500t油船的码头,安全距离可缩减50%。

3. 公路装卸区的布置

公路装卸区宜布置在油库靠库外道路的一侧,在油库出入口附近,且尽量靠近公路干

线，以便衔接。

由于公路装卸区的外来车辆和人员较多，应设置围墙与其他区分隔，同时设置单独的出入口，在出入口处设置业务室、休息室，外来人员只限在该区范围活动，外来车辆也无须途经其他区域，便于安全管理。

公路装卸区的场地需根据进出车辆的车型大小、车流量，来规划行车路线以及倒车、回车面积。出入口外需设停车场，给待装车辆提供等候场地，使其有序进场。

针对允许用拖拉机提运油品的油库，由于拖拉机排气管的火星容易诱发火灾，需专门设置拖拉机灌装场地，不使拖拉机进入装卸区。

4. 储油区的布置

储油区是油库总图布置的核心区域，因库内绝大多数油品都储存在此，需特别注意其安全。依据工艺流程，它的布置应使收发油作业尽量方便，尽量使输油管路短。

1）布置要求

储罐宜集中布置。在储罐区地面高于邻近居民点、工业企业或铁路线时，需加强防止事故状态下库内易燃、可燃液体外流的安防措施。

对于地上储罐，宜露天设置。对于山区或丘陵以及有特殊要求的地区，可采用覆土等非露天方式设置，但储存甲B类和乙类液体的卧式储罐不得采用罐室方式设置。地上储罐、覆土储罐需分别设置储罐区。

（1）储罐防火间距的确定因素。

①油气扩散。油品表面有一定的蒸气压，油气经过储罐的呼吸阀、测量孔、检修时的人孔等处向外扩散，并在储罐收油作业时大量向外排放，在储油区一定范围内形成爆炸性混合气体，故需设置合理的储罐间距。

②火焰辐射热。一旦储罐发生火灾，燃烧引起的辐射热将对周围环境造成巨大影响，并易诱发临近储罐及建筑物起火，尤其针对航空煤油、航空汽油这类轻质油品，在燃烧时的辐射强度更大，故应考虑辐射热带来的火灾危险性因素。

③油品性质。针对有沸溢性的油品，火灾时会出现油品外溢的情况，而轻质油品的挥发性强，重质油品有时需加热，故根据油品性质的差异，需合理布置。

④储罐类型。对于地上、半地下储罐破裂时，油品会外流；对于地下储罐，火灾时火焰紧邻地面，对扑救人员造成威胁；对于预制钢筋混凝土罐，爆炸时罐壁坍塌，油品外流；对于浮顶罐，火灾时集中在密封圈处燃烧，故需根据不同的储罐类型进行合理布置。

⑤消防条件。在火灾扑救时，在储罐周围应留有开展消防救援的场地，当消防人员用水枪冷却储罐时，水枪的喷射角通常为50°~60°，消防人员距油罐的距离需纳入考虑。同时，单行或双排的储罐布置方式的扑救相对较容易，三行排列的储罐中间一行的扑救较为困难。因此出于消防条件的考虑，需要设置一定的防火间距。

（2）防火距离。相邻储罐之间的防火距离，需符合下列规定：

①地上储罐区与覆土立式油罐相邻储罐之间的防火距离不应小于60m；

②储存Ⅰ、Ⅱ级毒性液体的储罐与其他储罐区相邻储罐之间的防火距离，不应小于相邻储罐中较大罐直径的1.5倍，且不应小于50m；

③其他易燃、可燃液体储罐区相邻储罐之间的防火距离，不应小于相邻储罐中较大罐

直径的 1.0 倍，且不应小于 30m。

2）地上储罐的布置

（1）与非金属储罐比较，钢制储罐防火性能好、施工快、造价低、防渗防漏性好、检修容易，故地上储罐宜采用钢制储罐。

（2）对于沸点低于 45℃或在 37.8℃的饱和蒸气压大于 88kPa 的甲 B 类液体，因其在常温常压下极易挥发，宜采用压力储罐、低压储罐或低温常压储罐以抑制挥发性，且满足下列规定：

①选取压力储罐或低压储罐时，罐内易燃气体浓度高，为消除爆炸危险性，应通过罐内充氮等方式防止空气进入罐内；同时，为避免污染大气，需密闭回收，处理罐内排出的气体。

②选取低温常压储罐时，须设置氮气密封保护系统，以防止控制措施不到位或失效，并采用下列措施之一：当选用内浮顶储罐时，相较固定顶罐的蒸发损耗较小，仅需控制储存温度使液体蒸气压不大于 88kPa 即可；当选用固定顶储罐时，相较内浮顶罐的蒸发损耗较大，需控制储存温度低于液体闪点 5℃及以下以保证气体的挥发量很小，基本处于安全区域。

（3）对于沸点不低于 45℃或在 37.8℃时的饱和蒸气压不大于 88kPa 的甲 B、乙 A 类液体化工品和轻石脑油，因其可以在常温常压下进行储存，但仍有一定的挥发性，而宜选用外浮顶储罐或内浮顶储罐抑制挥发。当有特殊需求不宜选用内浮顶罐时，可采用容量不大于 10000m³ 的固定顶储罐、低压储罐或容量不大于 100m³ 的卧式储罐，设置氮气密封保护系统，并采取下列措施之一：①密闭回收处理罐内排出气体；②控制储存温度低于液体闪点 5℃及以下。

（4）对于甲 B、乙 A 类原油和成品油，挥发性很强，宜采用外浮顶储罐、内浮顶储罐和卧式储罐。3 号喷气燃料的最高储存温度低于油品闪点 5℃及以下时，可采用容量不大于 10000m³ 的固定顶储罐。当采用卧式储罐储存甲 B、乙 A 类油品时，储存甲 B 类油品卧式储罐的单罐容量不大于 100m³，储存乙 A 类油品卧式储罐的单罐容量不大于 200m³。

针对航空油料而言，油品质量要求高，为保障质量，机场油库的航煤储罐内需安装浮动发油装置，而内浮顶罐不便于浮动发油装置的采用。据中国航空油料集团的实测数据，全国绝大多数民用机场油库航空煤油储罐最高储存温度低于油品闪点 5℃以下，罐内油气浓度低于爆炸下限（1.1%V），基本处于安全状态，基于此，航空煤油的储存采用固定顶储罐是可行的。但全国各地机场气温差异较大，当无法保证最高储存温度低于油品闪点 5℃及以下时，出于安全考虑，宜采用内浮顶罐储存航空煤油。

（5）对于乙 B 类和丙类液体，危险性较低，可以根据实际需要任意选取外浮顶储罐、内浮顶储罐、固定顶储罐和卧式储罐。

（6）钢制单盘式或双盘式浮顶结构强度高、密封效果好、耐火性能强，且外浮顶储罐一般都是大型储罐，出于安全考虑，外浮顶储罐宜采用钢制单盘式或钢制双盘式浮顶。

（7）内浮顶储罐的内浮顶选取，需符合下列规定：

①内浮顶应采用金属内浮顶，禁止采用浅盘式或敞口隔舱式内浮顶。

②储存Ⅰ、Ⅱ级毒性液体的内浮顶储罐和直径大于40m的储存甲B、乙A类液体的内浮顶储罐，禁止采用由易熔材料制作的内浮顶。因甲B、乙A类液体火灾危险性较大，目前所发生的储罐火灾事故绝大多数也是这类储罐，有必要加强其安全可靠性。而储存Ⅰ、Ⅱ级毒性的液体的储罐一旦发生火灾，将造成比油品储罐火灾更严重的事故，故对储存Ⅰ级和Ⅱ级毒性的甲B、乙A类液体储罐须有更高的要求。

③由于安装在储罐罐壁上的泡沫发生器发生的泡沫最大流淌长度为25m，为保证泡沫能够有效覆盖保护面积，针对直径大于48m的内浮顶储罐，应选用钢制单盘式或双盘式内浮顶。

④对于国家或行业标准没有对其进行技术要求的新结构内浮顶的采用应通过安全性评估。

（8）储存Ⅰ、Ⅱ级毒性的甲B、乙A类液体储罐的单罐容量应不大于5000m³，同时须设置氮封保护系统，以加强有毒液体储罐的安全可靠性。

（9）固定顶储罐的直径不应大于48m。

（10）地上储罐应满足如下要求成组布置：

①甲B、乙和丙A类液体储罐宜布置在同一罐组内，有利于相互调配和统一进行消防设置；丙B类液体储罐宜独立设置罐组，因其火灾危险性相对较小，消防要求有差异。

②沸溢性液体储罐不应与非沸溢性液体储罐同组布置，以避免沸溢性油品在发生火灾时波及非沸溢性油品的安全。

③立式储罐与卧式储罐不应布置在同一个储罐组内。因两者的罐底标高、管道标高等各不相同，不便操作管理。

④储存Ⅰ、Ⅱ级毒性液体的储罐不应与其他易燃和可燃液体储罐布置在同一个罐组内。

（11）同一罐组内储罐的总容量须符合以下规定：

①用钢质材料制作浮顶的内浮顶储罐组的容量不应大于360000m³；用易熔材料制作浮顶的内浮顶储罐组的容量不应大于240000m³。

②外浮顶储罐组的容量不应大于600000m³。

（12）因储罐数量与火灾危险性密切相关，为控制火灾范围，同一个罐组内的储罐数量须符合下列规定：

①最大单罐容量大于或等于10000m³时，储罐数量不应多于12座。

②最大单罐容量大于或等于1000m³时，储罐数量不应多于16座。

③单罐容量小于1000m³或仅储存丙B类液体的罐组，可不限储罐数量。因丙B类油品储罐不易发生火灾，而当储罐容量小于1000m³时，发生火灾容易扑救，故对这两种情况不加限制。

（13）出于火灾事故时便于扑救的考虑，地上储罐组内，单罐容量小于1000m³的储存丙B类液体的储罐不应超过4排；其他储罐不应超过2排。

（14）地上立式储罐的基础面标高，应高于储罐周围设计地坪0.5m及以上。

（15）地上储罐组内相邻储罐之间的防火距离不应小于表2-17的规定。

表 2-17　地上储罐组内相邻储罐之间的防火距离

储存液体	单罐容量不大于 300m³，且总容量不大于 1500m³ 的立式储罐组	固定顶储罐（单罐容量）			外浮顶、内浮顶储罐	卧式储罐
		≤1000m³	>1000m³	≥5000m³		
甲B、乙类	2m	0.75D	0.6D		0.4D	0.8m
丙A类	2m	0.4D			0.4D	0.8m
丙B类	2m	2m	5m	0.4D	0.4D 与 15m 的较小值	0.8m

注：1. 表中 D 为相邻储罐中较大储罐的直径。

2. 储存不同类别液体的储罐、不同形式的储罐之间的防火距离，应采用较大值。

5. 辅助生产区的布置

辅助生产区专为生产服务，相关设施应尽量接近生产单位，以便生产。

锅炉房为明火生产建筑，宜布置在油罐区主导风向的下侧，在有油气的生产车间的下风向，并尽量布置在供热负荷的中心地段或接近热负荷较大的建（构）筑物，以便尽可能缩短管线距离，减少热损耗，并考虑自流回水的可能性。

修洗桶间应与灌桶间、堆桶场等联系密切，布置须符合空桶检验路线和修洗桶的操作流程，避免反复交叉。消防泵房的位置要便于进水，便于观察油罐区和消防人员的活动。消防水池或水塔宜靠近消防泵房。

变配电间宜布置在消防系房附近，与油泵房等主要动力用电建筑接近，即尽量位于供电负荷中心地段，且要便于连接外线。

6. 行政管理区的布置

行政管理区内的业务部门通常布置在油库主要出入口附近，并须设单独对外的出入口，宜设围墙（栅）与其他各区隔开，以便于联系工作，避免接洽业务人员进入库区。

2.5.3　道路布置

1. 库（站）外道路布置

需设置与公路连接的库外道路，其路面宽度不应小于相应级别库（站）储罐区消防车道宽度。其中行政管理区、公路装卸区须设直接通往库外道路的车辆出入口。

通向库外道路的车辆出入口不应少于 2 处，且应位于不同方位。受地域、地形等条件限制时，对于四、五级油库可只设 1 处车辆出入口。

罐区的车辆出入口不应少于 2 处，且宜位于不同的方位。受地域、地形等条件限制时，四、五级油库的储罐区可只设 1 处车辆出入口。储罐区的车辆出入口宜直接通向库外道路，或通向行政管理区或公路装卸区。

2. 库（站）内道路布置

库（站）内的道路、停车位需按功能分别设置，分别满足工作人员、一般车辆、消防车或油车的使用要求，综合道路须满足油车及消防车等特种车辆的行驶要求，并满足下列要求：道面、停车位的承载力设计须满足最大行驶车辆的整车质量承载要求。

1)道路宽度要求

一级库(站)的储罐区和装卸区消防车道的宽度不应小于9m,其中路面宽度不应小于7m,其他级别的库(站)消防车道的宽度应不小于6m,且路面宽度应不小于4m。

航空加油站管线加油车停放区的行车通道圆外圆直径应不小于18m,运油车、罐式加油车停放区行车通道圆外圆直径应不小于30m。

消防车通道圆外圆直径应不小于24m,且净空高度应不小于5m。

此处针对消防车道、管线加油车道、罐式加油车道的转弯半径作出了最低要求,可根据行驶的各类车型的实际情况,增加相应的转弯半径。

2)道路坡度要求

车辆停放场地及装卸油作业区的道路纵向坡度宜为0.2%~0.5%。进出库(站)道路、航空加油站直达机坪的道路的纵向坡度不宜大于4%,其他道路纵坡不宜大于6%。多雪严寒地区的其他道路最大纵坡不宜大于5%,山区极限情况下不宜大于8%。对于纵坡连续大于等于5%、坡长超过80m时,或者有弯道时,应设置缓和坡段,缓和坡段的纵坡坡度不宜大于3%。

加油站内部道路和外部连接道路、航空器通道的接口纵横坡度不应大于1.5%,横坡不应小于1%,并坡向排水沟。以此坡度设置,主要为控制进出站道路、通道坡度,并利于通用航空器、油车顺利通行,同时将道路、通道的排水汇集至排水沟,以防止站外排水流入加油站内。

根据航空加油站管线加油车底盘较低的特点,亦可适当减少进出库(站)及直达机坪道路的纵向坡度。

3)道面材料要求

油库的收发油场地宜采用混凝土道面或抗腐蚀、耐高温的材料铺筑,油库其他道路的路面可以为混凝土、沥青、砂石(仅用于消防道路)等,对于利用率极低的专用消防道路做简易路面即可。加油站的航空油料收发作业场坪宜采用水泥混凝土地坪。

2.5.4 竖向设计

1. 油库竖向设计

根据不同的地形条件,合适地选择油库所有建筑物、工艺设备及管线的标高,称为竖向设计。竖向设计须与总平面布置图同时进行,并应与库(站)外现有规划的运输线路、排水系统、周围场地标高等相协调,竖向设计方案应根据生产、运输、防洪、排水、管道敷设及土(石)方工程等要求,结合地形和地质条件进行综合比较后确定。

1)竖向布置的原则

(1)节省投资,保护环境。竖向布置宜充分利用自然地形,尽量减少土(石)方、建(构)筑物基础、护坡和挡土墙等工程量。在进行填、挖方工程时,应防止产生滑坡、塌方;进行山区建设时,应注意保护山坡植,应避免水土流失、泥石流等自然灾害。同时充分利用和保护自然排水系统,当必须改变排水系统时,应保证新的排水系统水流顺畅。

(2)协调远期建设。分期建设的工程在场地标高、道路坡度、排水系统等方面,应使本期与远期工程相协调。改建、扩建工程应与现有场地竖向相协调。

（3）统筹各项因素。竖向设计形式应根据场地的地形和地质条件、面积、建筑物大小、供油工艺、运输方式、管道敷设、施工方法等因素合理确定，可采用平坡式或阶梯式。

2）竖向布置的要求

（1）库区场地应避免洪水、潮水及内涝水的淹没。针对受洪水、潮水及内涝水威胁的场地，在靠近江河、湖泊等地段时，库区场地的最低设计标高须比设计频率计算水位高 0.5m 及以上；在处于海岛、沿海地段或潮汐作用明显的河口段时，库区场地的最低设计标高须比设计频率计算水位高 1m 及以上。在处于有波浪侵袭或壅水现象的区域时，尚应加上最大波浪或壅水高度。在沿海等地段石油库库区场地，当有可靠的防洪排涝措施，如满足防洪标准设防要求的防洪堤、防浪堤、截（排）洪沟、强排设施等措施时，库区场地也可低于计算水位。

（2）行政管理区、消防泵房、专用消防站、总变电所宜选在地势相对较高的场地处，或设有防止事故状况下流淌火流向该场地的措施，以保障油罐等储存易燃、可燃液体的设施发生火灾时能够自保并具备扑救的能力和条件。

（3）为使建筑物内保持干燥，各室内的地坪宜高出最高地下水位至少 0.3～0.5m。

（4）为减缓管线的腐蚀，减少散热量，所有埋地管线须敷设在最高地下水位以上，冰冻线以下，管顶距地面至少 0.5～0.8m。

（5）保证油泵在各种条件下的正常运行。卸油泵房的地坪标高宜比轨顶标高和储罐罐底标高低 1.0m 以上，以提供油泵足够的吸入水头。

（6）铁路作业线、卸油桥宜布置在油库最高处，装油栈桥宜布置在油库最低处，以利于实现自流作业。

（7）库内铁路作业线应为平坡段，其轨面标高须与库外专用线的技术条件相适应。

（8）公路装卸区的场地标高，须与库外公路专用线的技术条件相适应，并宜低于储油区标高，以利于实现自流灌装。

（9）对于铁路或公路运输相联系的建、构筑物，应根据交通工具、运送的物品来决定其标高。如桶装站台的地坪标高须比轨顶高出 1.1m；桶装库、桶装站台等在竖向布置上，还需考虑到重桶走向，避免出现重桶上坡的情况。

（10）储油区通常应布置在较高的地方，油罐基础顶面须高出设计地面 0.5m 以上。

（11）山洞库及覆土隐蔽库的罐区标高，须高于铁路、水路和公路装卸区，以便实现自流作业和输油管的放空。

（12）要充分利用地形、地势，减小挖、填方工程量，通常挖方应稍多于填方，力求就近平衡。沿山坡布置建、构筑物时，要顺着等高线布置。需要大开挖、大削坡时，需详细核对地形、地貌和地质资料，尽量减小挡土墙、护坡等附属工程量，同时注意防止滑坡、塌方等情况。

（13）防火堤外的消防道路须高于储罐区内地面，并至少高于防火堤外侧地面设计标高 0.5m 及以上，防火堤内地面应坡向排水沟和排水出口，坡度宜为 0.5%。

（14）含油污水、雨水等排水沟坡向宜与库（站）场地坡向一致。

（15）库（站）内外铁路、码头、道路、排水设施等连接点标高的确定，应统筹兼顾运输线路平面、纵断面的合理性，其出入口的路面标高宜高出外界路面标高。

（16）为保证迅速排除场地雨水，场地平整应有 0.39%～0.5% 的坡度。

（17）运输及消防道路纵向坡度为 4% ~ 8% 。

4）竖向布置的步骤

（1）确定铁路干线接轨处轨顶的标高。

（2）确定铁路装卸作业道轨顶标高。

（3）确定储油区油罐罐底的标高。

（4）确定作业区泵房的标高。

（5）确定与管线相联系的其他建、构筑物的标高。

（6）确定与管线无联系的其他建、构筑物的标高。

确定标高后，需在总平面布置图上每个建、构筑物内部标出房屋的地坪设计标高，洞口地坪中心线标高，铁路、公路中心线变坡点标高，坡度，排水建筑物的坡度等。

2. 加油站竖向设计

1）立体布置

为节约资源，提高土地利用率，加油站内的油罐和工艺设备宜采取立体式布置，并须满足埋地设施设备的受压强度要求。比如在卧式埋地油罐的上部安装加油机、泵机、管道、阀门、过滤器、质量检查工艺等工艺设备，充分利用竖向空间。

2）防护栏设置

由于飞行区内人员、车辆及火种已受到严格管制，布置在机场飞行区内的加油站，只需设置 0.8 ~ 1.2m 的防护围栏作一般隔离即可。

3）坡度设置

加油站的场坪坡度推荐范围在 0.3% ~ 0.5% ，不应大于 3% ，坡向排水沟。在油品收发作业场坪、固定加油场坪须设溢油收集设施，溢油收集后排入隔油池。对坡度的要求是因坡度过大时，容易发生油车收油不彻底或油车、航空器自行滑动的现象。而设置溢油收集装置，是为了避免航空油料污染周边环境和火灾事故的发生。

2.5.5 总图绘制

在油库总平面布置图上再标绘出油库的竖向布置，称为总图，总图是油库总体设计成果的体现。

1. 绘制要求

（1）全面规划，合理安排图幅。建（构）筑物、尺寸、标高、图例、注释等位置和大小。

（2）绘制测量坐标网。图纸分幅时，前后测量坐标线应衔接，不应断开。

（3）各建（构）筑物绘制比例要和地形图比例大小一致，做到项目齐全，位置准确。当建（构）筑物很小，不能按比例画出，而只能示意时，需在附注中加以说明。

（4）地形图等高线（包括测量控制桩和测点）描绘清晰，位置准确，线形圆滑，中间无断头。

（5）图面尺寸，标高单位，统一用米表示。

2. 绘制步骤

1）定比例、分图幅

比例：总图通常是利用原测地形图绘制，其比例和原测地形图一致。总图的比例尺根据油库的规模和分散程度而定，一般为(1∶2000)~(1∶5000)。

图幅：总图应尽量布置在一张图纸上，以便通观全貌。当库区较大时可分幅绘制。在划分图时，要注意将每张图所表示的主要建(构)筑物能较完整地表示在该图的明显位置上。

总图幅面规划一般根据需要而定。但为了图纸整齐划一，应尽量采用国家《建筑制图标准》的规定。

2)分画坐标网，标定测量控制点

为便于图纸拼接，统一方位和标定地形地物、测点、测站的位置，测绘的地形图都绘有测量坐标网，通常坐标网按南北向布置。坐标网一般与地形图上的测量坐标网一致。也有的根据布置主要建(构)筑物的方便自行分画坐标网(绘制间距为50m或100m的坐标方格网)，这种情况下需标明与地形图上测量坐标网的角度关系，以便前后联系。同时，为减少图中线条，保持图纸清晰，坐标网可不贯通，仅在纵横坐标相交处准确画出十字线(线长约2cm左右)。同时在图纸边四周或纵横各一边的坐标网上方和左侧注明坐标数值，便于检查核对。

一张图纸分画好坐标网后，便可根据测量资料或按相应的地形图底图，准确地标定测量控制点(包括建、构筑物定位桩)。

3)绘制建(构)筑物

(1)内容：

地形：原地形等高线、测点高程、控制点、地貌地物等。

方位：测量网坐标、指北方向、原河沟水流方向、原公路与铁路的去向。

洞体：洞体建筑位置、轮廓线和中心线，洞体的排水方向，洞体地面标高和纵向坡度主洞与支洞的交角，洞体各部位的尺寸线与尺寸，洞口的坐标和高程，洞口控制桩或转角。

地面建筑物：油泵房、修洗桶间、桶装库、灌装罐、放空罐、锅炉房、器材库、空桶库、滑油再生间、机修间、发(配)电房、化验室、值班室、汽车库、消防车库、宿舍、住宅、办公楼等的定位坐标，室内标高，室外标高，建筑轮廓线，各主要部位的尺寸线及尺寸，排水沟的流向和劈坡线等。

铁路：铁路作业线股数、铁路线、站台、作业场地的轮廓线，各部位坐标和标高，纵、横坡度，主要尺寸线与尺寸，排水沟的排水方向等。

公路：公路轮廓线，纵向坡度，坡长，变坡点的标高，转角点编号，桥涵的位置、孔径和标高，里程桩等。

管线：输油管线、供水管线、蒸汽回水管线等的数量、直径、管线轮线，走向，变化点标高，特殊管座，主要阀门，管线位置的控制排列尺寸，鹤管位置及轮廓线等。

构筑物：画出排洪沟、挡土墙、护坡等的位置、标高及尺寸，水池、水井、消防栓的位置和标高，绿化、伪装的位置等。

其他：必要的说明以及建、构筑物的编号与注释、警戒线等。

以上内容根据油库具体情况的不同会有增减。

(2)顺序。绘制建、构筑物的基本顺序是：铁路—公路—洞体—地面建筑物—管线—构筑物及其他。

(3)方法。绘制建、构筑物的基本方法是：根据现场定点定位的实测资料和计算坐标，在新图纸上按比例标画出建(构)筑物的位置和轴线。然后按已定的建(构)筑物的形式尺寸等资料准确地画出各个建(构)筑物的平面图(即建筑轮廓线)。最后标注尺寸、标高、坐标、编号和注释等。

(4)绘制图例,图例应执行国家《建筑制图标准》的规定。

(5)绘制原地形等高线。所有建、构筑物画完后,可描绘测量控制桩和测点,其次是描绘地物,最后是描绘地形等高线。在描绘等高线时,应先书写控制等高线高程数字,然后描绘控制等高线,再画一般等高线。

(6)校对及会签。总图反映油库工程的全貌,是各专业共同的设计依据,对各专业设计的统一和图纸的质量,必须进行会签。

2.6 其他

2.6.1 围墙与围界

出于安全防火和运营管理的考虑,库(站)与外界之间需设置围墙,在库(站)内部各区之间需设置隔墙。

围墙围界要求如下:

(1)油库、装卸油站四周应封闭设置,油库四周应设置高度至少2.5m的实体围墙。

(2)油库行政管理区与储罐区、装卸区之间宜设置高度低于1.5m的隔墙,如采用非实体隔墙,隔墙下部0.5m高度以下部分应为实体墙。

(3)临海、邻水侧的围墙1m高度以上可设置为铁栅栏。

(4)对于山区或丘陵地带的油库,当四周均设实体围墙有困难时,可只在漏油可能流经的低洼处设实体围墙,在地势较高处可设镀锌铁丝网等非实体围墙。

(5)油库围墙不应采用燃烧材料建造,围墙实体部分的下部除集中排水口外不应留有其他孔洞。

(6)设置在飞行区内的航空加油站、空侧加油站可设置高度为0.8~1.2m的不燃烧材料建造的防护围界。

(7)油库对外围墙大门的高度不应低于1.8m,下框距地高度应不大于100mm,且门和门垛应坚固可靠。

2.6.2 绿化

绿化需满足如下要求:①库(站)的绿化分区设置;②防火堤内不应植树,消防车道与防火堤之间不宜植树。机场油库内的树木高度要满足净空要求,避免增加机坪驱鸟工作量;③绿化不应妨碍消防作业或应急处置。

2.6.3 防火堤

1. 防火堤的作用与容量设置

防火堤(dike)是指用于防止储罐发生泄漏时,防止航空油料外流和火灾蔓延的构筑物,

图2-10 防火堤实景图

如图2-10所示。根据《石油库设计规范》(GB 50074)规定，地上储罐组应设防火堤。防火堤内的有效容量，不应小于罐组内一个最大储罐的容量。防火堤内的有效容积不包含消防水量。

当地上储罐进料时，一旦冒罐或储罐发生爆炸破裂事故，液体流出罐外，如果没有防火堤，液体将会到处流淌，如若发生火灾就会形成大面积流淌火。为避免此类事故，特规定地上储罐应设防火堤。而对防火堤内有效容量的规定，主要依据各种类型储罐发生泄漏的可能性进行设置。

火灾案例显示，当固定顶罐高液位时发生爆炸，大部分只是炸开罐顶。如1981年上海某厂一个固定顶罐在满罐时爆炸，只把罐顶炸开2m长的一个裂口；1978年大连某厂一个固定顶储罐爆炸，也是罐顶被炸开，油品未流出储罐；当固定顶储罐低液位时发生爆炸，有的将罐底炸裂，如2008年内蒙古某煤液化厂一个污油储罐发生爆炸起火事故，事故时罐内油位不到2m，爆炸把罐底撕开两个200~300mm的裂口；内浮顶罐如果发生爆炸，无论液位高低均只是炸开罐顶。如2009年上海某厂一个5000m³内浮顶罐发生爆炸时，罐内液位只有5~6m，爆炸把罐顶掀开约1/4，罐底未破裂。2007年镇海某厂一个5000m³内浮顶罐爆炸，当时罐内液位在2/3高度处，也是罐顶被炸开，罐底未破裂；而外浮顶储罐由于是敞口形式，不易发生整体爆炸。即使爆炸，也只是发生在密封圈局部处，不会炸破储罐下部，所以油品流出储罐的可能性很小。

由于以上各类储罐冒罐或漏失的液体量都不会大于一个罐的容量，为防范罐体在特殊情况下破裂，造成满罐液体全部流出的极端事故，参照国外标准，规定防火堤内有效容量不应小于最大储罐的容量。

2. 防火堤的要求

1) 一般规定

储罐区防火堤和隔堤的设计应符合《储罐区防火堤设计规范》(GB 50351)的规定，且符合下列要求：

(1) 防火堤优先采用土筑防火堤，其堤顶宽度不应小于0.5m。在不具备选用土筑防火堤条件的地区，亦可选用其他结构形式的防火堤。防火堤宜采用抗渗钢筋混凝土结构，抗渗等级不应低于P6，宽度不应小于250mm。

(2) 防火堤应能承受在计算高度范围内所容纳液体的静压力且不泄漏。防火堤的耐火极限不应低于5.5h，当防火堤自身结构能够满足耐火极限要求，如砖砌厚度、钢筋混凝土厚度大于240mm，则不需要再采取在堤内侧培土或喷涂隔热防火涂料等保护措施。

(3) 当管道、电缆等通过防火堤时，宜采用直接跨越或埋地穿越的方式，当必须穿过防火堤时，应设置止水套管，将管道与套管应采用不燃烧的材料密封严密。在雨水沟(管)穿越防火堤处，应采取排水控制措施。

(4)每一储罐组的防火堤应至少设置2处越堤人行踏步或设备进出坡道,其至少有一处应为设备进出坡道,并应设在不同方位上,防火堤相邻踏步、坡道之间的距离宜不大于60m,高度大于等于1.2m的踏步或坡道应设置栏杆。

(5)防火堤的变形缝宜设置不锈钢板止水带,厚度应不低于2mm。

2)防火堤地面及排水设计

(1)防火堤内地面采取的防渗漏措施应符合《石油化工工程防渗技术规范》(GB/T 50934)。当建设场地内具有符合要求的黏土时,地面防渗措施优先采用黏土防渗层,可采用铺设高密度聚乙烯(HDPE)膜或钠基膨润土防水毯防渗层。在北方地区防渗膜上部宜敷设不低于100mm厚的灰土保护层;在南方地区防渗膜上部宜敷设不低于100mm厚的石粉或砂石保护层。

(2)防火堤内应设排水明沟或箅子沟,坡比宜不小于5‰,排水沟侧面每隔一定距离应设箅子并在防火堤外设水封井及雨水、含油污水转换井。地面应坡向排水沟和排水出口,坡度宜为5‰。

(3)防火堤内地面不宜采用混凝土地坪,宜铺设约200mm厚碎石,其粒径宜不大于40mm,并设置巡检道路。

3)立式储罐罐组防火堤设置

地上立式储罐的罐壁至防火堤内堤脚线的距离,不应小于罐壁高度的一半。依山而建的储罐,可充分利用山体兼作防火堤,储罐的罐壁至山体的距离最小为1.5m。

因防火堤内有效容积对应的防火堤高度刚好容易使油品漫溢,故地上立式储罐组的防火堤实高应高于计算高度0.2m;因防火堤内油品着火时用泡沫枪灭火冲击容易造成喷洒,防火堤应高于堤内设计地坪至少1.0m;高于堤外设计地坪或消防车道路面(按较低者计)不应大于3.2m。

另根据情况还需设置隔堤。隔堤(dividing dike)是用于减少防火堤内储油罐发生少量泄漏事故时的影响范围,而将一个储罐组分隔成多个分区的构筑物。在多品种罐组的储罐之间应设置隔堤,例如①甲B、乙A类液体储罐与其他类可燃液体储罐之间;②水溶性可燃液体储罐与非水溶性可燃液体储罐之间;③相互接触能引起化学反应的可燃液体储罐之间;④助燃剂、强氧化剂及具有腐蚀性液体储罐与可燃液体储罐之间。在非沸溢性甲B、乙、丙A类储罐组隔堤内的储罐数量,不应超过表2-18的规定。

表2-18 非沸溢性甲B、乙、丙A类储罐组隔堤内的储罐数量

单罐公称容量 $V/10^3 m^3$	一个隔堤内的储罐数量/座
$V < 5$	6
$5 \leq V < 20$	4
$20 \leq V < 50$	2
$V \geq 50$	1

注:1. 当隔堤内的储罐公称容量不等时,隔堤内的储罐数量按其中一个较大储罐公称容量计。

2. 隔堤内沸溢性液体储罐的数量不应多于2座。

3. 非沸溢性的丙B类液体储罐之间,可不设置隔堤。

4. 隔堤应是采用不燃烧材料建造的实体墙,隔堤高度宜为0.5~0.8m。

4)卧式储罐罐组防火堤设置

卧式储罐的罐壁至防火堤内堤脚线的距离，不应小于3m。地上卧式储罐的防火堤应高于堤内设计地坪不小于0.5m。

3. 防火堤的有效容积和堤高计算

防火堤有效容积与防火堤中心线围成的水平投影面积、设计液面高度、最大油罐的基础露出地面的体积等因素有关，计算示意图如图2-11所示。

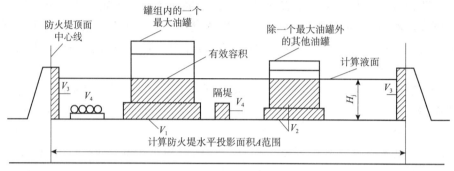

图2-11 防火堤有效容积计算示意图

1)有效容积

油罐组防火堤有效容积应按下式计算：

$$V = AH_j - (V_1 + V_2 + V_3 + V_4) \qquad (2-10)$$

式中　V——防火堤有效容积，m^3；

　　　A——由防火堤中心线围成的水平投影面积，m^2；

　　　H_j——设计液面高度，m；

　　　V_1——防火堤内设计液面高度内的一个最大油罐的基础露出地面的体积，m^3；

　　　V_2——防火堤内除一个最大油罐以外的其他油罐在防火堤设计液面高度内的体积和油罐基础露出地面的体积之和，m^3；

　　　V_3——防火堤中心线以内设计液面高度内的防火堤体积和内培土体积之和，m^3；

　　　V_4——防火堤内设计液面高度内的隔堤、配管、设备及其他构筑物体积之和，m^3。

2)堤高计算

$$h_{计} = \frac{V_大}{ab - 0.785(D_1^2 + D_2^2 + D_3^2 + \cdots + D_n^2)} \qquad (2-11)$$

$$h_实 = h_计 + 0.2 \qquad (2-12)$$

式中　$h_计$——防火堤的计算高度，m；

　　　$h_实$——防火堤的实际高度，m；

　　　$V_大$——同一防火堤内最大油罐的容积，m^3；

　　　a——防火堤内的长，m；

　　　b——防火堤内的宽，m；

D_1，D_2，D_n——分别为防火堤内除最大油罐外的其他油罐的地圈板直径，m。

当实高小于1m时，堤高取1m；当实高大于2.2m时，应加大防火堤内的面积，重新计算防火堤的高度，使防火堤实高不大于 2.2m。

思考题

1. 油库为什么要进行分级和分区？

2. 机场年加油量与哪些因素有关？试举例说明。

3. 机场油库与航空加油站两者采用库站合一的布置方式与库站分离的区别？

4. 油库铁路装卸区如何布置？

5. 民用运输机场油库、小型民用运输机场油库、通用航空机场油库三者在规模、库容规划上的区别？

参考文献

[1]中国石油化工集团公司 . GB 50074—2014 石油库设计规范[S]. 北京：中国计划出版社，2014.

[2]中国航空油料有限责任公司 . MH 5008—2017 民用运输机场供油工程设计规范[S]. 北京：中国民航出版社，2017.

[3]中国航空油料有限责任公司 . MH 5029—2014 小型民用运输机场供油工程设计规范[S]. 北京：中国民航出版社，2014.

[4]中国航空油料有限责任公司 . MH/T 5030—2014 通用航空供油工程建设规范[S]. 北京：中国民航出版社，2014.

[5]马秀让，王宏德主编，油库管理基本知识[M]. 北京：石油工业出版社，2016.

[6]马秀让主编，油库设计简明速查手册[M]. 北京：石油工业出版社，2017.

[7]郭光臣，董文兰，张志廉编，油库设计与管理[M]. 东营：中国石油大学出版社，1994.

[8]许行主编，油库设计与管理[M]. 北京：中国石化出版社，2009.

[9]郝骞 . 机场航煤加油规律分析及加油量预测[J]. 油气储运，2016，35(03)：315 – 320.

第3章　供油工艺流程

供油工艺流程是指航空燃油按规定的工艺要求，在管路系统中的流动过程。即通过利用管路系统将所有工艺设备有机连接起来的一个整体，通常用工艺流程图表示。工艺流程图设计是储油区、装卸区、泵房与管道布置设计的基础。设备选型、壁厚确定和工艺计算等工作都与工艺流程有密切的关系，只有工艺流程确定后，其他设计工作才能开展。工艺流程设计涉及上述各个方面，而各个方面的变化又反过来影响工艺流程设计，甚至使流程发生较大的变化。因此，工艺流程图设计具有最早开始、最晚结束的特点。本章主要介绍民用机场供油工程工艺流程设计的任务和要求、库区管路系统、不同油库工艺流程图、供油工艺与设施材料要求等内容。

3.1　概述

3.1.1　工艺流程设计任务

在进行民用机场供油工程平面布置、立面布置和考虑油品进出模式、装卸作业、储存形式等情况时，还要重点进行油库工艺流程设计，并绘制工艺流程图。所谓油库工艺流程设计，即是合理布置和设计油库主要油品流向和可能完成的作业，包括油品装卸、储存、倒罐、输转、回收等。一个好的工艺流程不仅能完成更多的作业，还能节约建设投资，而且操作关系明确，便于安全生产，减少操作错误。民用机场供油工艺流程的制定主要需要完成以下任务：

（1）确定整个流程的主要功能、组成；

（2）确定采用的管道系统类型；

（3）确定油品输送方式和油罐、油泵等主要设备的类型和数目；

（4）确定单元流程及连接形式；

（5）确定整个工艺系统的技术经济指标；

（6）确定整个工艺系统的安全技术措施；

（7）确定配套的辅助工艺流程。

3.1.2　工艺流程制定原则

工艺流程是反映油库各生产关系的集合，它通过管线、阀门、法兰等将装卸油设施、储油罐、油泵、过滤器等设备有机地连接在一起，充分明了地表示出油库各阶段的生产工序。不同的工艺流程不仅直接影响油库的工艺管网能否完成主要油品的作业要求，同时还会影响油库设备、管线及其附件的选择和油库的建设投资及使用管理费用。因此，在制定油库工艺流程时应考虑油库的业务特点、地形条件、工艺设备供应情况以及人员编制等因素。总之，在制定油库工艺流程时，应遵守以下原则。

1. 工艺合理

一个好的油库工艺系统，首先要能完成规定的作业任务，即要能较好地满足设计任务书所确定的各项作业要求。根据机场油库、中转油库或储油库特点，联系油库的实际情况，对油品的种类和性质、油库的业务使用和地形条件等因素，进行详细的了解分析。对于大型机场的供油工程，在工艺流程上要予以充分保证。在符合现行标准和规范的情况下，尽可能采用先进的技术和设备。

2. 操作简便

工艺流程涉及的相关设施设备的操作应尽量方便简单，控制类阀门方便操作，油品收发调度灵活，油品管路和油罐及设备互不干扰，安全可靠，流程简洁清晰。工艺流程还要能充分利用地形，实现自流作业以简化工艺流程。油库若能实现用泵收油、自流发油，这样可以不设发油泵站，既减少泵机组等设备数量、降低建设投资，又使后期管理便捷，且当电力系统遭遇故障后，仍能保证发油作业顺利进行。但应注意自流发油不易控制油料流动工况，应谨慎选用。

3. 经济节约

油库工艺流程制订得合理与否，直接影响油库的建设投资，因此一定要注意其经济性。油库在保证油料质量的前提下，恰当地处理好"一管多用""一泵多用"和"专管专用""专泵专用"之间的关系。管路和泵的"专用"还是"多用"，应当根据油料质量要求、牌号、品种、数量和作业频繁程度等因素确定。在满足工艺要求的前提下，对于非经常性的、次要的作业，应视具体的情况做适当处理，尽量缩短管路、减少阀门数量、减少弯头与盲板，做到经济合理。不应当为了应付复杂化的、非经常性的作业而使流程过于复杂，否则不仅增加设备材料和建设投资，而且还会由于流程复杂使操作麻烦，甚至引起误操作事故。同样，片面追求经济节约，使工艺流程不能满足油库多种作业的需要而影响油库的经常性工作，这样的工艺流程也是不恰当的。

4. 安全可靠

为了应对油库的任务变化或突发事件，保证油库收发油作业的正常进行，防止机场油料断供现象的发生，应在作业区和储存区管道系统的适当部位设置冗余设备或备用接口，以供特殊情况下使用。例如，泵机组检修、电源被破坏或出故障时，能用拖车泵收油。此外，各类设施设备都应满足相关标准要求，保证安全生产，防止事故发生。

【例1】

民用机场供油工艺流程制定时，为提高经济性，减少设备和管路设置，能否采用"一管多用"和"一泵多用"。

【解答】航空燃油主要分为航空汽油和航空煤油，由于性质差距较大且质量要求较高，不能混用，因此应按照"专管专用""专泵专用"进行设计。

3.1.3 工艺流程绘制要求

民用机场油库供油工艺流程的功能主要是满足航空油料的收发、储存和加注，以及实现这些功能所需要的设施设备，另外还需要满足质量计量管理方面的要求。对于不同规模的民用机场，供油工艺总是从炼油厂→油库(储油库、中转油库和机场油库)→航空加油站(部分机场可能采用库站合一的形式)→加油车(罐式、管线和撬装)→飞机，其工艺方案如图3-1所示。民用机场供油工程涉及的设施主要有储油设施、装卸油设施、输转设施以及加注设施，对应的工艺则是储存工艺、收发工艺、输转工艺、加注工艺等。

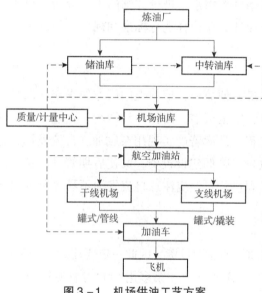

图3-1 机场供油工艺方案

民用机场供油工程涉及的工艺可以用工艺流程图来表示。工艺流程图是不按比例绘制的，各个设施设备之间的位置关系也可以不受总平面图的约束，以表达清晰、容易看懂为原则。按照供油工程的保障对象不同，分为储油库工艺流程图、中转油库工艺流程图、运输机场油库工艺流程图、

小型运输机场油库工艺流程图和通用航空机场工艺流程图。通过工艺流程图，可以看出油库所满足的业务操作范围，明确各生产工序的操作程序，并审定其能否符合业务要求及设置合理性。

设计和布置工艺流程时，必须首先考虑油库的业务要求及同时操作的业务种类，使之操作方便、调度灵活、互不干扰、经济合理、节约投资，不但满足收发油的作业要求，并应使各油罐间能相互输转，相应泵能互相备用。要满足这些要求，必须深入实际进行调查研究，充分了解年旅客吞吐量、货运吞吐量和年客机起降架次、货机起降架次等关键预测指标，获得可靠的资料。并在此基础上进行恰当的分析，分清主次，辩证地处理好业务要求、生产管理和建设投资三者的关系，并最终做到满足生产、安全可靠、节约投资。

油库工艺流程图是一种示意图，它简明、扼要地反映油库的业务。工艺流程图上以不

同的标识表示设备和设施，称为图例；管路尽量平行绘制，拐弯处用直角；尽量避免管路交叉，必须交叉时可用断线绘制。各设施设备的绘制形式可以参考 SY/T 0003《石油天然气工程制图标准》，表 3 – 1 摘录了民用机场供油工程常见的设施设备的图例。

表 3 – 1　民用机场供油工程常见设施设备图例

设备名称	图例	备注
软管		
管内介质流向		
平盖封头		
法兰		
快速接头		
软管接口		
闸阀		楔式闸阀、双闸板闸阀
截止阀		
球阀		
止回阀		单向流动设备需注意流动方向
紧急切断阀		
减压阀		
固定顶罐		
内浮顶罐		
离心泵或漩涡泵		单向流动设备 需注意流动方向
齿轮泵或螺杆泵		单向流动设备 需注意流动方向
浸没泵(液下泵)		单向流动设备 需注意流动方向

设备名称	图例	备注
手摇泵	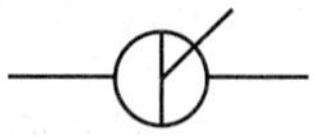	
立式精密过滤器	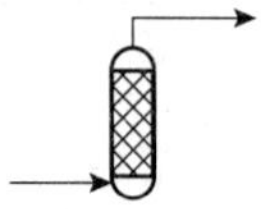	
涡轮或旋翼式流量计	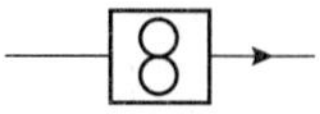	
超声波流量计	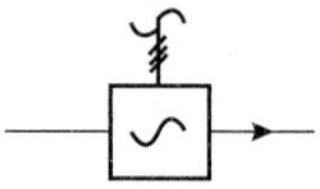	
电磁流量计	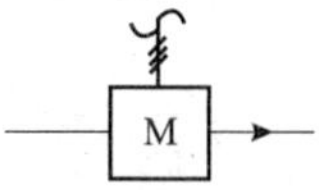 M	
漩涡流量计	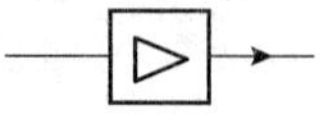	
容积式流量计	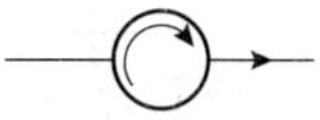	
质量流量计	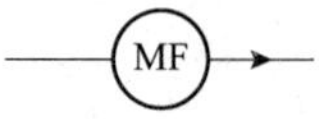 MF	
封闭式弹簧安全阀		
压力指示	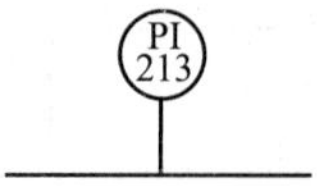 PI 213	现场安装就地指示
温度指示	 TI 213	现场安装就地指示

　　由于航空油料比地面油料的质量要求更高，储运工艺存在一定的差异，因此存在一些石油天然气工程中不常使用的独特的设施设备。在绘制工艺流程图时此类专用设备没有明确的规定，一般按照习惯绘制并罗列在工艺流程图一侧，表3-2展示了民用机场供油工程特殊设施设备的常见图例。

　　此外，一般在工艺流程图中还需要指明阀门的安装形式。对焊连接、螺纹连接或承插焊连接直接使用阀门的图例，法兰连接需在阀门两侧绘制与阀门同高的竖向短线。表3-3展示了3种阀门的安装图例，其余种类阀门的绘制形式类似，并注意在航空油料储运过程中阀门主要采用法兰连接。

表3-2 民用机场供油工程特殊设施设备图例

设备名称	图例	备注
卧式油罐		
储罐		一般指主储油罐 无法指明储罐类型
预过滤器		
粗过滤器		
过滤分离器		
质量检查罐		
闭路取样器		
地漏		
双关双断阀		
弹簧复位阀		

表3-3 阀门安装图例

名称	对焊、螺纹或承插焊连接	法兰连接
闸阀		
截止阀		
球阀		

3.2 管路系统

3.2.1 单管系统

管路系统是民用机场供油工艺流程的核心，起到连接各工艺设施设备的重要作用，有各种不同的布置模式和处理方式。按照工艺流程特点，归纳起来主要有单管系统、双管系统以及独立系统三种。

单管系统是油罐按储油品种的不同分为若干罐组，每个罐组各设一根输油管，并在每个油罐附近与干管相连，如图3-2所示。对于民用机场供油工程，应采用航空煤油为一组、相同牌号的航空汽油为一组的形式进行分组。单管系统的优点是布置清晰，工艺流程简单，管材消耗比较少；但缺点是同组罐无法输转，管路发生故障时同罐组均不能操作。一般民用机场供油工艺流程较少采用此形式。

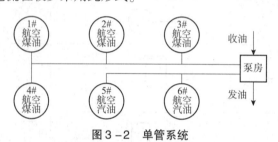

图3-2 单管系统

3.2.2 双管系统

双管系统与单管系统类似，按储油品种的不同分为若干罐组，只是每个油罐有一根进油管、一根出油管分别与两根干管连接，如图3-3所示。其优点是具备同时收发油的功能，同组油罐可以倒罐，操作比单管系统方便，但管材耗量很大。

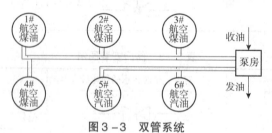

图3-3 双管系统

3.2.3 独立系统

独立系统是每个油罐都有一根单独管路通入泵房，如图3-4所示。这种系统的优点是布置清晰，专管专用，不需排空，检修时也不影响其他油罐的操作，但管材消耗较多，泵房内管组及管件也相应增多。

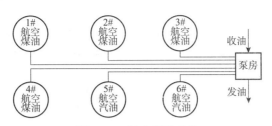

图 3－4　独立管路系统

显然，以上 3 种管路系统，从布置形式与管材消耗来看，单管系统最省，独立系统最费。但从使用情况来看，单管系统却有较多缺点，如同组储罐不能相互输转，必须输转时需另装临时管线，一条管线发生故障时同组的储罐均不能操作。而独立系统虽然布置清晰，专管专用，不用排空，检修时也不影响其他储罐的使用，但管材消耗太多，泵房管组也要相应增加。

以上 3 种管路系统各有特点，对某个油库而言，选择什么样的管路系统，应根据其业务特点，结合具体情况，因地制宜，慎重选择。一般情况下，机场供油工程较少采用单管系统；对于油罐数目较多、油品种类较广的油库，常采用几种管路系统结合的方式，多以双管系统为主，辅以独立系统。

3.3　油库工艺流程图

3.3.1　中转油库工艺流程图

大多数民用机场供油工程都采用两级供油的方式，将第一级称为中转油库，主要负责接收和储存铁路、水路、公路或输油管道的来油；第二级称为机场油库，主要负责接收中转油库来油，并直接为航空加油站或机坪加油管道等输送航空油料。少部分民用机场供油工程采用三级供油的方式，将第一级称为储油库，主要负责接收和储存铁路、水路、公路或输油管道的来油；将第二级称为中转油库，主要负责接收储油库来油并为机场油库供油；第三级称为机场油库，主要负责接收中转油库来油，并直接为航空加油站或机坪加油管道等供油。因此，从供油功能上来说，储油库与中转油库类似，其最大的特点就是存在航空油料的卸油区，图 3－5 展示了一典型中转油库的工艺流程图，图中粗线表示主要的工艺流程，细线为辅助工艺流程。

该中转油库储存的介质为航空煤油，共有 4 个储油罐、2 个扫槽罐、2 个回收油罐和 1 个污油罐，采用铁路卸油的方式收油和管道输油的方式发油。对于铁路卸油，该油库共有 40 根鹤管，但图中只绘制了 6 根鹤管。这是因为每一根鹤管的布局几乎一致，在工艺流程图中绘制出所有的鹤管意义不大，因此图中采用在鹤管中间使用一波浪号的形式表示对鹤管数量进行了简化。对于泵房，该油库共有 8 个离心泵（含备用泵）为燃油的收发、输转、倒罐等提供动力，由于结构类似在工艺流程图中也进行了简化。

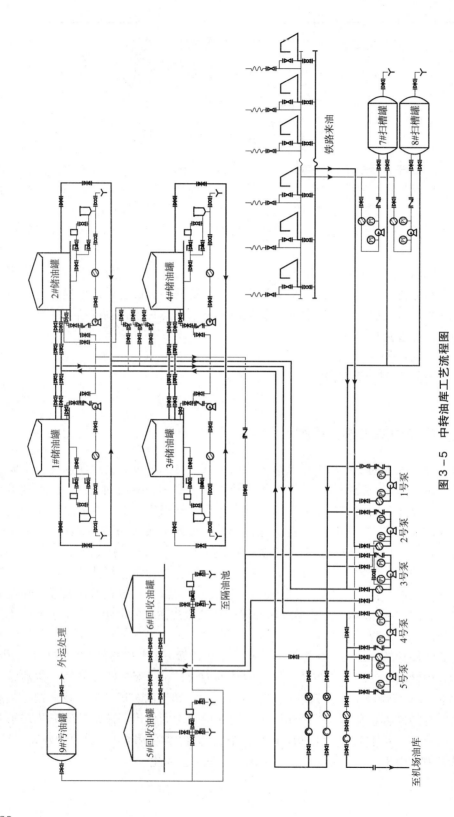

图 3-5　中转油库工艺流程图

从图3-5可以看出，该中转油库的主要工艺如下：

收油：铁路油罐车入位后，利用1号或2号泵将油罐车内的油通过鹤管输送至1#、2#、3#或4#主储罐内。之后利用真空泵将油罐车底部的油输送至7#或8#扫槽罐，根据扫槽罐内的油品质量情况利用3号泵输送至主储罐或5#、6#回收油罐。

发油：1#、2#、3#或4#主储罐内的油料利用4号或5号泵输送至机场油库。

倒罐：1#、2#、3#或4#主储罐内的油料通过3号泵相互输送。

排底：1#、2#、3#或4#主储罐内底部的油料排至5#、6#回收油罐。回收油罐内的油料在质量检查合格后可以通过3号泵输送回1#、2#、3#或4#主储罐。回收油罐内的油料在质量检查不合格后需排送至9#污油罐，然后作外运降质处理。

【例2】

如图3-6中转油库工艺流程图，按照管路系统分类，该中转油库属于单管系统、双管系统还是独立系统？

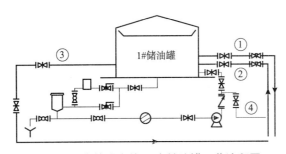

图3-6　中转油库的1#主储油罐工艺流程图

【解答】图3-6截取了该中转油库的1#主储油罐的工艺流程。结合主工艺流程可以看出，①号管道为主输出管道；②号管道为主输入管道；③号管道用作库内倒罐和应急处理；④号管道为排底管道。综上所述，每个油罐有两根管道分别与干管相连接，因此该中转油库属于双管系统。

3.3.2　运输机场油库工艺流程图

机场油库是为航空加油站或机坪管网输送航空油料的油库。对于年供油量大于50000t的民用运输机场(含军民合用机场民用部分)供油工程，称为民用运输机场油库，本书简称为运输机场油库，其典型的工艺流程如图3-7所示，图中粗线表示主要的工艺流程，细线表示辅助工艺流程。

该运输机场油库储存的介质为航空煤油，共有6个储油罐，2个底油罐，1个回收罐和1个污油罐，采用管道输油的方式收发油料。对于泵房，该油库共有7个离心泵(含备用泵)为燃油的收发和输转等提供动力。从图3-7可以看出，该运输机场油库的主要工艺如下：

收油：通过管道将航空油料直接输送至1#、2#、3#、4#、5#或6#主储油罐。当管道压力足够时可以直接输送，反之需要使用输油泵进行增压后输送。

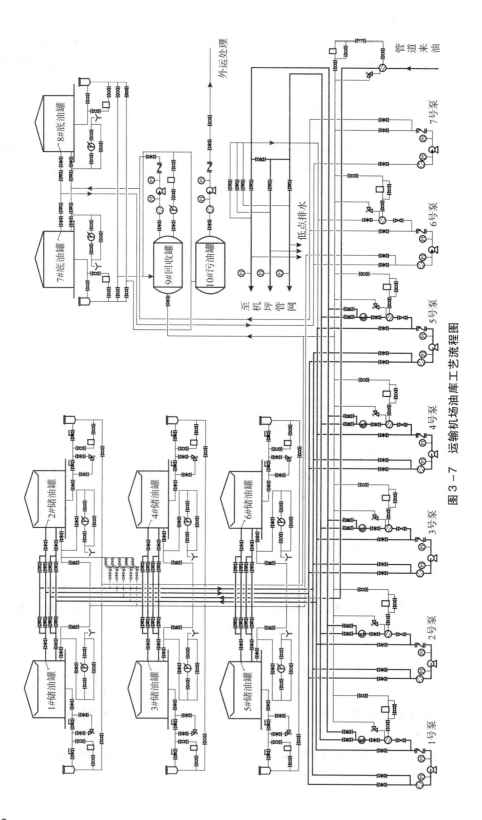

图 3 − 7　运输机场油库工艺流程图

发油：1#、2#、3#、4#、5#或6#主储油罐内的油料通过1号、2号、3号、4号或5号离心泵增压后输送至机坪管网。

倒罐：1#、2#、3#、4#、5#或6#主储油罐内的油料通过1号、2号、3号、4号或5号离心泵增压后输送至其他储罐。7#、8#底油罐内的油料通过6号、7号离心泵增压后输送回7#、8#底油罐，或通过6号离心泵增压后输送至1#、2#、3#、4#、5#或6#主储油罐。

排底：1#、2#、3#、4#、5#或6#主储油罐底部的油料利用6号离心泵增压后输送至7#、8#底油罐，储油罐区内通过质量检查罐后的油品应直接自流输送至9#回收罐。7#、8#底油罐内的油料在质量检查合格的前提下可以利用6号离心泵并经过滤后输送回主储油罐；反之应利用7号离心泵输送至9#回收罐。7#、8#底油罐排底的油料通过质量检查罐后，可回收的油品自流至9#回收罐，不可回收的油品自流至10#污油罐。9#回收罐内的合格油品可以利用泵输送至7#、8#底油罐，底部的油品若质量合格可以用手摇泵输送回9#回收罐，反之排至10#污油罐并等待外运处理。此外，泵房内的过滤分离器排出的底油全部自流至9#回收罐；机坪管网入口处还设置了低点排水装置，以及回输至主储油罐的工艺管道和设备。

【例3】

图3-8表示该运输机场油库的6#主储油罐工艺流程图，分析①②③④各储运设备的名称及作用。

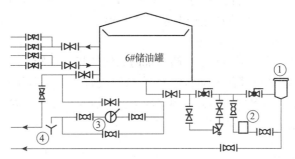

图3-8　运输机场油库的6#主储油罐工艺流程图

【解答】图中各储运设备的名称及作用分别是：

①质量检查罐：排放储罐底部的油料，目视检查油料内是否有杂质和水分。

②闭路取样器：排放油料为化学测水器等设备进行少量取样或直接目视检查油料质量。

③手摇泵：利用人工操作往复摇动手柄提升液体的泵类机械，无须电源及其他动力，在罐区内用于处理盖板沟内的少量油料和洗罐后罐内的含油污水等。

④地漏：将罐区内的含油污水输送进隔油池。

3.3.3　小型运输机场油库工艺流程图

小型运输机场油库是为年供油量不大于50000t的民用运输机场和军民合用机场民用部分供油。国内约有70%的运输机场年供油量都在50000t以下，因此大部分的机场都是采用小型运输机场油库进行油料供应。其典型的工艺流程如图3-9所示，图中粗线表示主要的工艺流程，细线表示辅助工艺流程。

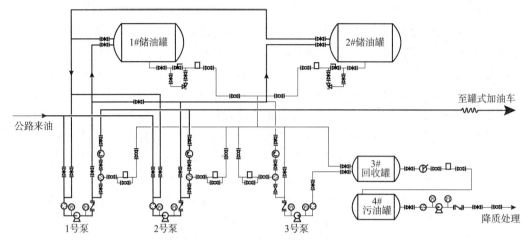

图 3-9 小型运输机场油库工艺流程图

该运输机场油库储存的介质为航空煤油，共有 2 个储油罐，1 个回收罐和 1 个污油罐，采用公路输油的方式收发油料。对于泵房，该油库有 3 个离心泵为燃油的收发、输转、倒罐等提供动力。从图 3-9 可以看出，该小型运输机场油库的主要工艺如下：

收油：当运油车进入油库后，采用 1 号或 2 号离心泵将油料直接输送至 1#或 2#储油罐。

发油：1#或 2#储油罐内的油料通过 1 号或 2 号离心泵输送至罐式加油车，之后罐式加油车进入机场为飞机加油。

倒罐：利用 1 号或 2 号泵将 1#或 2#储油罐内的油料相互输转。

排底：将 1#或 2#储油罐底部的油料输送至 3#回收罐。3#回收罐内的油料视质量情况，合格的航空油料利用 3 号泵输送至 1#或 2#储油罐，不合格的航空油料排放至 4#污油罐。4#污油罐内的航空油料通过油泵排出处理。

【例 4】

通过工艺流程图比较小型运输机场油库和运输机场油库的主要区别。

【解答】对于小型运输机场，由于其吞吐量小导致油库的年供油量小，因此储罐数量较少，且储罐结构大多为地上卧式油罐。在罐区内没有设置质量检查罐，仅设置了闭路取样器。埋地卧式油罐通过手摇泵抽取罐底沉淀，防止罐底沉淀中的微生物对罐内航空油料的污染。由于需要排出罐底的沉淀量往往不大，一般用小流量的手摇泵就能抽出。运输机场油库储罐数量较多，且大多为地上立式油罐。对立式罐与卧式罐的工艺流程与储运设备进行区别配置，有助于操作方便、降低劳动强度、节约投资等。

此外，运输机场油库内的燃油一般为管道来油，而小型运输机场油库则一般为公路运油车来油。运输机场油库内的燃油一般输送至机坪管网，而小型运输机场油库大多通过汽车灌装点输送至罐式加油车。

3.3.4 通用航空机场油库工艺流程图

通用航空机场油库主要是为通用航空提供油料供应，其供油业务量总体偏少，但油料种类较多，加油服务也有便利和快捷的要求。其典型的工艺流程如图 3 - 10 所示，图中粗线表示航空煤油收油的工艺流程。通用航空机场油库与运输机场油库工艺流程的主要区别为：运输机场油品种类单一，大多只有航空煤油，工艺流程图较为简单但规模较大，且大多采用机坪管网的方式为飞机供油；而通用航空机场涉及航空煤油和不同牌号的航空汽油，流程较为复杂但规模较小，大多采用罐式加油车为飞机供油。

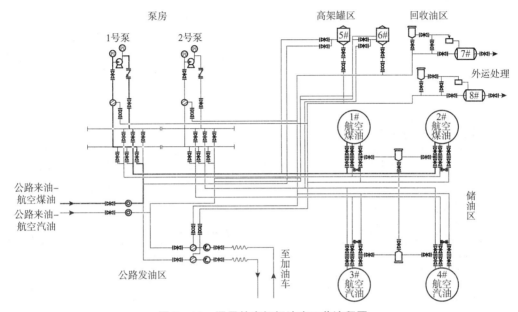

图 3 - 10 通用航空机场油库工艺流程图

该通用航空机场油库储存的介质为航空煤油和 100LL 航空汽油，共有 4 个储油罐，2 个高架罐，2 个回收罐，采用公路输油的方式收发油料。对于泵房，该油库共有 2 个离心泵为燃油的收发、输转、倒罐等提供动力。从图 3 - 10 可以看出，该通用航空机场油库的主要工艺如下：

收油：对于航空煤油，利用 1 号离心泵将运油车内的油输送至 1#或 2#储油罐；对于航空汽油，利用 2 号离心泵将运油车内的油输送至 3#或 4#储油罐。

发油：对于航空煤油，利用 1 号离心泵将 1#或 2#储油罐内的油料输送至 5#高架罐，在高架罐内静置排沉淀后输送至加油车；对于航空汽油，利用 2 号离心泵将 3#或 4#储油罐内的油料输送至 6#高架罐，在高架罐内静置排沉淀后输送至加油车。

倒罐：对于航空煤油，利用 1 号离心泵将 1#或 2#储油罐内的油料输转；对于航空汽油，利用 2 号离心泵将 3#或 4#储油罐内的油料输转。

排底：对于航空煤油，1#、2#储油罐以及 5#高架罐底部的油料直接输送至 8#回收油罐，8#回收油罐内的油料通过质量检测后，质量合格的油料通过 1 号离心泵输送回 1#或 2#储油罐，质量不合格的油料直接外运处理；对于航空汽油，3#、4#储油罐以及 6#高架罐底部的油料直接输送至 7#回收油罐，7#回收油罐内的油料通过质量检测后，质量合格的油料通过 2 号离心泵输送回 3#或 4#储油罐，质量不合格的油料直接外运处理。

【例5】

根据工艺流程图分析5#和6#高架罐、7#和8#回收油罐以及1号、2号离心泵内的介质分别是什么？

【解答】航空煤油和航空汽油均按照"专管专用、专罐专用"的原则，虽然2种油料绘制在一张工艺流程图中，但明显各油料设备与管线之间无任何交叉，即航空煤油和航空汽油不会有任何接触。根据工艺流程图的连接原则，使用航空煤油的设备有：5#高架罐、8#回收油罐、1号离心泵；使用航空汽油的设备有：6#高架罐、7#回收油罐、2号离心泵。

3.4 供油工艺与设施材料

3.4.1 机场供油工艺

机场供油工艺主要包括库、站供油单元中的航空燃油收发、装卸、储存、加注、输转、倒罐、底油排放、质量检查、取样、加剂、飞机退油、综合检测、污油处置等多种工艺，并应满足国家和民航等相关标准的要求，如表3-4所示。

表3-4　机场供油工艺的主要标准要求

机场供油工艺	标准号	标准名称
总体工艺	GB 50074	《石油库设计规范》
	GB 50253	《输油管道工程设计规范》
	GB 50156	《汽车加油加气站设计与施工规范》
民用机场供油工程	MH 5008	《民用运输机场供油工程设计规范》
	MH 5029	《小型民用运输机场供油工程设计规范》
	MH/T 5030	《通用航空供油工程建设规范》
质量控制	MH/T 6020	《民用航空燃料质量控制与操作程序》
	MH/T 6044	《小型机场民用航空燃料质量控制和操作程序》
加剂工艺	MH/T 6091	《民用航空喷气燃料添加抗静电剂作业规程》
计量统计	MH/T 6004	《民用航空油料计量管理》
工艺设备	MH/T 6002	《民用航空油料设备完好技术规范》
铁路装卸油	SH/T 3107	《石油化工液体物料铁路装卸车设施设计规范》
水路装卸油	JTS 165	《海港总体设计规范》
	JTS 166	《河港总体设计规范》
公路装卸油	HG/T 21608	《液体装卸臂工程技术要求》
飞机加油	MH/T 6005	《民用航空器加油规范》
汽车加油站	GB 50156	《汽车加油加气站设计与施工规范》
	GB 50966	《电动汽车充电站设计规范》

1. 装卸油工艺

1）铁路装卸油工艺

铁路装卸油工艺主要由装卸油系统及扫底系统组成。装卸油的鹤管数由油品的年运输量（周转量）和一次来油槽车数量进行确定，其计算应符合 SH/T 3107《石油化工液体物料铁路装卸车设施设计规范》要求。航空燃油每一批次车的净装卸车时间宜为 2～3h，设计时应对集油管管径、油泵扬程、流量进行匹配性校核。考虑到装卸油的前期准备以及后期收尾工作，每批车的总装卸车时间约为 6h 左右，即设计日作业批次最好不大于 4 批次。装卸油站至机场油库应优先采用直卸直输的方式，特别是油品输送库站之间的距离在 10km 以内且高差不大时，采用直卸直输的方式具有较高的经济性。距离较远时则需要先进行经济技术比较，确定选用直卸直输或在装卸油站内设置中转储罐的卸油方式。

当采用上部卸油的方式时，航空煤油系统可采用自吸泵，航空汽油系统宜采用潜油泵卸车的方式。从上部向铁路槽车装载航空油料时，应采用插到槽车底部的鹤管。装卸油时鹤管内的航空油料流速需要进行严格控制以防止静电火花等可能的事故隐患，在鹤管浸没于液体之前应不大于 1m/s，浸没于液体之后应不大于 4.5m/s。当采用下部卸油的方式时，需要采用密闭管道系统以防航空燃油泄漏。

2）码头装卸油工艺

码头装卸油工艺应具备油船装卸、在线航空油料质量检查、扫舱等功能，并优先采用船泵输送工艺，对无卸船泵的船舶需要在码头上设置卸船泵和泄压装置。码头装卸油工艺需要与设计船型的装卸能力和配套罐区储运能力相互匹配，工艺流程应协调一致。码头装卸油工艺管道的流通能力需要满足正常装卸作业所需的最大流量要求，即根据船舶的装载量和装卸时间，以及船舶上的卸油泵能力来计算确定。航空油料正常装卸时，应采用密闭接口形式。在工艺管道位于岸边的适当位置需要设置用于紧急状况下的切断阀，该阀门需要同时具有远控和现场手动操作功能。

此外，除设置航空油料工艺管道外，码头装卸油工艺还应根据需要考虑生活供水管道、消防管道、含油污水（压舱水）管道等工艺。

3）运油车装卸油工艺

运油车装卸油工艺应优先采用泵送工艺，装卸油泵、过滤器、压力接头等应布置在同一岛（台）上，并设置定量装载系统。有地形高差可供利用时，应优先采用储罐直接自流装油方式，并设置定量装载系统。装卸油工艺应优先采用密闭管道系统，并从罐车底部装卸。

装卸油时航空油料流速需要进行严格控制以防止静电火花等可能的事故隐患。上部装油时，航空油料完全浸没装油口前的流速应不大于 1m/s，完全浸没装油口后的流速应不大于 4.5m/s。下部装油时，流速应不大于 7m/s。只有当航空油料电导率大于 250pS/m 时，其装油速度可达至 7m/s，但考虑到罐式车底部装油可能因初始装油时底部航空油料少会存在飞溅，故对初始流速进行要求，浸没后宜不大于 7m/s。

4）罐式加油车装油工艺

罐式加油车装油工艺可以采用与运油车装油工艺类似的方法，即采用泵送装油。此时装卸油泵、过滤器、压力接头等应布置在同一岛（台）上，并设置定量装载系统。装卸油工艺应优先采用密闭管道系统，并从罐式加油车底部装油。装油时航空油料流速需要进行严格控制以防止静电火花等可能的事故隐患。装油流速要求与运油车装油要求一致。

罐式加油车装油工艺也可以在航空加油站或机坪的适当位置设置加油栓，通过该加油栓向罐式加油车装油。加油栓设置的位置必须保证其周边半径15m范围内无明火地点和散发火花地点。该装油方式已在国内外成功运行多年，可以减少航空加油站的装油设施，避免罐式加油车多次往返航空加油站装油，以提高生产效率，降低劳动强度。通常通过下列方式进行装油：

(1)通过罐式加油车自带的加油栓接头装油。

(2)通过特制的装油装置向罐式加油车装油，该装置由加油栓接头、变径管、加油胶管、胶管连接器、压力接头、卡箍等组成。

(3)通过管线加油车自带的加油栓接头和压力接头，向罐式加油车装油。

2.供油管道工艺

1)机坪管道加油工艺

机坪管道加油工艺主要根据航空器加油的实际需求，准确保障航空燃油流量的供给，满足航空器加油压力的工况，并设置管道保压、泄压、冲洗及低点排水、高点放气等工艺。

机坪管道加油工艺示意图应清楚地标注管道首末端的供油流量、压力等主要工艺参数，并注明沿线阀室、高低点、加油栓井、装油点、阴极保护点、电位测试点、坡度、里程和高程等基本信息。

在施工图设计阶段，提供一张机坪管道供油工艺示意图，可以简明直观地表示出整条机坪管道主要设计参数，有利于运行管理。

2)输油管道收发油工艺

输油管道收发油工艺一般包括航空油料收发、计量、消气、过滤、保压、泄压等功能，结合设计工况、设备材料性能等特性，通过管道水力计算，确定是否设计泄压阀及安装位置。对于顺序输送的站场需要设置混油罐，混油罐容量应按照混油切割和处理工艺确定，混油段宜在中转油库切分完毕。

输油管道输送工艺示意图应标注管道首末端的输送流量和压力等主要工艺参数，并注明沿线阀室、翻越点、阴极保护点、穿跨越路段、里程和高程等基本信息。

根据输送航空油料的性质和管道输送航空油料工艺方式，在施工图设计阶段，提供一张输油管道输送工艺示意图，可以简明直观地表示出整条输油管道主要设计参数，有利于运行管理。

3.倒罐工艺

由于储罐清洗、设备更换或意外事故等原因需要先对储罐进行清空，因此需要将储罐内的航空油料转移到其他储罐中，这个过程称为倒罐。机场油库(站)应设置航空油料倒罐工艺，但不需要单独设置倒罐泵，一般加油泵或收发油泵均可兼做倒罐泵用；还应设置储罐、回收罐底部航空油料倒空工艺。一般情况，航空油料倒罐不需进行计量和质量净化，可设计旁通过滤分离器及流量计工艺。如图3-11表示的是将1#储罐中的航空煤油利用1号离心泵转移至2#储罐的倒罐工艺流程。

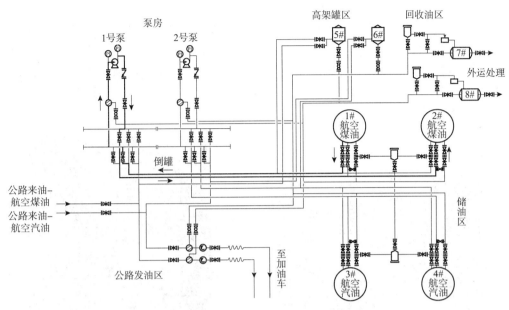

图3-11　倒罐工艺流程图

4. 污油处理与回收工艺

航空燃料在接收、储存、输转、发放(装载、加注)过程中，需对储罐底部油品进行排沉和质量检查，即机场油库(站)应设置倒罐、回收罐的航空油料质量检查工艺，因此需要设置回收罐、污油罐(污油桶)、隔油池等污油回收设置以及相应的航空油料质量检查、取样、回收及排污工艺，如图3-12所示。航空油料质量检查(含排污)工艺应靠近油罐布置，并与取样工艺设置在同一区域。储罐、回收罐的航空油料质量检查工艺用来检查油罐底部最低处的航空油料质量，可兼职油罐排污使用。回收罐需要具备污油排放至污油罐和含油污水排放至隔油池的排放工艺，污油罐需要具备航空油料降质处置工艺。

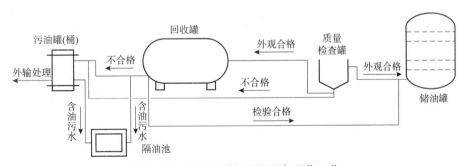

图3-12　航空燃油污油处理与回收工艺

储罐底部排放检查时，所排放出的外观检查合格的航空油料可返回被检储罐或排放至回收罐，外观检查不合格的航空油料应排放至污油罐。回收罐底部排放检查时，所排放出的外观检查合格的航空油料经检验合格后可返回储罐，不合格航空油料排放至污油罐。含有大量水分及杂质的含油污水应排放至隔油池。利用储罐旁的质量检查罐可以很方便地开展航空燃油的外观检查，如图 3-13 所示。

根据回收罐的类型不同，污油处理与回收工艺具有不同的要求。如果回收罐为地上卧式储罐，需要设置闭路取样器，如图 3-14 所示；如果回收罐为埋地卧式储罐，应设置底油抽取排放检查工艺；如果回收罐为半地下立式储罐，应设置底油抽取排放及质量检查工艺，罐底应采用立式锥底或斜底，且为带沉淀槽的平底或椭圆形封头，罐顶应为平顶，并且应设计成高径比小于 1 的油罐。

图 3-13　质量检查罐

图 3-14　闭路取样器

5. 加油车综合检测装置工艺

加油车综合检测装置主要开展飞机加油车基本设备检查、流量仪表检定等相关工作，可集中设计也可单独设计，但同一机场内不宜设置两套及以上综合检测装置。流量计检定工艺需要独立于机坪管道系统之外，一般由储油容器、标准流量计、油泵、加油栓、压力仪表、温度仪表等设备组成。

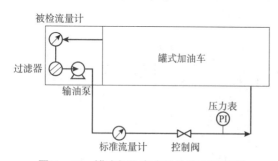

图 3-15　罐式加油车在线检定工艺流程

对于罐式加油车，由于自身已经具有储罐、油泵、压力仪表和液位仪表等检定工艺必需的设备，因此其综合检测工艺较为简单，如图 3-15 所示。通过自身的加油系统与综合检测装置直接对接，即可开展加油车的综合检测。

对于管线加油车，由于自身没有储油容器，流量计检定工艺相对较为复杂，如图 3-16 所示。管线加油车检定工艺除应符合 JJG 667《液体容积式流量计检定规程》的规定外，还应满足下列要求：

(1)检定流量计时不能影响油库正常的收发油作业，因此流量计检定工艺的储油容器和循环系统不能与油库收发油工艺重叠或相互影响，需要设置独立的航空油料循环工艺系统，控制油泵转速或泵出口阀门的开度，来调节检定介质的流速，以满足覆盖被检定流量计的最大和最小流速，并在各检定点保持稳定的流速。

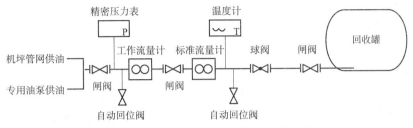

图 3-16　管线加油车在线检定工艺流程

（2）使用航煤作为检定介质检定管线加油车流量计时，使用的储油容器的容积一般为 $20 \sim 30 m^3$。若储油容器过小，使用的航空煤油量较少可能导致检定过程中燃油温度变化过大，不能满足 JJG 667《液体容积式流量计检定规程》关于检定介质在一次检定中温度变化不超过 ±0.5℃ 的要求；若储油容器过大，流量计的最高检定流速过大，导致检定介质在容器进口端发生喷溅。因此选择合适的储油容器可消除以上不安全因素。此外，部分运输机场流量计检定装置设置在机场油库时，可利用机场油库的回收罐作为储油容器。

（3）应设计安装有快速开关的阀门，可以与加油车卷盘加油胶管接头或升降平台处的加油胶管接头、加油栓胶管接头快速连接。

（4）不宜设过滤分离器，可在流量计上游设置消气过滤器，可通过过滤和消气作用，确保检定介质在进入流量计前达到无气体的要求，保证检定的准确度。

（5）由于机械振动和外界电磁场会影响流量计检定的准确度，应确保机械振动和外界电磁场对流量计检定无影响，或设计相应的防范措施。

（6）可设计满足连接计算机现场控制和操作的信号输入和输出接口。检定工艺通过设计计算机接口，为现场检定加油车流量计时，检定人员可以利用计算机操作和控制油泵和阀门，同时工艺上安装的压力、温度、流速、流量等检测元件和仪表将测得的信息传递到计算机，经过专用软件计算和评价检定结果。

3.4.2　设施材料

1. 铁路装卸油设施设备

铁路装卸油设施设备的选择及设计需满足下列要求：

（1）栈桥宜选用钢筋混凝土结构。当使用有镀层的钢质格栅板组合栈桥时，钢质格栅板与平台、扶梯不宜采用焊接形式连接。在槽车停靠位罐盖处应设置活动梯。

（2）栈桥应每隔 60 ~ 80m 设一个休息间和上下栈桥的扶梯。

（3）装卸油鹤管应根据操作工况进行选型。

（4）由于航空汽油的闪点较低，接卸时应采取防气阻措施。

（5）应核算集油管的管径，使其满足卸油的需要。

（6）鹤管的关断阀应选用密封性好、操作灵活的阀门；扫底管径宜为 DN25 的管道，阀门宜选用能够快速开关的阀门；吸入管路应选用导静电胶管，胶管长度宜为 6m，末端应为轻型硬质管，硬质管长度应满足其操作要求；在适当位置设鹤管残油回收器。

（7）卸油泵可安装于栈桥下方，可分段设置，但其空间不应封闭。

（8）应采取防止高空作业跌落的防护措施。

（9）可设置防晒及防雨雪的顶棚。

2. 码头装卸油设施设备

码头装卸油设施设备的选择及设计需满足下列要求：

（1）5000 吨级以下航空油料船舶可根据作业量等条件采用软管装卸作业，其余宜采用装卸臂作业。装卸臂的规格和数量应根据船型、装卸量、设备额定能力、船舶接管口的数量和口径等因素综合确定。

（2）装卸油系统应设快速关断阀、泄压装置、质量检查口及窥视器。

3. 管道收发油设施设备

管道收发油设施设备的选择及设计需满足下列要求：

（1）长度大于 20km 的输油管道首站应设置发球装置，中间站宜设置收、发球装置，末站应设置收球装置。清管器出站端的线路上、清管器进站前及进清管器接收筒前各点均应设置清管器通过指示器。

（2）安装在通清管器管道上的阀门应选用全通径型，不通清管器的管道上的阀门可选用普通型或缩径型，但不应使用铸铁阀门。

（3）输油管道应在航空油料交接界面设置交接计量系统，计量系统应设置备用计量管路，不宜设置旁通管路，计量管路多于 4 路时，应设置 2 路备用。流量计下游应设置关键阀门。

4. 输油泵

输油泵的选型需满足下列要求：

（1）油泵的类型及规格应根据油泵的用途、输送介质和输送条件等进行确定。

（2）输送或装载轻质航空油料时，一般选用离心式油泵。长度大于 20km 的输油管道的输油泵结构形式可为水平中开式，因为其刚度好、泵振动值低、检修维护方便。

（3）要求油泵有较强抽吸性能时，宜选用容积泵，如转子泵、滑片泵、齿轮泵等。容积式泵应具有泄压、回流等超压保护功能。

（4）用于抽吸铁路槽车、油罐底及质量检查桶内航空油料的油泵宜选用自吸泵、潜液泵等，用于油轮扫舱、槽车扫底等宜选用转子泵、滑片泵等。

（5）油泵的电机选型应符合环境影响评价要求。

（6）单泵应在高效区工作，并联和串联的油泵应尽量使泵在操作时都处于或靠近高效区范围，并按性能曲线校核并联和串联后的性能参数。

（7）单泵或泵组的流量应满足作业的需要，并宜取 10% 的裕量；泵的扬程应满足航空油料在输送最大流量时的压力降、位差及静压等。

（8）机坪管道系统的加油泵组应采用特性曲线较平缓的离心泵，泵组的选择应根据建设目标年高峰小时加油量、加油泵并联后的组合性能曲线等因素综合确定，流量宜留有适当的裕量。加油泵并联后，在额定压力、扬程时，总的流量要小于单泵额定流量算术之和，在设计时，要根据实际工况进行计算确定实际并联后的流量。宜根据发展需要预留增设加油泵位置，泵出口无须设置流量调节阀，是因为一方面加油泵是在有背压的情况下启动，另一方面可通过供油控制系统设定的管道压力或流量限值来调整加油泵运行台数，保证过滤分离器不超压、不过流。

5. 流量计

流量计的设置及选用需满足下列要求：

（1）为实现对库（站）收发油数量的管理，达到计量监控、交接或贸易交接要求，在库（站）收发油工艺管道上需要设置相应准确度等级的流量计。为方便检定需要，可设置在线或离线检定接口等功能。特别是对于对外商业交接的库（站）收发油工艺管道上，必须设置流量计。

（2）用于监测或控制机坪管道、输油管道等的流量时需要设置符合相应技术及准确度要求的流量计。在库（站）内用于收发数量监测或为库（站）供油控制系统提供的流量和流速信息，不作为贸易交接使用，该类流量计可设置在线校准接口，即在流量计下游端串联一台标准流量计，在正常工作的流速条件下与流量计进行比对，根据比对结果确定流量计的修正参数，或通过流量计校正机构的调整以达到规定的计量等级。

（3）输油管道的收发油两端应安装规格、型号及准确度相同的流量计。

（4）流量计上游端应设置预过滤器或消气过滤器或过滤分离器。

（5）各种流量计对上下游直管段和安装形式有不同要求，上下游附属设备的设计应符合流量计技术和使用要求。

（6）流量计准确度等级的选用应符合 MH/T 6004《民用航空油料计量管理》的规定。

6. 过滤器

航空油料的质量要求较高，主要依靠过滤器进行控制。过滤器是用于过滤航空燃油中的机械杂质和分离水分，以及排放沉淀。库区内设置的过滤器主要分为粗过滤器、预过滤器和过滤分离器三种。过滤器的设置根据不同的使用场所有所不同，按照中转油库以"静置沉降"为主、机场油库以"过滤分离"为主的基本原则，在保障航空油料质量的前提下控制经济成本，过滤器的设置位置需满足下列条件：

（1）对于中转油库，接收来自铁路槽车、汽车罐车及炼厂的输油管道输送的航空煤油时，进储罐前可设置预过滤器或过滤分离器；接收来自油轮的航空煤油时，进储罐前宜设置预过滤器，并应设置过滤分离器；向机场油库发油应设过滤分离器。

（2）对于机场油库，接收管道、公路罐车航空油料时应设置过滤分离器；发油泵出口应设置过滤分离器。

（3）对于航空加油站，装油点不宜设过滤分离器。

（4）对于机坪管道，在加油泵出口应设置过滤分离器。

（5）装油泵出口已安装过滤分离器时，与该泵相连的汽车罐车装油点可以不再设置过滤分离器。

（6）油泵入口应设粗过滤器。

此外，航空油料的过滤器还需要满足下列要求：

（1）对于航空煤油，应符合 GB/T 21358《喷气燃料过滤分离器通用技术规范》的规定。但对于加注喷气燃料的飞机加油车上使用的过滤器，按照国际民航组织（ICAO）Doc 9977《民用航空喷气燃料供应手册》要求，应安装符合 EI 1581《航空喷气燃油过滤器/分离器的规格和合格认证程序》要求的过滤分离器。

(2)对于航空汽油,应设置过滤精度不大于 5μm(标称)或更细的微孔预过滤器,或设置过滤分离器。

(3)额定流量应按泵的额定流量的 1.0~1.2 倍进行选型。

(4)在过滤分离器进、出口管道上,应设置快速自封式取样接头。

(5)应设泄压、排气装置,并满足底部排污、航空油料检查等要求。其中过滤分离器底部排污口口径宜为 DN50;其工艺管道及附件的连接宜为法兰连接。

7. 阀门

机场油库的阀门数量众多、种类和类型均有不同,因此需要在设计、生产和运行中加强阀门管理,防止因阀门失效导致事故发生,保障人身和财产安全。阀门的设置和选择需满足下列要求:

(1)应根据管道内介质的性质、温度、压力以及阀门工作环境、工艺要求选择符合相关标准规范的阀门。

(2)油罐进、出口的工艺管道上分别设置罐根阀和操作阀,罐根阀采用轻型阀门,正常情况下为常开阀,只有紧急情况下才关闭此阀;操作阀关闭的严密性至关重要,一是从安全角度考虑,二是作为航空油料质量控制的需要。

(3)机坪管道应设置隔断阀,隔断阀应选用体积小、防止内渗、操作灵活的阀门,其中加油栓隔断阀宜选用快速关闭型阀门。

(4)加油泵的出口有稳定泵出口处的背压,相当于关阀启动,为了便于控制,在运行中一般为常开阀,因此机坪管道加油泵出入口管道不需要使用电动控制阀,可选用手动阀门。

(5)从油罐或管道引出的导液管、取样管等应设置阀门,油泵、过滤器、流量计等设备的两端宜设置阀门。

(6)工艺管道的敞口末端和快充式管道末端应设置操作阀,且应具备自动复位功能。

(7)工艺管道上经常操作的阀门宜选用电动阀门,其余阀门宜采用手动阀门。

(8)首次进口的压力管道元件(如阀门、加油栓等)应具有型式试验合格证书。

因误操作可能导致关联设备发生故障、管道超压、燃油泄漏等较严重事故的阀门可视为关键阀门。关键阀门的位置是机场油库内特别重要的关键位置,紧急情况下要为维修、抢修或控制事故发展起关断、隔离作用,因此这些阀门需具有零泄漏功能。对于机场供油系统,下列位置的阀门应为关键阀门:

(1)油罐的进、出口操作阀。

(2)输油管道的首、末端,以及特殊管段的截断阀。

(3)机坪管道入口位置,供油主管或加油次环管到加油支管、装油支管的连接处,新旧机坪管道对接位置。

(4)管道的其他重要位置。

8. 质量检查装置

航空油料质量检查装置主要包括检查泵、质量检查桶、闭路取样器、自动复位阀及工艺管道等,并满足下列要求:

(1)航空油料质量检查工艺管道宜为不锈钢材质。

（2）质量检查桶容积应大于储罐沉淀槽至检查罐之间管道的容积，以不小于200L为宜，底部锥度不少于30°，材质为不锈钢或有内部涂层碳钢罐容器。

（3）立式储罐至质量检查桶的管道管径宜为DN50，其质量检查管管口宜为平口，并与沉淀槽底保持30mm的距离。

（4）闭路取样器、质量检查桶罐设置的位置及高度应便于观察，满足操作方便的要求。

9. 储罐

地上储罐应采用钢制储罐。储罐、回收罐及附属设备等内壁严禁使用镀锌、镀镉或涂以富锌的材料。接触航空燃料的部件，不应采用铜制品。浮动出油装置宜采用不锈钢或铝合金材质。

一般说来，油库航空煤油储罐单罐容积宜不小于200m³，储罐数量应不少于2座。航空煤油储存宜采用立式钢制锥底油罐，油罐锥底坡比应不小于1∶30，坡向集油槽。航空煤油一般选用内浮顶储罐，当其最高储存温度小于闪点5℃及以下，单罐容量小于或等于10000m³时可采用固定顶罐。对于高海拔地区或位置较偏僻的机场油库，由于受航空油料业务量需求及施工等条件限制，为便于在现场组装，可以选用成品的卧式罐。航空汽油的轻质成分容易在高温下蒸发，其中的添加剂也容易在高温下加速分解，因此航空汽油尽量储存于地下，气温较低，且相对稳定。航空汽油储存可采用卧式埋地油罐、立式钢制锥底内浮顶罐、油桶、撬装式加油装置，油罐不应设置在室内。采用立式钢制锥底内浮顶罐、撬装式加油装置可以减少呼吸损耗。

小型机场油库的储罐容积明显小于运输机场。现阶段我国小型机场油库的罐型以50m³或100m³的卧式油罐为主，可满足短航线或补油为主机场的航空油料保障需要。但一旦增加一条航线或者变为加油为主后，则难以保障，需不断扩建。这样不但增加了油罐及其配套的工艺管线设备数量，而且增加了操作的劳动强度，也未达到节地、节材的目标。

10. 管道

管道主要包括输油管道、机坪管道及工艺管道，管道的选材需满足下列要求：

（1）管径小于DN300的管道宜选用无缝钢管，且应符合GB/T 8163《输送流体用无缝钢管》的规定，或根据项目所在地环境情况选择合适的管材。

（2）管径不小于DN300的管道宜选用焊接钢管，且应符合GB/T 9711《石油天然气工业管线输送系统用钢管》的规定，或根据项目所在地环境情况选择合适的管材。

（3）管径不大于DN80的管道宜采用不锈钢管道。

（4）接触航空油料管道的内壁或部件，不应采用镀锌、镀镉、铜制品或涂以富锌的材料。

（5）库（站）的设施设备外表面涂层应有明确的颜色及标识区分。

输油管道、机坪管道、工艺管道的约束与补偿需满足：法兰及其螺栓、阀门等管道配件、设备的选用，应满足全年气象条件下的约束要求，并明确螺栓的紧固力。当约束不能满足管道应力要求时，应进行补偿。设计完成后，应对整条管道进行应力核算。

此外，对于航空油料收发及加注过程使用的胶管，应符合GB 10543《飞机地面加油和排油用橡胶软管及软管组合件》的规定。

思考题

1. 什么是工艺流程？民用机场供油工程工艺流程的设计任务与制定原则分别是什么？

2. 管路系统是机场供油工艺流程的核心，简述管路系统的分类以及各系统的优缺点。

3. 参考图3-5中转油库工艺流程图，分析各输油泵的作用及设置方式。

4. 参考图3-7运输机场油库工艺流程图，对比其与中转油库工艺流程的相同点与不同点。

5. 参考图3-10通用航空机场油库工艺流程图，对比其与小型运输机场油库工艺流程的相同点与不同点。

6. 民用机场供油工程设置质量检查罐与闭路取样器的目的是什么？这些设备有什么特点？

参考文献

[1] 许行. 油库设计与管理[M]. 北京：中国石化出版社，2009.

[2] 郭光臣，董文兰，张志廉. 油库设计与管理[M]. 山东：中国石油大学出版社，2006.

[3] 白世贞. 石油储运与安全管理[M]. 北京：化学工业出版社，2004.

[4] 马秀让. 油库设计简明速查手册[M]. 北京：石油工业出版社，2017.

[5] 谭惠卓. 现代机场发展与管理[M]. 北京：中国民航出版社，2008.

[6] 中国石油化工集团公司. GB 50074—2014 石油库设计规范[S]. 北京：中国计划出版社，2014.

[7] 中国航空油料有限责任公司. MH 5008—2017 民用运输机场供油工程设计规范[S]. 北京：中国民航出版社，2017.

[8] 中国航空油料有限责任公司. MH 5029—2014 小型民用运输机场供油工程设计规范[S]. 北京：中国民航出版社，2014.

[9] 中国航空油料有限责任公司. MH/T 5030—2014 通用航空供油工程建设规范[S]. 北京：中国民航出版社，2014.

[10] American Petroleum Institute(API). API RP 1595, Design, Construction, Operation, Maintenance, and Inspection of Aviation Pre – Airfield Storage Terminals[S]. 2019.

[11] International Civil Aviation Organization (ICAO). Doc 9977, Manual on Civil Aviation Jet Fuel Supply [S]. 2012.

[12] Energy Institute(EI). EI 1581, Specifications and Laboratory Qualification Procedures for Aviation Jet Fuel Filter/Water Separators[S]. 2016.

[13] SAE International. ARP 5789, Aviation Fuel Facilities[S]. 2011.

第4章 机场油库泵站

4.1 概述

按照输送油品的性质，可分为轻油泵站和黏油泵站。因为汽油、煤油和柴油易燃、易爆、易产生静电、黏度小，对泵站的建筑和泵站内的设备有着基本共同的要求，所以把它们放在一个泵站内，称为轻油泵站。润滑油的黏度大，不易输送，虽然可燃，但不爆炸，对泵站的建筑防火要求比轻油泵站低，泵的类型也不同，故将其放在另一个泵站内，称为黏油泵站。

按照泵站的地坪标高分为地上泵站、地下泵站和半地下泵站。在以往的泵站设计中，采用地下泵房的相当普遍，其地坪标高低于轨顶或泵站外地坪 2 ~ 6m。由于军事上的防护和隐蔽要求，军用油库常将泵站建成半地下或地下式，有条件的则入在洞库内。

按照泵站的建筑形式可分为房间式(泵房)、棚式(泵棚)，也可采用露天式。从建筑形式看，泵房虽有利于设备和操作环境，但一方面增大了建房、通风等的投资，另一方面容易积聚油气，于安全不利；露天泵站造价低、设备简单、油气不容易积聚，但设备和操作人员易受环境气候影响；泵棚则介于泵房与露天泵站之间，应当说是一种较好的泵站形式。

按照油品的输送方式，可分为固定泵站、浮动泵站和移动泵站。从铁路油罐车来油的油库，一般多用固定泵站；从油船、油驳来的内河和沿海油库，常用浮动泵站(要与岸上固定泵站配合)；对于野战油库或油品临时补给点，常采用移动泵站。

油库泵站尽管有各种各样的名称，但其基本的功能却是相同的，都是输送油品。从油库泵站的这种共性出发，再结合不同的个性，即考虑各种泵站的具体作业特点，对于泵站流程、泵站设备和泵房建筑等的不同要求，便能对各种泵站的设计与管理做出比较合适的处理。例如，矿场原油库外输泵站的作业特点是输送油品单一，但输油量大，停输时间限制很严(以防发生原油在管线中凝固的严重事故)，泵机组必须长时期连续运转，因而这种泵站对泵机组的效率、可靠性及备用率等要求就比较高；成品油储备库的泵站，由于油品在库内储存时间长，周转系数小，所以，它的作业特点是泵机组利用率低；部队的供应油库或商业系统的分配油库的泵站，它的作业特别是输送油品的种类较多，周转也较为频繁，但每次的收发量却不一定很大，因而这种泵站机组应当考虑互为备用，并要求流程应当有一定的灵活性。

通常习惯按照泵站的作业性质分为(装)卸油泵站、发油泵站、中转泵站及综合泵站。装卸油泵站的功能是进行大批量装卸作业，一般设在铁路油品装卸线附近或装卸油码头附近。发油泵站的功能是直接发放油品至用户，它常设在发油台或发油间附近。中转泵站的功用是进行库内油品的输转，如需要更换油品时油罐与油罐之间的输转，或从油罐向高架罐输油等。综合泵站有装(卸) – 中转、发油 – 中转、卸油 – 发油、卸油 – 中转 – 发油四类，它具有两种或两种以上功能。

4.2 泵站工艺

油库泵站的工艺流程是指被输转的油品按特定的工艺要求从吸入管进入泵站和从排出管排出泵站外流经泵站内管路和设备的全过程。油库泵站流程是油库工艺流程的一个重要组成部分，油库中油品的收发和输转，是依靠泵站内的泵机组和管路配合工作来完成的。因此，泵站流程设计得是否合理，将影响到油库作业能否顺利完成。

泵站流程包括工艺系统、真空系统及放空系统三个部分。真空系统及放空系统在前面章节做了简单介绍，同时考虑到目前应用逐渐减少，本节仅介绍工艺流程。泵站工艺流程应根据油库业务，分别满足收油、发油(包括用泵发油和自流发油)、输转、倒罐、放空以及油罐车、船舱和放空罐的底油清扫等要求。

泵站工艺流程的设计应遵循以下原则：

①应首先满足油库主要业务要求，能保质保量地完成收、发任务。

②能体现操作方便、调度灵活。同时装卸几种油品，不互相干扰；根据油品的性质，管线互为备用，能把油品调度到备用管路中去，不致因某一条管路发生故障而影响操作；泵互为备用，不致因某一台发生故障而影响作业，必要时还可以数台泵同时工作；发生故障时，能迅速切断油路，并有充分的放空设施。

③经济节约，能以少量设备去完成多种任务，并能适应多种作业要求。从经济节约的原则来说，在泵站流程中应体现出一管多用、一泵多用。而从操作灵活、保证质量的观点出发，则要求专管专用、专泵专用。这个矛盾首先应该统一在满足油库的主要业务要求上，在这个前提下，根据具体情况，做出既符合经济节约原则，又满足灵活方便要求的泵站流程设计。

但必须指出，某些油品之间是允许有一定比例的混合而不影响其质量。因此除航空煤油和航空汽油外，输送一般油品在不超过允许浓度的情况下，是可以一管多用、一泵多用的。

4.2.1 运输机场泵站工艺

1. 工艺流程

运输机场泵站工艺流程能够满足多种油品的收发。标准轻油泵站工艺流程图如图 4 – 1 所示。本流程为专管专用，专泵专用，可同时装卸两种油品，且可满足各类成品油互不干扰；同时还能满足喷气燃料和航空汽油泵分别双双互为备用泵，且能实现相互并联或串联。可自流发油，也可用泵发油，但泵发油时需互用管线。运输机场泵站也包括车用汽油和柴油等工艺管线，是与航空燃油相独立运行的系统，彼此不混用。

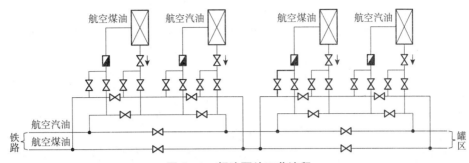

图4-1 轻油泵站工艺流程

2. 工艺规范

输油管道收发油工艺应符合《输油管道工程设计规范》(GB 50253)的规定，一般包括航空油料收发、计量、消气、过滤、保压、泄压等功能，并满足下列要求：应结合设计工况、设备材料性能等特性，通过管道水力计算，确定是否设计泄压阀及安装位置；泵站(或库站)应设置航空油料倒罐工艺，航空油料采用专线专用，因此加油泵、收发油泵如兼作倒罐泵用，也需要满足这一前提，并应设置储罐、回收罐底部航空油料倒空工艺。一般情况下，航空油料倒罐不需进行计量和质量净化，可设计旁通过滤分离器及流量计工艺。

泵站(或库站)应设置储罐、回收罐的航空油料质量检查工艺，应设回收罐、污油罐、隔油池，地上卧式回收罐应设闭路取样器；埋地卧式回收罐应按照《小型民用运输机场供油工程设计规范》(MH 5029)的规定设置底油抽取排放检查工艺，半地下立式回收罐应设置底油抽取排放及质量检查工艺。航空油料储存详细内容参见本书第7章内容。

3. 工艺设施设备与材料规范

1) 泵

油泵的选型需满足下列要求：油泵的类型及规格应根据油泵的用途、输送介质和输送条件等进行确定；输送或装载轻质航空油料时，宜选用离心式油泵，长度大于20km的输油管道的输油泵结构形式可为水平中开式；要求油泵有较强抽吸性能时，宜选用容积式泵，如转子泵、滑片泵、齿轮泵等，容积泵应具有泄压、回流等超压保护功能；用于抽吸铁路槽车、油罐底及质量检查桶内航空油料的油泵宜选用自吸泵、潜液泵等，用于油轮扫舱、槽车扫底等宜选用转子泵、滑片泵等；油泵的电机选型应符合环境影响评价要求；单泵应在高效区工作，并联和串联的油泵应尽量使泵在操作时都处于或靠近高效区范围，并按性能曲线校核并联和串联后的性能参数。

加油泵并联后，在额定压力、扬程时，总的流量要小于单泵额定流量算术之和。在设计时，要根据实际工况进行计算确定实际并联后的流量。泵出口无须设置流量调节阀，一方面加油泵是在有背压的情况下启动，另一方面可通过供油控制系统设定的管道压力或流量限值来调整加油泵运行台数，保证过滤分离器不超压、不过流。

2) 流量计

泵站流量计的设置及选用须满足下列要求：用于对外商业交接的库(站)收发油工艺管道上宜设置流量计；用于监测或控制机坪管道、输油管道等的流量时，宜设置符合相应技术及准确度要求的流量计；输油管道的收发油两端应安装规格、型号及准确度相同的流量计；流量计上游端应设置预过滤器，或消气过滤器，或过滤分离器；上下游附属设备的设计应符合流量计技术和使用要求；流量计准确度等级的选用应符合《民用航空油料计量管理》（MH/T 6004）的规定。

3）过滤器

泵站过滤器的选用应符合《民用航空燃料质量控制和操作程序》（MH/T 6020）的规定，并满足下列要求：对于航空煤油，应符合《喷气燃料过滤分离器通用技术规范》（GB/T 21358）的规定；对于航空汽油，应设置过滤精度不大于5μm（标称）或更细的微孔预过滤器，或设置过滤分离器；额定流量应按泵的额定流量的1.0~1.2倍进行选型；在过滤分离器进、出口管道上，应设置快速自封式取样接头；应设泄压、排气装置，并满足底部排污、航空油料检查等要求，其中过滤分离器底部排污口口径宜为DN50，其工艺管道及附件的连接宜为法兰连接；装油泵出口已安装过滤分离器时，与该泵相连的汽车罐车装油点不宜设过滤分离器，油泵入口应设粗过滤器。

4.2.2 小型机场泵站工艺

1. 工艺流程

根据《小型民用运输机场供油工程设计规范》（MH 5029—2014）要求，小型民用运输机场供油工艺管道、油泵等设备应按专管专用原则进行设计。小型机场泵站一般采用如图4-2所示的泵站工艺流程图。与大型民用运输机场相比，小型民用运输机场的年供应量小，航空燃油加注主要通过罐式加油车实施，因此机场泵站只需要满足罐式加油车的装载要求，但一般不需要考虑机坪管网的稳压要求，因此其泵站工艺有所减少，泵的数量也较少。

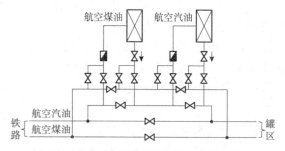

图4-2 小型机场轻油泵站工艺流程

2. 工艺规范

泵站收油工艺应设置过滤器、流量计等设备，发油工艺应设置油泵、过滤器、流量计等设备。过滤器包括5μm过滤器、预过滤器、过滤分离器、过滤监控器等，可根据航空油料种类，按照《小型机场民用航空燃料质量控制和操作程序》（MH/T 6044）和《民用航空燃料质量控制和操作程序》（MH/T 6020）的规定，选用不同类型的过滤器。倒罐工艺应设置油罐出油短管、油泵等设备。泵站回收罐安装在地上，虽然易于自身沉淀的排放，但在回收油品作业时，采取小桶倒运，或油泵抽取，劳动强度较大；应按照收、发单辆罐式油车不超过30min的时间配备油泵，并使油泵经常处于高效区工作；将回收罐埋地，实现自流排放沉淀的功能，可简化工艺流程，降低劳动强度，但需通过泵抽取回收罐的沉淀。二者各有利弊，实际使用中，两种方式均可，可根据业务量的需求确定。污油罐不宜采用埋地方式安装，污油罐（桶）中的污油宜通过移动泵排出。

3. 工艺设施设备与材料规范

供油工艺管道、油泵等设备应按专管专用的原则进行设计。应按照收、发单辆罐式油车不超过30min的时间配备油泵,并使油泵经常处于高效区工作。过滤分离器宜选用卧式。选用卧式过滤分离器可以不设置操作平台,方便操作。油库泵站宜采用就地指示型仪表,其中收发油泵出入口应设置弹簧管压力或真空表,过滤器应设置直读式差压表。流量计的准确等级应符合《民用航空油料计量管理》(MH/T 6004)的规定。

4.2.3 通用机场泵站工艺

图4-3为某典型通用机场泵站工艺流程图。通用航空机场航空煤油和航空汽油为主要供应产品,采用专管专用,专泵专用。该通用机场同时满足航空煤油和航空汽油的供给,泵房与发油区与卸油区集中在一起,发油区泵房采用潜油泵,卸油区泵房采用离心泵,管线采用DN50与DN100两种。

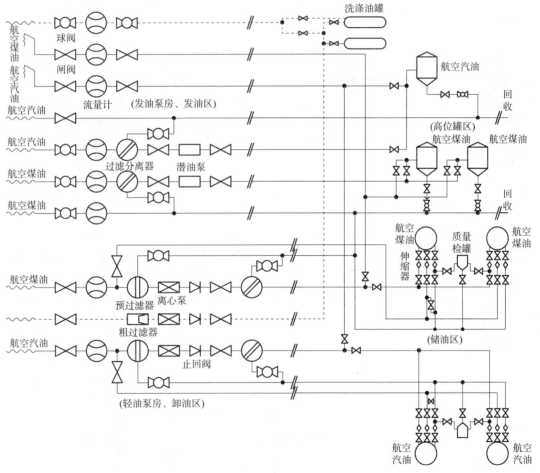

图4-3 某通用机场泵站流场图

通用机场泵站工艺规范主要以加油站的规范内容进行说明。加油站、撬装装置应具备航空油料接收、储存、发放、加油、质量检查及污油处理等基本工艺,该工艺应符合《小型机场民用航空燃料质量控制和操作程序》(MH/T 6044)的规定。供油工程的工艺管道和油泵等设备应按专管专用的原则进行设计，收发不同品种、牌号航空油料胶管的接头应不可互换，接头应设置专用固定支架。航空油料的接收工艺宜设置过滤器和流量计。加油站的储罐应采用埋地方式安装。桶装航空油料发出、加油的设备选用应符合下列要求：桶装航空油料的抽油管道应为金属管道，抽油管道末端应设有盲管，盲管长度应不小于 40mm；航空汽油抽油管道应设置 5μm 的预过滤器或过滤分离器。桶底 40mm 以下的航空油料不直接加至航空器、储罐或罐式加油车，经收集、沉降、排放等程序，合格后回收至储罐、油桶或罐式加油车，是为了确保储罐接收和航空器加注航空油料的质量。桶装航空油料应储存在桶装库(棚)内，桶装库(棚)应按照品种、牌号分区存放；存放区域应作物理隔离，隔离高度不高于 0.8m；空桶与重桶应分开放置，并设置标识。加油站应设置污油桶，污油桶应单独存放、标识清晰。

4.3 离心泵工况调节与联合使用

离心泵性能全面、应用安全可靠，是航空油料储运最常用的泵。离心泵的工作原理是，电机工作并通过联轴器和泵轴带动叶轮旋转，旋转的叶轮带动液体跟着旋转，在离心力的作用下，液体自叶轮出口甩出，并以一定的速度流经压水室输送到排出管道；由于叶轮内的液体被抛出，在叶轮入口前的吸入室形成相对低压，在压差作用下液体被吸入叶轮。这样，叶轮在旋转过程中，吸入室不断地吸入液体，叶轮不断甩出液体，液体获得了动能和压能而被持续不断地输送出去。

4.3.1 离心泵管路特性与工作点

离心泵输送液体时需要向液体提供速度变化、位置变化、入口和出口的压差以及流动过程的阻力损失的全部能量。提高液体的位置和克服系统压差所需要的能头与管路中流量无关，而克服液体流动损失所需能头则与液体的流速平方成正比。如图 4-4 为典型的泵与管路系统图，根据工程流体力学知识，首先对吸入罐液面 A-A 到排出罐液面 B-B 建立 Bernoulli 方程，假设流速相等，则管路所需能头 h，或者说液体获得的实际总能头为两个断面的位能与压能变化之和加上管路中液体总的流动损失 h_{A-B} 为：

$$h = \frac{P_B - P_A}{\rho g} + H_B - H_A + \sum H_f \quad (4-1)$$

上式右边，位能与压能变化之和是与流量 Q 无关的能头，即泵传递给液体的能头，等于理想条件下离心泵的静扬程，记作 H_{pot}。管路的摩擦阻力损失与局部阻力损失 $\sum H_f$ 为：

$$\sum H_f = \frac{Q^2}{2g}\left(\lambda \frac{\sum L}{D} + \sum \zeta\right) \quad (4-2)$$

式中，λ 为管道摩擦阻力系数，ζ 为局部阻力系数，U 为管道横截面液体平均流速。将速度改为体积流量，则有：

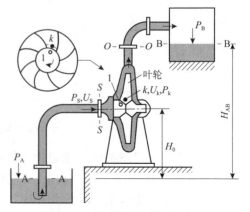

图 4-4 典型的泵与管路系统图

$$\sum H_f = \frac{8}{\pi^2 g}\left(\lambda\,\frac{\sum L}{D^5} + \frac{\sum \zeta}{D^4}\right)Q^2 = kQ^2 \qquad (4-3)$$

式中，k 为管路特性系数，与管长、管道内径、摩擦阻力系数和局部阻力系数有关。可见总能头 h 与流量 Q 的关系呈现抛物线关系，该 $h-Q$ 曲线就是管路特性曲线，如图4－5所示。

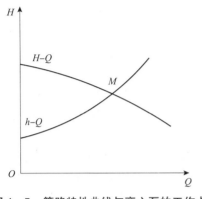

图4－5 管路特性曲线与离心泵的工作点

由于离心泵是串联在管路中的，则泵输送的液体流量等于管路的液体流量，并且泵所提供的扬程 H 应等于管路输送所需要的能头 h，只有上述两点同时满足时，泵就处在最稳定的工作状态。前面分别得到了泵的 $H-Q$ 性能曲线和 $h-Q$ 管路特性曲线，将二者画到同一个图中得到装置特性曲线，如图4－5所示，两条曲线相交的 M 点就是泵工作最稳定的点，叫做泵的工作点。泵的工作点与最高效率点或最佳工况点是不同的概念，为了使泵能够在高效工作区工作，就需要对泵的工况进行调节，如出口阀门开度调节或转速调节等方法。

4.3.2 阀门调节

通过控制阀门开度来调节管路的流量是最常见、最简单的方法。在泵流量的调节中，可以通过调节泵出口安装调节阀来实现，阀门开度变化引起管路的流动阻力发生变化，因此这种方法是在泵性能曲线不变的情况下，通过改变管路性能曲线而改变泵的工作点位置，来实现流量调节的目的。

图4－6显示了调节阀不同开度对管路特性与工作点的影响，其中，下标1为阀门开度较大时的工况，下标2为开度减小后的工况。由于管路特性曲线中能头与流量的关系为开口朝上的抛物线，因此，由于阀门开度越小，管路特性系数 k 越大，曲线越陡，则流量减小，工作点向左移动，通常泵的工作点是按照阀门全开时设计安装的，因此阀门开度减小后，泵的效率随之降低。

通过阀门调节泵的管路系统的流量是一种效率较低的方法，分析如下：从图4－6可以看出，当阀门从1到2逐渐减小开度过程中，流量减小，节流过程导致总的流动损失增大，即从 $k_1Q_1^2$ 增大到 $k_2Q_2^2$，但液体输送所需要克服的流动损失仅为 $k_1Q_2^2$，相比全开阀门时的能头，$(k_2-k_1)Q_2^2$ 是泵为了克服阀门附加的局部阻力损失而额外提供的能头，这就导致泵装置的整体效率降低。因此，长期采用阀门调节流量不是泵装置最科学的工况调节方式，不过由于调节很方便，被非常广泛地应用与工程实践中。

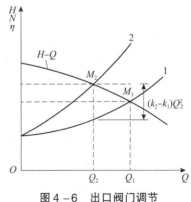

图4－6 出口阀门调节

4.3.3 转速调节

调节泵的转速是调节离心泵工作点的主要方式，这种方式不改变管路特性，而是通过改变泵自身性能的方式来达到调节流量的目的。当转速增大时，泵的性能曲线向流量和扬程增大的方向变化，如图4-7所示，曲线$(H-Q)_0$和$(H-Q)_1$分别为转速调节前后的性能曲线，转速分别为n_0和n_1。当转速从n_0增大至时n_1，则工作点沿管路特性曲线向右上方移动；当转速减小时，工作点沿管路特性曲线向左下方移动。如果最初的设计保证泵的最佳效率，则转速调节不影响泵效率，因为这个过程没有节流产生的附加能头损失，因此采用转速调节流量是最经济的方法。

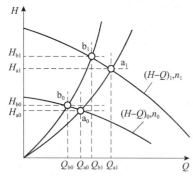

图4-7 转速调节的$H-Q$性能曲线

根据离心泵的比例定律可以得到调节转速后的性能曲线，如图4-7所示，首先取转速n_0时的性能曲线$(H-Q)_0$上一点a_0，则对应的流量和扬程分别为Q_{a0}和H_{a0}，根据比例定律，得到调整后的点a_1，对应的流量和扬程Q_{a1}和H_{a1}；同理，再在取一点b_0，继而得到调整后的点b_1，对应流量和扬程Q_{b1}和H_{b1}。如此可以获得更多的曲线点，连接后就能得到转速调节后的性能曲线$(H-Q)_1$。从比例定律的关系还可以看到，随着转速调节，a_0是沿着一条抛物线移动至a_1的。

4.3.4 离心泵联合使用

当在机坪官网供油需要同时进行多架飞机供油作业时，或为距离泵房较远位置的飞机供油时，需要油料输送系统满足大容量或高扬程的运输能力，变频调速或阀门开度调节往往只能在单台泵有限的性能范围进行工况调节，因此多数情况一台泵不可能完成输送油料的任务，这就需要多台离心泵联合使用，即泵的串联与并联工作。泵的串联和并联对装置特性和泵(组)特性造成影响，本节内容介绍这种影响的规律及原理。

1. 离心泵的并联工作

首先介绍离心泵的并联，泵的并联是为了满足输送流量的要求，如流量需求很大，或者流量变化范围很大，一台泵很难总在高效的工作范围内实现这些要求。

两台性能相同的离心泵Ⅰ和Ⅱ并联类似于一台双吸泵，如图4-8所示，其特点是管路系统有两条管路1#和2#从液罐抽送液体，并从两条管路排出液体，并且相应的管线各串联一台泵。设并联前后管路的特性曲线$h-Q$变化不大，如图4-9所示，$(H-Q)_Ⅰ$和$(H-Q)_{Ⅰ-Ⅱ}$分别为并联前后的扬程-流量特性曲线，则管路特性曲线与$(H-Q)_Ⅰ$和$(H-Q)_{Ⅰ-Ⅱ}$分别相交于$M_Ⅰ$和$M_{Ⅰ-Ⅱ}$，即泵并联前后的工作点，对应的工作流量和工作扬程分别为$Q_{MⅠ}$、$Q_{MⅠ-Ⅱ}$和$H_{MⅠ}$、$H_{MⅠ-Ⅱ}$，$Q_Ⅰ$则表示在相同并联工作扬程$H_{MⅠ-Ⅱ}$下对应单泵的流量。

从图4-9可以看到，相同扬程条件，$Q_{MⅠ-Ⅱ}=2Q_Ⅰ$，即并联后的特性曲线$(H-Q)_{Ⅰ-Ⅱ}$

上的流量总是等于并联前各泵特性曲线$(H-Q)_{\mathrm{I}}$在相同扬程下的流量之和，也就是两倍（因为两泵性能相同），这样当知道单泵特性曲线后很容易得到并联后的特性曲线。但是对于单泵的工作点而言，流量则是从$Q_{\mathrm{M\,I}}$增大到$Q_{\mathrm{M\,I-II}}$，可见增大不到单泵流量的两倍，即$Q_{\mathrm{M\,I-II}}<2Q_{\mathrm{M\,I}}$。这是因为并联后管路阻力由于流量增大而增大，每台泵都提高扬程来克服这部分流量增加的流动阻力损失，导致相应的流量有所减少。

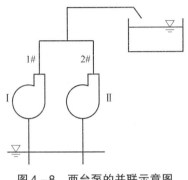

图4-8　两台泵的并联示意图

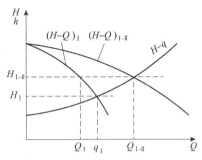

图4-9　相同泵并联的$H-Q$特性曲线

同时可以看到，两台泵并联工作时，若管路特性越平坦，则并联后的工作流量$Q_{\mathrm{M\,I-II}}$就越接近泵单独运行时工作流量$Q_{\mathrm{M\,I}}$的两倍；若泵的性能曲线越"陡"，同样并联后的工作流量$Q_{\mathrm{M\,I-II}}$就越接近单独工作流量$Q_{\mathrm{M\,I}}$的两倍。因此泵的性能曲线应"陡"一些为好，可以更好地实现流量调节的目的。此外，由于泵的并联总是小于单泵流量的倍数，如果将这部分流量看做是一种"流量损失"，则并联工作的泵数量越多，并联后所能"损失"的流量越多，这样每台泵输送的流量越少，从经济的角度来讲，就存在一个泵数量的最优选择。

2. 离心泵的串联工作

离心泵的串联是指前面一台泵的出口向后面一台泵的入口输送液体的工作方式，如图4-10所示，常用于提高泵的扬程来增加输送距离、减少泵站数量，或提高扬程以增加流量的工况中。

两台性能相同的离心泵Ⅰ和Ⅱ串联类似于一台两级泵。设并联前后管路的特性曲线$h-Q$变化不大，如图4-11所示，$(H-Q)_{\mathrm{I}}$和$(H-Q)_{\mathrm{I+II}}$分别为串联前后的扬程-流量特性曲线，则管路特性曲线与$(H-Q)_{\mathrm{I}}$和$(H-Q)_{\mathrm{I-II}}$分别相较于M_{I}和$M_{\mathrm{I+II}}$，即泵串联前后的工作点，对应的工作流量和工作扬程分别为$Q_{\mathrm{M\,I}}$、$Q_{\mathrm{M\,I+II}}$和$H_{\mathrm{M\,I}}$、$H_{\mathrm{M\,I+II}}$，H_{I}则表示在相同串联工作扬程$H_{\mathrm{M\,I-II}}$下对应单泵的扬程。从图4-11可以看到，相同流量条件，$H_{\mathrm{M\,I+II}}=2H_{\mathrm{I}}$，即串联后的特性曲线$(H-Q)_{\mathrm{I+II}}$上的扬程总是等于串联前各泵特性曲线$(H-Q)_{\mathrm{I}}$在相同流量下的扬程之和，也就是两倍（因为两泵性能相同），这样当知道单泵特性曲线后很容易得到串联后的特性曲线。但是对于单泵的工作点而言，扬程则是从$H_{\mathrm{M\,I}}$增大到$H_{\mathrm{M\,I+II}}$，可见增大不到单泵扬程的两倍，即$H_{\mathrm{M\,I-II}}<2H_{\mathrm{M\,I}}$。这个原因与并联时流量增大不到单泵工作流量两倍的原因相同，即由于串联而导致工作流量增大，这样引起更大的流动阻力损失，因此能头的增加不可能两倍增加。此外，从图4-11还可看出，与串联泵一起工作的管路特性陡直度越大越能增大串联后的扬程。实际上，几台泵串联工作相当于一台多级泵，而一台多级泵在结构上比多台性能相同的离心泵串联要紧凑得多，安装维

修也方便得多，因而实际应用中更多的是采用多级泵代替多泵串联。

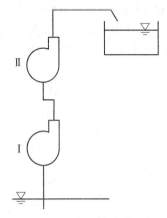

图 4-10　两台泵的串联示意图

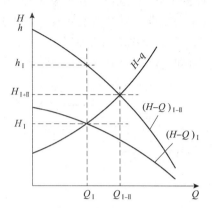

图 4-11　相同泵串联的 $H-Q$ 特性曲线

这里需要强调的是，离心泵串联使用时，位于下游的泵 II 承受的压力更高，因此对该泵的壳体强度和密封等性能要求更高。启泵和停泵时要严格按顺序操作，启动前，先将各串联泵出口阀关闭，然后启动第一台泵，之后打开第一台泵出口调节阀，接着再启动第二台泵，最后打开第二台泵的出口阀，完成启动。停泵操作顺序相反即可。

4.4　泵房位置、布置与建筑要求

4.4.1　泵房位置与布置

油库泵房选择的首要原则是选择地质条件合理的地方，即应当选择地质条件较好、地下水位较低的地方，避开洪水灾害频繁区域，避免洪水灾害对泵房遭到破坏或因积水而影响正常工作。

从经济角度看，油库泵房位置应在油库工艺要求的前提下满足尽量短的输油管线及尽可能少的局部管件，以节约油库建设的资金投入和运行投入。例如，泵房位置宜靠近铁路专线或油船的停泊点，或位于作业线的中间位置，从而减少管路长度，减小油品输送的阻力损失，同时也保证泵具有足够的有效汽蚀余量。

从安全角度看，油库泵房应与油库机修间和锅炉房等具有加热或高压电的设施保持足够的安全距离。

泵站泵房或泵棚的布置的一般要求如下：

（1）当泵房面积超过 60m² 时，泵房应设外开门，数量不宜少于 2 个，其中 1 个应能满足泵房内最大设备进出需要，便于操作人员在发生火灾、爆炸事故时安全疏散；对于建筑面积小于 60m² 的油泵房，因设备数量相对较少，发生事故的概率更低，发生事故时较容易疏散人员，因此允许只设置 1 个外开门。

（2）泵房和泵棚净空不低于 3.5m，主要考虑设备竖向布置和有利于油气扩散。

（3）为保证航空喷气燃料的质量，采用专泵专用，且专设备用泵不得与其他油品油泵共用。

(4)容积泵的出口管路上应设置安全阀。

油泵机组的布置应符合下列规定:

(1)油泵机组单排布置时,原动机端部至墙(柱)的净距不宜小于1.5m。

(2)相邻油泵机组机座之间的净距不应小于较大油泵机组机座宽度的1.5倍。库油泵房内油泵、阀门和管路布置间距过大占地面积大,不经济;间距过小既不安全,又影响操作。

(3)电动机端部至墙壁(柱)的空间,一般应满足行人、泵和电动机的搬运和安装以及电动机在检修时抽芯的要求。一般不小于1.5m。

(4)油泵的间距是从满足操作通行和放置拆卸下来的油泵所需的地方提出的,现在的规定基本上能够适应大泵间距大、小泵间距小的要求。

油品装卸区不设集中油泵站时,油泵可设置于铁路装卸栈桥或汽车油罐车装卸站台之下,但油泵四周应是开敞的,且油泵基础液面不应低于周围地坪,可使油气迅速扩散。油泵站可实行集中布置,但由于集中泵站造成管路多、阀门多、油泵吸程大等问题,许多油品装卸区将铁路装卸栈桥或汽车油罐车装卸站台当作泵棚,直接将泵分散布置在栈桥或站台下,以节省建站费用,同时减小了油泵吸程。需要注意的是,设置在栈桥或站台下的泵应满足防爆要求和铁路油品装卸区安全限界的要求。

4.4.2 泵房建筑要求

航空煤油和汽油均属于轻油,轻油泵房建筑要求的主要内容包括以下内容:

(1)建筑结构要求:单层建筑,层高一般不低于3.8m;建材采用耐火材料,地面采用不燃烧、不产生电火花的材料;泵房门设计为向外开,以便于工作人员的撤离,建筑面积大于60m²的泵房必须开设2个或以上的外开门;泵房地面应保证约1°的斜坡,便于清洗地面和排污;下水道应设置隔油池;油泵的基础仅建在地面而不应与建筑墙基接触,避免泵运行振动而对建筑寿命造成影响。

(2)通风与照明要求:轻油会不断地产生油蒸气,浓度达到一定高度会带来安全隐患,因此泵房内必须保证良好的通风条件,以及时排出油蒸气,特别是输送含铅、含硫、闪点在45℃以下的轻油泵房,最好采用机械通风,以加大通风量;泵房的换气次数一般不少于10~15次/h,对于含硫油品,换气次数需25~30次/h。对于采光条件,为了便于操作管理,要有足够的自然采光,窗台距离泵房室外地面高度一般不大于0.9m,泵房照明必须采用防爆式的照明。

(3)防水要求:当泵房的地面位置低于当地的地下水位时,要作好防水措施。常见的防水措施有设置排水沟,或在泵房内做整体式防水层,地坪上下筑一层钢筋混凝土,以防地下水压力,中间做一层防水层。管线有穿墙时,要设置防水过墙装置。

(4)防爆要求:油泵的电动机应是防爆电动机,若不是防爆的,则电动机与泵必须用砖墙隔开。受雷击较多的雷击区,视具体情况应在泵房周围设置必要的避雷针(网),以防雷击。

(5)布局要求:可在泵房的附属布局中布置变电所(一般要求10kV以下)与配电设备、控制测量仪表室、工作人员休息室和通风间,注意这些附属布局必须与泵房隔开。有时为了便于启泵等控制操作，也会将油泵的启动、控制设备安置于泵房内，这些结构必须考虑防爆。

对于黏性油品泵房，与轻油泵房相比主要的差异在于没有严格的防水防爆条件，因为一般重油的性质比较稳定，闪点高、挥发性小。

4.5 泵站安全管理

泵站安全管理是一项综合性的系统管理，泵站安全管理保障体系应包含职工技术培训、安全管理组织、安全管理制度、设备安全管理、事故隐患管理、事故调查与处理等内容。

1. 职工安全技术培训

人是生产活动中的主体，泵站职工的技术素质和安全意识是泵站能否安全运行的最直接保证，职工技术培训是泵站安全管理的重要内容，是贯彻落实《安全生产法》的具体体现，更是关系到机场职工生命与国家财产安全的大事。技术培训一般分为新职工或转岗职工岗前培训、考级培训、特种作业操作培训和全员安全教育培训等。

对新从业人员的培训可分为岗前培训、岗位培训，其中岗前培训主要内容有机场油库安全生产方面的法律法规与技术规程规范、本站安全生产有关规章制度、本站运行和维护工作现状等，岗位培训主要内容有本岗位工作职责、劳动纪律、设备的安全操作规程和方法、个人防护用具的正确使用方法等。对于转岗人员也应进行新岗位安全技术培训，内容着重新岗位的技术特点和安全重点。

技术工人常规培训和考级培训的主要内容诸如电气、机械、计算机方面的基础知识、设备的自动化控制、各种泵站设备工作原理及维修知识、设备运行故障分析与排除等。

特种作业人员一般是指从事具有这种潜在危险性岗位作业的人员，特种作业一般包括电工作业、金属焊接切割等经原国家经济贸易委员会批准的11种作业。泵站电工作业、电焊(气焊、气割)作业和起重作业均属于特种作业。

全员安全教育培训的主要内容有：国家安全生产法律法规、当前安全生产形势和本单位安全生产的薄弱环节、有关安全生产的措施和方法、事故防范和紧急救护的基本知识与基本技能等。

2. 安全管理的组织

泵站安全工作组织领导机构应由站主要负责人担任主任、分管负责人任副主任、有关部门负责人任成员。班组是泵站最基层的安全管理单位，负责人(班组长)的职能是执行安全生产管理的各种事项，包括执行安全生产规章制度，落实各项事故预防措施，开展班前、班中、班后的安全检查以及工作场所的清理，杜绝违章作业。泵站及其下属各单位都应当按要求配备专、兼职安全员，安全员是安全生产管理的具体执行者，要保证国家法律法规及本站的安全生产规章制度、操作规程以及安全生产责任制的落实。

3. 安全管理制度

安全管理制度是泵站安全管理工作的基本保证，也是泵站制度建设的重要内容之一。泵站安全管理制度由安全生产责任制、安全生产规章制度和安全操作规程组成。

安全生产责任制是单位岗位责任制的组成部分，是最基本的一项安全制度，一般包含站长安全职责、站安全员职责、班组长安全职责、生产工人安全职责、值班长(员)岗位职责、档案管理员岗位职责等内容。

安全生产规章制度是泵站根据自身特点制定以下安全生产规章制度,一般包括安全生产责任制度、安全生产宣传教育制度、运行值班制度、交接班制度、巡回检查制度、安全防火制度、机械和电气设备检修制度、劳动防护用品使用管理制度、事故应急处理制度、泵房清洁卫生制度、档案管理制度等。

安全生产操作规程主要包括各工种安全技术操作规程、各种设备和仪器安全技术操作规程、设备安装检修操作规程。编制操作规程应根据本站情况,并参照国家、行业技术规程规范,设备技术性能、使用说明等技术资料。

4. 设备的安全管理

泵站设备安全管理工作主要有以下内容:

(1)建立健全泵站设备档案管理制度,分类制定各设备的技术档案和维修档案,动态跟踪各类设备的完好状态并及时记录存档。按职责分工和规定向有关部门准确提供设备性能状态情况。

(2)建立健全泵站设备管理责任制,认真执行设备的维修计划和定期检修制度,做好设备日常维护、保养工作。

(3)制定和实施设备安全技术操作规程,正确地使用设备,防止人为事故发生。

(4)定期实施泵站安全鉴定工作,并根据鉴定结果有计划、有步骤地进行设备的改造与更新。尤其是对那些可靠性与安全性能不好的旧设备和国家明令淘汰、禁止使用的设备,要重点进行更新改造。

(5)正确选购新设备,严把质量验收关,并认真进行安装调试和检测。

(6)对于有较大潜在危险因素的变电所等设备、设施,应设置明显的安全警示标志,以提醒、警告作业人员和其他人员,使其能认识到所处环境的危险,注意安全。

5. 事故隐患管理

事故隐患是指可能导致生产安全事故发生的物(场所、设施、设备、器材和材料等)的危险状态,人的不安全行为(违章指挥、违章作业、违反劳动纪律等),以及管理上的缺陷。隐患存在于物质的运动之中,其运动有静态运动、动态运动、单一运动、整体运动等;隐患是异常的,存在、发展于物质的异常运动之中,物质的异常运动是隐患存在的根据。物质的异常运动,是隐患的本质特征;隐患是可以转变的。人与物在其系统中的异常运动,具有既能转化成事故,又能变成安全的特性。可见,必须加强对事故隐患的管理,建立事故隐患管理制度,促使人与物在其系统中的规律运动,从本质上防患于未然;改变人与物在其系统中的异常运动,从本质上控制事故的发生。

隐患管理制度包括:

(1)隐患排查与登记制度:由于事故隐患是运动变化的,也是可以转变的。因此,泵站在日常安全管理和危险源监控管理中,要注意观察检查,及时发现和排查隐患。

(2)重大隐患报告制度:在运行和维护工作中发现或排查出重大、特大事故隐患,在登记的同时,泵站应当按有关规定立即向主管部门和分管领导报告,向当地安全生产监督管理部门报告。对涉及面广、整改难度大的重大、特大事故隐患,应当立即向行政主管部门和所在地人民政府报告。

（3）隐患的整改治理制度：对已确认的事故隐患，泵站应制定整治计划，按照"三定"的原则，即定责任人、定整改措施、定整改期限，实行分级负责整治制度。对一时不能整治消除、危及安全生产的隐患，要立即下达隐患整治通知单，责成有关单位或部门研究对策，确保安全。

（4）隐患的销案与备案制度：隐患经过整治已经解决，或因生产条件改变，原隐患已不存在时，经有关部门认定后，应在登记立案处予以销案。凡属安全生产监督管理部门通知整治的隐患，泵站应报请其复查销案。重大、特大事故隐患经过整治消除后，整治责任单位或者主管责任单位应当及时向该隐患督办单位和生产安全监督管理部门专题书面报告，申请予以销案。批准隐患销案后，安全生产监督管理部门及隐患整治主管责任单位应当向同级人民政府报告，予以备案。

（5）重大、特大事故隐患整治要求：对重大、特大事故隐患的整治情况和存在问题，实行安全生产监督管理部门派专人跟踪督办，以及有关地区、部门及隐患所在单位的专题报告制度。任何单位和个人均有权向有关地方人民政府或政府有关部门报告或举报重大、特大事故隐患。对在事故隐患整治工作中有失职、渎职情形或者对事故负有领导责任的，要依法给予行政处分或追究刑事责任。

6. 事故调查与处理

对事故的应急救援是现阶段我国安全生产工作中最薄弱的环节。为此《安全生产法》对应急救援方面作出了规定。

（1）特大生产安全事故应急救援预案的制定和体系：县级以上各级政府应当组织有关部门制定本行政区域内特大生产安全事故应急救援预案，建立应急救援体系。特大生产安全事故应急救援体系是指保证特大生产安全事故应急救援预案的具体落实所需要的组织、人力、财力、物力等各种要素及其调配关系的总和，应与应急救援预案相协调。

（2）生产安全事故报告制度：建立生产安全事故报告制度是事故应急救援及调查处理的前提，《安全生产法》也有相应条款的规定。事故报告的及时性和真实性与事故抢救、事故调查、事故分析、事故对策和领导机关指导工作的决策密切相关。

（3）事故调查处理：对生产安全事故进行调查处理是安全管理中的一项重要工作。其目的是查明事故原因，分清事故责任，惩前毖后，吸取事故教训，提出改进措施，防止类似事故的重复发生。事故调查处理应遵守实事求是的原则和尊重科学的原则。事故调查处理的任务和内容包括五个方面。一是及时、正确地查清事故原因，查清事故发生的原因，是事故调查处理的首要任务；二是查明事故性质和责任，事故性质是指事故是人为事故还是自然事故，是意外事故还是责任事故，对人为事故，应当查明对事故负有责任的人员，并认定其责任的大小；三是总结经验教训，提出整改措施。这是事故调查处理的重要任务和内容，对于防止再次发生事故具有重要意义；四是对事故责任者提出处理意见，这是为了使有关责任者受到应有的处理，要结合对责任的认定，对责任不同人员分别提出不同的处理建议，包括给予行政处分或追究刑事责任；五是跟踪督查，生产安全事故的调查报告经有关安全生产综合监督管理部门批复后，负责批复的安全生产综合监督管理部门和行政监察部门应对批复执行情况进行跟踪督查。

思考题

1. 举例说明航空油泵分类，并阐述离心泵的工作原理。
2. 简述机场泵房位置、布置与建筑要求。
3. 分析泵的工作点和泵效率最高点的关系。
4. 分析离心泵串联、并联、出口阀门开度、转速对流量特性曲线的影响。
5. 泵站安全管理的主要内容是什么？解释什么是事故隐患以及事故隐患制度的主要内容。

参考文献

[1]钱锡俊，张弘．泵与压缩机(第二版)[M]．东营：中国石油大学出版社，2007．

[2]郭光臣，董文兰，张志廉．油库设计与管理[M]．东营：中国石油大学出版社，2006．

[3]罗先武，季斌，许洪元．流体机械设计与优化[M]．北京：清华大学出版社，2012．

[4]邓雄，蒋宏业，梁光川．油气储运设备[M]．北京：石油工业出版社，2017．

[5]竺柏康．油品储运[M]．北京：中国石化出版社，2013．

[6]贾如磊，龚辉．油库工艺与设备[M]．北京：化工工业出版社，2012．

[7]张德利．泵站运行与管理[M]．南京：河海大学出版社，2006．

[8]马秀让．油库设计实用手册(第二版)[M]．北京：中国石化出版社，2014．

第5章　机场供油管道

5.1　供油管道概述

5.1.1　定义

供油管道(也称管线、管路)是由管道及其附件所组成,并按照工艺流程的需要,配备相应泵机组,设计安装成的一个完整管道系统,用于完成油料接卸及输转任务。供油管道是专用于运送石油产品的管道系统,主要由管线、输油泵及其他辅助相关设备组成,是油气储运行业的主要设施之一,也是石油产品最主要的输送方式。

供油管道按其输送距离和经营方式还可分为两类:一类属于企业内部,如炼厂、油库内部管道,炼厂到附近企业的输油管道等。其长度一般较短,不是独立的经营系统。另一类是长距离输油管道,如从炼厂或储备库到中转油库的外输管道等。长距离输油管道一般管径大、运输距离长,有各种辅助配套工程。这种长输管道属于独立经营的企业或分公司,有自己完整的组织机构,进行独立的经营管理。

此外,供油管道按所输油品的种类可分为原油管道与成品油管道两种。原油管道是将油田生产的原油输送至炼厂、港口或铁路转运站,具有管径大、输量大、运输距离长、分输点少的特点。成品油管道从炼厂将各种油品送至油库或转运站,具有输送品种多、批量多、分输点多的特点,常规油品多采用顺序输送,即在同一条管道内同时输送多种油品以提高输送效率,降低成本。而航空油料为了保证输送质量和供应及时,一般为专管专用。

目前,我国主要的原油、成品油、天然气长输管道已从各石油公司划拨至国家管网公司进行统一调度管理,而航空油料输送管道由于距离相对较短、保障对象明确、油品质量要求高等特点,仍由航空油料供应单位各自进行运营管理。

5.1.2　分类

对于民用机场供油系统,按民用机场供油工程设计规范(MH 5008)的规定,用于航空油料供应的管道可以划分为以下三类。

1)工艺管道

工艺管道是指敷设在库(站)围界内,输送航空油料的管道。

2)输油管道

输油管道是指敷设在库（站）围界外，用于输送航空燃料的专用管道，但不包括机坪加油管道。

3）机坪加油管道

机坪加油管道（hydrant pipeline）是指通过机场油库向机坪直接为加油车输送航空燃料的管道，简称"机坪管道"。

机场油库一般只涉及工艺管道和机坪管道。近几年来，中国航空油料集团有限公司通过与中国石化销售有限公司合资组建航空油料管道运输专业公司等方式，大力推进炼油厂通往附近机场的油库及输油管道建设。预计未来一段时间，我国航空油料输油管道的总长度将迅速增加。

5.2　库内工艺管道

机场油库的收油、发油和输转等作业都是靠管路系统和泵机组配合工作来完成的。管路在油库输油系统中占有很重要的地位，它把输油、储油设备有机地联系在一起，成为一个整体的输油储油系统，通过各管路通道与泵的运转完成航空燃油的卸载、灌装、输转和加注等作业。油库的给排水、洗修桶等辅助作业，也与各类管路有密切的联系。

油库管路按业务范围可以分为输油管路和辅助管路两大类。输油管路用于输送航空燃油，按其敷设形式还可以分为地上管路、地下管路和管沟管路。辅助管路用以输送其他介质，可分为透气管、通风管、水管、蒸汽管和下水管等。

油库管路主要由直管、管件和阀门等组成，通常依据油库业务要求构成工艺流程所需要的管路系统。

5.2.1　管材种类

管路一般由管道、阀门及附件等部分组成，通过这三部分便可构成油库工艺流程所需要的管路系统，完成预定的输送任务。

油库常用管道按照不同材质分为钢管、耐油胶管、铸铁管等。通常钢管用于输送各种油品、水和水蒸气；耐油胶管用于运油车（船）装卸油的连接软管或临时输油管路；铸铁管则用于给排水和消防管路。

1. 钢管

油库钢管常用优质碳素钢（10，20，Q295，Q345，Q390，Q420，Q460）及部分耐热钢（12Cr2Mo，15Cr5Mo）、不锈钢（1Cr18Ni9，1Cr18Ni9Ti）等制造。钢管按其制造方法不同，分为无缝钢管和焊接钢管两类。

1）无缝钢管。

无缝钢管由整块金属制成，表面上没有接缝。油库常用的是热轧普通无缝钢管，由优质碳素钢制造，是将初轧后的柱状钢锭直接穿孔、轧管、整形而成。由于加工上保证了管截面周围的机械性能比较均匀，因而具有壁薄、承压高、重量轻、使用安全可靠等优点，故多用于工作压力高、作业频繁的主输油管路以及消防等部分管路。具体可查阅 GB/T 8163《输送流体用无缝钢管》及 GB/T 17395《无缝钢管尺寸、外形、重量及允许偏差》。

无缝钢管规格的标称方法是外径乘壁厚，如：$\phi108 \times 4$（ϕ——直径代号；108——外径，mm；4——壁厚，mm），即该钢管的内径为100mm。

无缝钢管分为普通钢管、精密钢管和不锈钢管。外径分为系列1（通用系列）、系列2（非通用系列）和系列3（少数专用系列）。普通无缝钢管常采用10、20及Q345等钢材制造，长度4~12m不等，承压一般在2~4MPa。

2）焊接钢管。

焊接钢管是由卷成圆筒形的钢板以对缝或螺旋缝焊接而成，按照焊接形式的不同分为直缝焊管和螺旋焊管两种。焊缝有对接和搭接两种，直径较大者，常以螺旋形焊制。焊接钢管价格较便宜，管壁厚度较均匀，适宜较大直径的管子。焊接钢管缺点是焊缝强度相对较低。因此，承压能力较低。一般只有1~1.6MPa。其规格用公称直径DN表示，单位用mm，公称直径是名义尺寸，它表示钢管直径范围，既不等于管外径，又不等于管内径，通常是与管外径相接近的整数值。

焊接钢管分为普通焊接钢管、精密焊接钢管和不锈钢焊接钢管。根据外径分为系列1（通用、推荐选用系列）、系列2（非通用系列）和系列3（少数专用系列）。由于油库采用钢管规格较多，更多规格等查阅GB/T 21835《焊接钢管尺寸及单位长度重量》。

2. 耐油胶管

油库常用胶管有耐油夹布胶管（耐油平滑胶管）、耐油螺旋胶管和输油钢丝编织胶管3种。它们均由丁腈橡胶制成。从功用可以分为承压胶管、吸引胶管和排吸（飞机加油）胶管等。胶管的直径用管内径的毫米数标称。使用时根据操作压力选用相应的胶管。压力要选用适中，若耐压能力过高，不仅价格高，而且胶管重量增加、管体增硬、弯曲性能差、使用不便；选择过低则会导致胶管破裂。

（1）耐油夹布胶管。由内外和中间胶布组成，工作压力一般为1MPa，用于低压输油。

（2）耐油螺旋胶管。耐油螺旋胶管由胶管和内外层或中间螺旋钢丝组成，工作压力一般为0.5MPa，可作为压力输送和吸入管用。

（3）输油钢丝编织胶管。输油钢丝编织胶管的钢丝较细，外表面螺纹痕迹明显，它与平滑胶管相似。这种胶管比螺旋轻一倍，工作压力高一倍，真空度为80kPa，胶管变形直径椭圆度不大于20%。

（4）波纹金属软管。波纹金属软管主要由金属波纹管体、不锈钢丝网套和接头件组成，在管路或油罐等相关设备中间起软连接作用，并补偿相对位移；还可在泵进出口起减震和消除噪声的作用。通常有普通型和专用型波纹金属软管。普通型波纹金属软管的规格有DN15~400、PN0.6~35MPa。专用型波纹金属软管有储罐用和泵用等多种类型。

3. 铸铁管

铸铁管按铸造方法不同，分为连续铸铁管和离心铸铁管，其中离心铸铁管又分为砂型和金属型两种。按材质不同分为灰口铸铁管和球墨铸铁管，连续灰口铸铁管采用承插式或法兰盘式接口形式。按功能又可分为柔性接口和刚性接口两种，柔性接口用橡胶圈密封。球墨铸铁管与灰口铸铁管相比，强度大、韧性好、管壁薄、金属用量少、能承受较高的压力，是铸铁管材的发展方向。铸铁管的规格一般以公称直径表示，常见的有DN50、DN75、DN100、DN125、DN150、DN200等。铸铁管制造简单，成本低廉，耐腐蚀性强，作为地面、地下低压管路非常合适，一般用于油库给排水、消防和冷却水系统管路。

油库管材的选择，要根据工艺技术要求、市场管材供应和经济费用等综合考虑。

5.2.2　水力计算

油库管网、机坪管网与长输管线有所不同，库内管线是为了保障油品的安全收发输转，达到按油库工艺要求接卸、存放、发送的目的，机坪管网是为满足飞机管线加油作业。库内管线和机坪管网的计算是按工艺流程要求，经济合理地选择管径，计算各管路的水力损失，校核管壁强度，以便选择泵组以及原动机等。

1. 管径选择

管径的选择必须全面考虑各方面的利弊，既要保证一定的流速，又要符合经济要求，使操作管理方便，输油成本尽可能地节省。根据经验，一般库内管线流速以 $1 \sim 2 \text{m/s}$ 为宜。外输管线流速可取 $1 \sim 3 \text{m/s}$。管径计算公式为：

$$d = \sqrt{\frac{4Q}{\pi v}} \tag{5-1}$$

式中　d——管路内径，m；

$\quad\quad Q$——管路流量，m^3/s；

$\quad\quad v$——油品流速，m/s。

2. 管路阻力损失

1）沿程阻力损失

管路沿程阻力损失计算的达西公式为：

$$h_\text{f} = \lambda \frac{L}{d} \frac{v^2}{2g} \tag{5-2}$$

式中　h_f——管路阻力损失，m；

$\quad\quad \lambda$——管路沿程水力摩阻系数；

$\quad\quad g$——重力加速度，9.81m/s；

$\quad\quad v$——油品流速，m/s；

$\quad\quad d$——管路内径，m；

$\quad\quad L$——管路计算长度(管路实际长度与各管件当量长度之和)，m。

2）流态的确定

想要获得较为准确的沿程摩阻就必须正确选择水力摩阻系数 λ，λ 与流态的关系较大，是雷诺数 Re 和相对粗糙度 ε 的函数，即：

$$\lambda = f(Re, \varepsilon) \tag{5-3}$$

其中，雷诺数标志着油品流动过程中，惯性力与黏滞力之比：

$$Re = \frac{vd}{\nu} = \frac{4Q}{\pi d \nu} \tag{5-4}$$

相对粗糙度：

$$\varepsilon = \frac{2e}{d} \tag{5-5}$$

式中　ν——油品的运动黏度，m^2/s；

　　　Q——油品在管路中的体积流量，m^3/s；

　　　e——管壁的相对粗糙度，m。

根据雷诺数可以判断不同流态下的水力摩阻系数 λ，如表 5 - 1 所示。

表 5 - 1　不同流态下的水力摩阻系数 λ

流态		雷诺数范围	$\lambda = f(Re, \varepsilon)$
层流		$Re < 2000$	$\lambda = \dfrac{64}{Re}$
过渡区		$2000 < Re < 3000$	$\lambda = \dfrac{0.16}{\sqrt[4]{Re}}$
紊流	水力光滑区	$3000 < Re < Re_1 = \dfrac{59.7}{\varepsilon^{8/7}}$	$\lambda = \dfrac{0.3164}{\sqrt[4]{Re}}$
	混合摩擦区	$Re_1 < Re < Re_2 = \dfrac{665 - 765 \lg\varepsilon}{\varepsilon}$	$\dfrac{1}{\sqrt{\lambda}} = -1.8\lg\left[\dfrac{6.8}{Re} + \left(\dfrac{\varepsilon}{7.4}\right)^{1.11}\right]$
	粗糙区	$Re > Re_2$	$\lambda = \dfrac{1}{(1.74 - 2\lg\varepsilon)^2}$

3）列宾宗公式

应用达西公式计算摩阻有些时候不方便，因此，在达西公式的基础上推出列宾宗公式。这时把紊流区的摩阻系数 λ 综合为下面的形式：

$$\lambda = \frac{A}{Re^m} \tag{5-6}$$

将上式与式(5-4)代入式(5-2)可得：

$$h_f = \beta\frac{Q^{2-m}\nu^m}{d^{5-m}}L \tag{5-7}$$

其中，

$$\beta = \frac{8A}{4^m g\pi^{2-m}} \tag{5-8}$$

系数 A、β 和 m 见表 5 - 2。可以看出，各参数对沿程摩阻的影响，除长度 L 与流态无关外，其余参数都与流态有关，流量随着流态从 1 次方增长到 2 次方，黏度则从 1 次方变到零次方。这说明层流时黏度对摩阻的影响大，在粗糙区黏度对摩阻不发生影响。但流量则不然，层流时对摩阻影响小，粗糙区则影响较大。在粗糙区，若其他条件不变，流量增加一倍，那么摩阻便相应增大四倍。但是管径保持的关系对不同流态是 -4 次方 ~ -5 次方的关系，当管径增大一倍，则不同流态区的摩阻相应减小 16、27、32 倍。显然增大管径，对减小摩阻最为有效。

表5-2 不同流态下的系数 A、β 和 m

	流态	A	β	m
	层流	64	4.15	1
	过渡区	0.16	0.0124	0.25
紊流	水力光滑区	0.3164	0.0246	0.25
	混合摩擦区	$10^{0.127\lg(e/d)-0.627}$	0.0802A	0.123
	粗糙区	λ	0.826λ	0

4）局部摩阻计算

库内管道的特点是线路短、阀件多，因此流体流过这些部件的摩阻损失不能忽略，可按下式计算：

$$h_j = \lambda \frac{L_d}{d} \frac{v^2}{2g} \qquad (5-9)$$

式中 L_d——局部摩阻的当量长度，m。

局部摩阻的当量长度可以依据查表获得，相当于同样直径管路在该长度下的沿程损失，不同的管阀件的当量长度不同。

令：

$$\xi = \lambda \frac{L_d}{d} \qquad (5-10)$$

则可得到类似沿程摩阻计算的形式：

$$h_j = \xi \frac{v^2}{2g} \qquad (5-11)$$

5.2.3 强度计算

1. 管壁厚度

管壁厚度和管材的不同，关系到能否满足输送压力、流量下的安全运行，因此需要对其进行强度计算。

管壁厚度与管路输送压力，温度以及选用管材和管径有关。当金属管的壁厚小于 $D/4$ 时，受内压管路的壁厚可由下面的方程式求得。

$$\delta = \frac{PD}{2[\sigma]} + C \qquad (5-12)$$

式中 δ——壁厚，m；

P——设计压力，Pa；

D——管道外径，m；

$[\sigma]$——管道的许用应力，Pa；

C——管壁厚度附加值，包括钢管制造负偏差、腐蚀余量及螺纹深度。

其中，管道的许用应力按下式计算：

$$[\sigma] = K\varphi\sigma_s \qquad (5-13)$$

式中　K——强度设计系数；

　　　ϕ——焊接接头系数，无缝钢管取 1，焊接钢管取 0.8；

　　　σ_s——钢管的最低屈服极限，MPa。

2. 热应力

管路由于使用与敷设时的温度不同，其长度将发生伸长或缩短。温度升高，管路伸长，温度下降，管路缩短，这种现象就是热变形。管路两端受到约束，热胀冷缩将使管路产生很大的应力，这种因温度变化而产生的应力，称为热应力。热应力过大，将导致管路或管路连接设备的破坏，因此需要采取适当措施，防止热应力造成事故。

1）热伸长量计算

一般物体都有热胀冷缩的性质，管路也不例外。地面无约束管路的热变形量为：

$$\Delta L = \alpha L \Delta t \qquad (5-14)$$

式中　ΔL——管路的热伸长量，正值表示伸长量，m；

　　　L——管原长，m；

　　　Δt——使用时与安装时的温度变化，℃；

　　　α——线膨胀系数，℃$^{-1}$。

2）管路的热应力

如果管路可以随温度变化自由伸缩，则管路中不会产生热应力。但是如果管路两端固定，而管路温度变化，则根据材料力学虎克定律可以用下式求得热应力：

$$\sigma_t = \frac{P}{A} = \alpha E \Delta t \qquad (5-15)$$

式中　E——管材的弹性模量，MPa；

　　　σ_t——热应力，MPa，正值表示压应力。

可以看出，当管材性质和安装及使用条件一定时，热应力只取决于管路的约束条件和结构形式，即仅与管材的性质、温差及约束条件有关。

管路两端固定时，热应力最大；能完全自由伸缩时，则不产生热应力。实际管路中这两种情况都很少出现，往往都是既有约束，又不完全约束。约束越强，伸缩的可能越小，热应力就越大；反之，热应力就越小。因此，可用管路系统变形的可能性来衡量其热应力的大小。这种可能性称为弹性。管线热胀冷缩的可能性越大，也就是管线的弹性越大，热应力也就越小。管线的弹性取决于管路的形状、尺寸、壁厚、弹性模数等一系列因素。可以通过提高管线的弹性来减小其热应力。

3. 管路的热补偿

当管路的热应力超过其许用应力时，需要采取相应措施来减少热应力，否则可能导致管路断裂或损坏管路连接设备等，造成事故。消除或减小管路热应力的基本方法就是使管路有自由伸缩的余地。通过增加管路系统的柔性来减小热应力，简称热补偿。通常有自体补偿和伸缩器补偿。自体补偿是利用平面或立面的自然弯曲，或人为地增加管路的拐弯，以补偿管路的伸缩；伸缩器补偿是利用安装伸缩器（也称补偿器），消除和减少管路的热应力。

5.2.4　安装与验收

1. 管路的敷设形式

油库内管路有地上敷设、管沟敷设和埋地敷设3种方式。

地上敷设是将管路放置在地面管墩或管架上。这种敷设方法的优点是建设费用低，易于维护和检修，不受土壤腐蚀；其缺点是库区管线较多时，管线来往穿插，妨碍交通，防护能力差，易遭破坏，受气温变化的影响大。

管沟敷设是将管路安装在混凝土、砖、石砌筑成的管沟内，管沟上设置钢筋混凝土盖板，上面浅覆土或不覆土，检修时揭开盖板进行操作。管沟敷设的优点是受大气温度影响较小，对泵吸入管路正常运行有利，油库地面无管路，便于操作；其缺点是造价高，建筑材料消耗大，管沟内空气潮湿，易腐蚀管路。一般轻油管路长距离管路无特殊要求时，均不用管沟敷设。管沟敷设适用于短距离加热输送黏油的管路及蒸汽管。

埋地敷设是将管路直接埋在地下土壤里，这种敷设方式通常用于较长的管路敷设，例如业务油库和中转油库间的输油管路。埋地敷设的优点主要是隐蔽，有一定防护能力，建设费用较低，而且管路周围土壤是管路的天然保护层和绝缘层，使管路不易受外界损伤，减少热能损失，管路温差引起的轴向变形小，一般不需设伸缩器；其缺点是土石方量大，需要定期巡检，一旦发生渗漏，不易发觉，维修困难，在腐蚀性强的地区易遭腐蚀。

管路的敷设方法，使用上各有利有弊，而且各油库的地形地质条件和布局也不一致，因此不能说某一方法就是好。设计时要根据油库地区的地下水位、土壤性质、气候条件和管网的特点灵活应用。例如，地下水位高，土壤腐蚀性强，则不宜敷设地下管路；若油库管线较多，管网纵横交错，而又是车辆和行人必经之地，便可考虑管沟不进行地上敷设，应作跨线桥涵。总之需要具体分析，进行经济性对比后合理选用。并且整个油库也不一定全部是地上或管沟敷设，可以根据油库特点，在不同区域或不同管线，采用不同的敷设方式。

2. 管路的敷设要求

1）敷设间距

油库管路在库内的走向，应按一定方位整齐排列，尽量避免交叉。管路间距按规范规定的最小间隔排列，一般其净间距在100~150mm，这是考虑管路安装和维修时需要的最小距离。地下输油管路与其他管路交叉空越时，应尽量从其他管路下面穿过，相距为0.5m；与电缆交叉空越时，管路必须敷设在电缆上面，其间距为0.3m。

2）穿越保护

管路穿越墙壁、沟壁、检查井壁时，不能将管路固定在墙壁上，应当留一定的间距或设置套管，套管与管路之间用石棉掺水泥填塞。管路穿越墙壁处不允许有焊缝。穿越公路和铁路时，管路应敷设在保护套管内，套管可采用钢管或钢筋混凝土管。

3）保持一定坡度

为了排尽管路内的油料，应力求管路向泵房方向保持一定顺坡，避免出现反向坡度。一般航空燃油管路的坡度为3‰~5‰。

4）油泵吸入管路

油泵吸入管路的敷设应注意保证油泵的正吸入头,以免发生汽蚀。因此,应尽量使吸入管路的长度最短,分支管路、弯头及其他配件最少。油泵入口处的大小要使用偏心大小头,其上部保持水平。为了保证油泵正常工作,敷设管路时应使进入油泵的流体不致出现涡流。为此,最好在吸入口前设置长度不小于3倍管径的直管。采用双吸离心泵时,这个直管段的长度应取7~10倍管径。

5)安全距离

管路靠近或通过建筑物时,应留出一定安全距离,以防发生事故时因互相影响而扩大事故范围。

6)敷设补偿器

管路敷设除利用本身的转弯作为管路热胀冷缩自体补偿,应尽量减少折点和转弯,以减少液流冲击作用和阻力损失。地上管路和管沟管路必须设置伸缩器。

7)检查井

地下管路在安装闸阀、法兰、伸缩器的管段和管路分支处,均应设检查井。在比较长的裸管段也应设置一定数量的检查井,检查井内管路以法兰连接,以便分段拆开进行翻修。裸管部分检查井的间距,视管路长短而定,一般每100~300m之间应设置一个检查井。

8)管沟分类

不允许将轻油管与蒸汽管路及电缆线敷设在同一管沟内。

9)防静电

轻油管路应设置防静电接地装置,其接地电阻一般在100Ω,接地电极不少于3根,成环状分布。下坑道设静电接地扁钢,与每个罐体焊死,焊接点不得少于两处。在坑道口部母线与各道门的穿墙套管焊死,然后接至接地电极。在口部适当位置做一镀锌活接头,以螺栓连接。下坑道输油管路与静电接地母线之间,每隔20m或两头有法兰的每个管段处焊接一次。平等管路间距小于1m时每隔20m或每段管互相跨接一次。

上坑道油气管路不做静电接地扁钢,只需将每对法兰、每个阀门、防火器等做挠性跨接。挠性跨接材料可用扁钢或钢丝绳等,两头焊死在管路上,并做防腐处理,跨接线长度为1m左右,阀门处稍长些。

10)防腐保温

无论何种敷设形式,管路都应进行防腐处理。

3. 管路的安装

1)管路连接方式

输油管路由一根根管子连接而成,管路的连接方法有焊接连接、法兰连接和丝扣管箍连接。丝扣管箍连接只适用于水、煤气钢管。焊接和法兰连接是输油管路广泛采用的连接方法。当管材选好之后,输油管路是否严密不漏,就取决于连接质量。

(1)管路焊接

管路焊接处的焊缝质量与焊接材料有很大关系。电焊材料,即焊条应满足如下要求:焊接金属的机械性能和化学成分应与母材相当;具备在任何位置上良好的施焊性能。用焊条电弧焊焊接管路时,可根据所用材质选用焊条。

输油管路采用的焊接接头在焊接前应予加工并符合焊接要求,壁厚4mm以上的管子用

V形坡口。

(2)法兰连接

法兰连接在输油管路中的应用也很广泛,尤其是管路与阀门、泵等设备的连接处必须用法兰连接。其优点是综合强度高、拆卸方便。法兰的种类很多,已标准化,使用时可按管子的公称直径和公称压力进行选择。我国油库中,油品输送压力一般不高,属中低压管路,多采用焊接式法兰。

2)管路安装技术要求

(1)管路安装前,首先应将管子内部的焊渣、污物、砂石等清扫干净,严防堵塞;管沟内有积水时,应先将积水抽净,并按设计要求清理沟底。管路附件在安装前应按照规范进行试压,以确保其强度和严密性合格。

(2)所有工艺管路应按设计要求的轴线、标高和坡度进行安装,不得有反坡或扭曲现象。管路安装应保证每一段或两个固定点间管段的中心线成一直线,每10m长度容许偏差不大于15mm,全长在水平面上的偏差不大于50mm,立管垂直偏差不大于10mm,标高偏差±5mm。

(3)穿过墙壁、地板的管路焊口,应设在建筑物之外,其距离不小于200mm。管路应牢靠地架设在支座上,不应有间隙;焊口距支座边缘不小于管径,且至少不得小于200mm;法兰距支座边缘也不小于200mm;支管离焊缝应在100mm以上。支管与干管的马鞍形连接,其对口处应互相垂直,在200mm范围内,用直角尺检查,其间隙不得超过2mm。

(4)安装有缝钢管,应将纵缝位置设在易于检查的方向;对焊时,应使两管的纵向焊缝错开100mm以上。

(5)管路用丝扣连接时,丝扣应整齐,无毛刺、歪斜、乱扣等现象。装配丝扣时,应有1/3的长度能用手旋入标准件内,不得有过松过紧等现象。丝扣紧固后,必须外露2~3扣。对于介质为热水、空气的管路,允许在丝扣上绕缠一层麻丝,但对其他管路,不得有任何绕缠物。

(6)管路安装中的起点和终点两端,如不能立即连接时,应用木塞或盲板临时封闭,以保护坡口和防止杂物进入管内;管路连通前应用铁丝缠布拉刷干净。如管子不够设计长度时,可加设一段短管,但当公称直径大于100mm时,短管长度不得小于200mm;公称直径小于或等于100mm时,不得小于100mm。

(7)套管应在管路分段试压合格后安装,套管的焊接应牢固、严密。对通过路基或长度超过2m的套管,应进行试压,试验压力不小于1.0MPa。

(8)法兰接口螺栓应露出螺帽外,其露出长度应小于螺栓直径1/2,法兰的最后连接应在管路调整后进行,并放入永久性垫片,垫片安装前,应两面涂以30号润滑油调和的黑铅粉。法兰垫片每拆卸一次,即应更换新品,并不得使用倾斜双层垫片,垫片上不得涂铅油。

(9)安装补偿器时,应注意管与管之间和管与管沟壁之间的距离,保证管路有伸缩余地。一般,冬季安装的管路、热油管路及蒸汽管路应冷拉$\Delta/2$,夏季安装的管路应冷压$\Delta/2$,Δ为补偿器的伸缩量。补偿器应与管路坡度相适应,垂直臂应水平安装,其倾斜度只能在平行臂上得到保证。

(10)安装阀门时,应将闸板关闭,并注意手柄的方位,以便开关,但闸阀的手轮不得垂直向下装设。安装单向阀、球心阀时，应注意其流向，不得反装。安全阀在安装前，应根据设计要求调整到闭启压力。

4. 管路的验收

管路验收在安装完毕后进行。验收工作是确保管路质量、保证使用安全的重要环节，必须充分重视。管路安装时不合格之处，均应在管路使用之前处理完毕。管路验收主要包括外观检查和试压。

1）外观检查

管路应当符合敷设要求和安装要求，管路支座、静电接地等均应符合设计要求。应重点检查管路接头。

(1) 平焊钢法兰用 T 型焊法焊到管子上的焊接接头，应全部做外观检查。

(2) 焊缝及邻近焊缝的金属不应有裂纹；焊缝表面应光滑，在周围没有显著的不平和孔隙；从焊缝金属到焊件间要平滑过渡，没有金属堆积；手工焊接时，焊缝加厚值不小于 1mm 及不超过壁厚的 30%，仰焊时其加厚值不应小于 2mm 及不超过管壁厚度的 40%；气孔、夹杂物和折断面未焊透的总深度不应超过管壁厚度的 10%。

(3) 当焊缝上外观缺陷部分的长度不超过周围长的 30% 时，允许采取部分铲去缺陷的方法；否则接头应报废，割掉重焊。

2）管路试压

管路安装完毕并经外观检查合格后，在投入使用前必须进行试压，检查其严密性及耐压强度。油库管路一般采用水压试验，试验压力由下式计算：

$$p_s = \frac{1.5p[\sigma]}{[\sigma_t]} \qquad\qquad (5-16)$$

式中　p_s——试验压力（表压），Pa；

　　　p——设计压力（表压），Pa；

　　　$[\sigma]$——常温下的许用应力，Pa；

　　　$[\sigma_t]$——设计温度下的许用应力，Pa。

试压前应先对管路内部进行清洗，以便洗掉安装时残留在管内的氧化皮焊条头及铁渣等脏物。对于公称直径小于 150mm 的，可用水清洗；当公称直径大于 150mm 时可用压缩空气吹扫，其介质流速越高越好，一般不小于 0.8m/s，冲洗压力不得低于 1/4 的工作压力，这样才能保证管壁上的杂质被剥落冲出。吹扫的时间约 10～15min。吹扫的排气短管的直径是吹扫管子本身直径的 50%～60%，排气短管装置在吹扫管段末端。不管水冲洗还是压缩空气吹扫，都应由管路的高处向低处进行。凡是吹扫或冲洗不到的死角，如泵房内的管组，在管路吹扫完毕后，应拆开进行人工擦洗。同时对每个阀门应卸下清洗干净，以防关闭不严。

管路清洗后，即可进行试压，方法如下：

(1) 水压试验。分段水压试验：试验压力应等于工作压力的 1.5 倍，试验时间保持 5min，降到工作压力，然后在焊缝周围，离焊缝 15～20mm 处，用 1～1.5kg 手锤轻轻敲击，检查管路无漏水和湿润现象，则分段水压试验为合格。螺旋焊接管及有缝管在分段水压试验时应特别注意检查螺旋焊缝和纵向焊缝是否渗漏。

总体水压试验：试验压力为工作压力的 1.25 倍，不得小于 0.5MPa，持续 2h，压力下降不超过工作压力的 10% ，则可认为总体水压试验合格。

（2）气压试验。压力在 1MPa 以下的管路，可进行气压试验，试验压力为工作压力的 1.25 倍，不得小于 0.3MPa，时间保持 30min，降至工作压力，在管路焊接和法兰连接处涂肥皂水进行检查，如无泄漏气泡，则气压试验合格。

在进行泄漏检查期间，若有泄漏发生，则应进行补修，待确认无泄漏后，再进行升压，达到预定压力，稳压 1h，若无压力降，则为合格。管路外观检查和试压合格后，即可交付使用。管路验收时，应提交下列文件：

①设计图纸及修改通知单；

②隐蔽工程验收记录；

③材料证明书；

④焊缝接口试验及焊接工作日记；

⑤管路水压试验记录。

3）其他

泵房管路的吸入管路在设计时，应尽量使它的路程最短，分支管路、弯头及其他配件最少。为了不致使油泵产生气蚀，安装时还要注意在吸入管中不形成气袋。油泵入口处的大小头要使用偏心大小头，其上部保持水平。

为了保证油泵正常工作，敷管时还要使进入油泵的流体不致出现涡流。因为泵的入口一发生涡流，就破坏了叶轮的流动特性，这样不仅会产生噪声，还不能发挥其原有性能，并缩短了泵的使用寿命。作为防止这种情况的措施，最好是在吸入口前设置长度不小于 3 倍管径的直管。当采用双吸式离心泵时，这个直管径段的长度应取 7~10 倍管径。对于不放空的管路，要在适当地方装置旁通管，例如向油罐上部作回油管等，以解除这种膨胀压力。

管路建成投产之前，还应对管路的施工质量和工程要求进行必要的检查，其中包括使用的材质是否符合设计要求，特别是对于高温和低温状态下的一些管路，更要认真核对。

5. 管路的正确使用

管路的正确使用是十分重要的。如果能按照管路技术的要求和操作规则，正确使用，积极维护，定期检修，就可以延长使用期限。在管路的正确使用上，应做到以下几点：

1）熟悉情况

为了正确的使用管路，必须熟悉管路布置、管路的结构、连接形式，坡度方向；管路规格及质量、技术状况；阀门位置及作用；地下管路分布位置等情况。还应绘制平面流程示意图，以指导操作。

2）正确操作

应建立必要的制度，按操作规程办事，这是防止事故发生的有力措施。例加开关阀门，错开或关闭不严、不及时，就会发生混油、跑油事故。排出管阀门未开，便启动容积泵，管路则可能超压。开关阀门过猛会使液流脱节，产生水击现象，破坏管路和管件。

3）放空管路

操作完毕，应及时放空管路，因为放空管路有下述意义：防止因阀门渗漏，使油料窜混；保证管路安全。

如果管路中存油，当温度升高时，油料的膨胀大于管体金属的膨胀，使管路压力增高引起管路渗漏（如法兰连接处等），闸阀开启困难，以至胀裂管路。对于密封管内充满油料。在温升1℃时的膨胀压力可增加0.7MPa。因此，在管路的适当位置应安装胀油管或安全阀，连通油罐气体空间或放空罐。部分机场油库的输转作业较频繁，因业务需要，管路多不放空，但应注意此类事故，可在管路上安装安全阀等。

4）防止渗漏

法兰、焊缝、阀门填料、伸缩器填料等处，是管路渗漏的薄弱环节，应经常检查和维护，适时更换法兰垫片和阀门填料。

地上管路的渗漏，比较直观，容易发现。但地下管路检漏比较困难，目前还没有方便可靠的检漏仪和方法，这就要求在工作中，确实掌握地下管路的技术状况。通常根据下列现象来判断地下管路是否漏油：

（1）收发油时泵出口压力表读数是否有突然下降或比正常读数小的现象，进口处真空表的读数是否相应增加；

（2）一次作业中收油或发油是否有不正常的差额；

（3）平时管内有无流水般的声响；

（4）通过管路的地面有无油迹，周围植物生长是否正常。

上述方法在管路大量漏油时，是能及时发现的，但微小渗漏时，就不易发现。为了防止长期漏油的损失，地下输油管路应进行周期性的试压，以发现管路有无渗漏现象。

5）适时清洗

管路经过一定时间使用后，在管路的内表面上会覆盖一层铁锈或自油料中析出的沉淀物，这样就会减少管路横截面积，并增加液体阻力，降低输送能力，所以，管路使用一定时间后，必须根据情况适时清洗。

6）减少腐蚀

除了采取应有的防腐措施外。平时应经常检查管路锈蚀情况，发现脱漆处，应及时补漆。为防止管路底部锈蚀，在可能时结合大修可转动管段，使其腹面向上。管路周围的污水、杂草应随时清除。地下管路在使用一定年限后，应在腐蚀严重地段挖坑检查底下管路腐蚀情况，以采取相应措施。

另外，还应检查支座、管沟的状况，修理其损坏部分；检查管路的静电接地装置的连接是否牢靠，有无严重腐蚀现象。寒冷地区，入冬前应放净闸阀或管路低凹处的积水，以防冻裂。

6. 管路设备维护

管路及其附件设备，要经常进行检查保养，做到：管路、阀门和各种连接件无渗漏、无松动、无油污、无脱漆，保持设备处于良好状态。

输油前，对管路、阀门应普遍检查一次，在输油过程中应有专人巡回检查，平时也应适时检查，冬季应加强检查。

检查阀门时，应注意外壳是否有裂纹，轴杆填料处有无渗漏现象。为了防止不经常使用的阀门锈蚀塞紧，应定期保养转动一下。各种阀件要按规定压力定期试压，发现关闭不严、不灵、渗漏和其他管件有损坏现象，必须立即修复或更换。

经常检查管路设备法兰连接处所有螺帽是否紧固，螺帽底面与法兰盘背面必须密合，螺栓端部应露出螺帽2~4道丝扣，不可有遗漏螺栓或垫片的现象。应沿管路逐一定期检查。

经常检查管路有无脱漆锈蚀情况。发现脱漆时，应及时除锈补漆。管路外部局部涂漆，一般是每年一次，雨季前后进行，全部涂漆需视情况而定。要特别注意焊接处的锈蚀情况。为了防止在地面上的管路底部锈蚀，在不影响任务的情况下，可结合大修将各管段转动一下，使其腹面向上。

地下管每年应有重点的分段检查几个点，然后确定保养范围。经常检查管路周围是否清洁，如有油迹、积水和杂草易燃物，应及时清除。注意支座、管沟的构造状况，发现有损坏现象，应及时修理。

应经常检查静电接地装置是否牢靠，有无锈蚀现象。接地电阻是否稳定，随土壤的干湿程度和静电接地电极的腐蚀情况而变化，所以要定期检查。油库油管路、油气管路的静电接地电阻不大于100Ω。若电阻值超过100Ω，可采用下列方法减小电阻：由于土壤干燥造成的，可设法保持土壤潮湿，即在周围埋一些木炭以保持水分，或在接地线周围或撒或埋一些食盐以增加导电能力；由于接地电极锈蚀严重造成的，可除去旧接地电极锈垢或换上新接地电极，也可采用增加接地电极数目的方法来减小电阻。

5.3 机坪管道

5.3.1 定义与分类

1. 机坪管道的定义与分类

机坪加油管道（hydrant pipeline）是指通过机场油库向机坪直接为加油车输送航空燃料的管道，以下简称为"机坪管道"，其一般包括：

（1）供油主管（main feeding line）：由机场油库加油泵组至机坪的供油主管道；

（2）加油次环管（secondary feeding loop）：管道的两端与供油主管相接的加油管道；

（3）加油支管（feeding spur line）：仅管道一端从供油主管或加油次环管接出，给局部区域机坪加油栓供油的非环形管道；

（4）加油短管（feeding spool piece）：管道从供油主管、加油次环管、加油支管等的一种或多种管道接出，与加油栓、高点放气装置、低点排水装置连接的管道；

（5）装油支管（loading spur line）：管道从供油主管或加油次环管或加油支管接出，以及直接从机场油库接出，满足罐式加油车装油或给综合检测装置供油的管道。

供油主管及加油支管和短管的连接示意如图 5 - 1 所示。

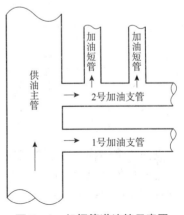

图 5 - 1 机坪管道连接示意图

2. 机坪加油管道系统

机坪管道加油系统(hydrant pipeline refueling system)是指通过加油泵组、稳压工艺及供油控制系统,将机场油库储罐内的航空燃料经浮动出油装置、加油泵组、过滤分离器、流量计、机坪管道和管线加油车,直接给飞机加油的工艺及控制系统,这是目前大型民用运输机场主流的加油系统,以下简称为"机坪管道系统"。

5.3.2 机坪管道构型与设计要求

1. 机坪管道构型原则

机坪管道主要由供油主管、加油次环管、加油支管、加油短管、装油支管及附属设施设备构成。机坪管道的构型主要是指其空间结构,也即平面和立面布置。根据飞机加油的使用特点,为保证加油系统的可靠性和经济性,机坪管道系统一般采用环状或枝状环状混合式管网,即主管、支管、短管等多种管道和附属设施设备相互连接,组合形成环形或者树枝形与环形复合的复杂网状结构,这种结构也称为机坪管网,典型机坪管道构型如图5-2所示。

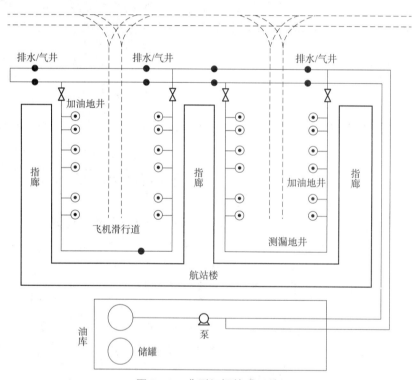

图5-2 典型机坪管道系统

供油主管的构型应根据同期建设的跑道数量,远期跑道最大起降架次,机坪的平面规划、布局和各种机型的停放位置、机型组合等综合确定,而根据机场的规划和飞行区的构型宜分区域设置供油主管。供油主管的设计要以其所覆盖的区域确定管径大小,以区域为主,而不能以整个机场的远期业务量为基准确定。其构型决定着当前、远期整个机坪管道的长度、管径,需依据当前、远期机坪规划及机位、机型和机型组合等因素综合考虑,以满足当前、远期机坪供油的需求。

机坪加油次环管、加油支管应按照所覆盖区域停机位的数量和机型组合进行设计，并应按所覆盖区域的远期高峰小时供油量、与主管连接的距离、摩阻等因素进行设计，目前全国有机坪管道的机场中，很多机场都设有加油支管，在日常运行中没有因加油支管出现过航空油料质量异常情况，加油支管的设置在保证生产的前提下可节省投资。

2. 机坪管道设计要求

机坪加油次环管和加油支管的设计应满足下列要求：

(1)区域机坪管道宜按加油次环管设计。

(2)当某一区域距供油主管、加油次环管较远，或机位较少时，可设计成加油支管。为罐式加油车灌油点供油的管道宜按装油支管设计。按照国内民用运输机场的实际运行经验，目前国内有机坪管道的机场大多设有加油支管，设置加油支管可以在保证生产的前提下节省投资，同时设置加油支管不会导致航空油料质量异常问题。

(3)区域机坪内的高峰小时加油量宜按照每类机位数量的20%同时加油时的额定加油量进行确定，同一机位可停多种机型时按最大机型的参数进行计算。

(4)区域机坪管线的管径、壁厚宜根据区域高峰小时加油量进行水力计算。

(5)相关管道输送工艺设计时应进行包括稳态和瞬态水力分析的水力计算，其中稳态水力分析应包括设计输量、最大输量、最小输量等工况，瞬态水力分析可根据设计输量、管道长度、沿线地形地貌等条件分析后综合考虑。

供油主管、加油次环管、加油支管及装油支管的坡度宜不小于2.5‰，各管道保持一定坡度，这样做的主要目的是为了形成低点，然后将比油密度大的水及杂质集中到低点，以便在低点集中将水和杂质排出，以保证油品质量。此外，这样的设计还可满足停输情况下管内油料在重力作用下汇集到管道一端。

其中，加油短管宜采用DN100的管道，加油短管宜采用支管台、直接开孔等形式与供油主管、加油次环管、加油支管中的一种进行连接。这是由于采用DN100加油短管时，所受应力主要集中在加油短管上，与DN150规格加油短管相对比，DN100规格具有更好的柔性和更合理的应力分布，因此加油短管顶部允许的弹性剪切位移也更大，同时，考虑施工和设备选型的方便程度，采用DN100加油短管时，在加油栓井下不再需要通过法兰变径，因此推荐采用DN100的加油短管。不同方式的三通连接结构均能满足使用要求，支管台、直接开孔三通要比成品冲压三通好定位、节省成本，目前的无损检测技术，能检测该处的焊接质量，故推荐采用支管台、直接开孔的三通连接形式。由于加油短管做成乙字弯时，高应力区出现在短管顶部和离水稳层较近的一侧弯头，容易在弯头附近位置产生破坏。因此，加油短管不宜为乙字弯的形状，若为乙字弯形状时应进行应力计算。

3. 机坪管道埋深与压力要求

机坪管道的埋深需满足下列要求：

(1)土面区管顶覆土厚度应不小于1m；

(2)机坪、跑道、滑行道、车道下管顶距道面上表面应不小于1.2m；

(3)满足上述要求时，机坪、滑行道、车道下的管道可不设置套管。

结合机坪管道设备的额定压力及施工、运行实际情况，机坪管道入口压力不超过

1.2MPa 时，加油管道在工作时水击压力处于安全范围内。通过对加油车、飞机的摩阻、高度的仿真测算，现场对主要二种管线加油车的不同流速、压力下的摩阻测试，加油栓入口压力不小于 0.4MPa 时，加油速度能满足 97% 以上的加油需要，保守起见，在 MH 5008—2017《民用运输机场供油工程设计规范》中推荐进入机坪处的机坪管道入口压力宜不大于 1.2MPa，加油栓出口处压力宜不小于 0.5MPa，主管道内航空油料的流速应不大于 3m/s，从而使管道压力满足加油需求，同时管道工作流速接近经济流速。

5.3.3　机坪管道设施设备

机坪管道的设施设备，一般由控制阀门、高点排气装置、底点排污装置、加油栓井、阀井、安全阀和阴极保护装置等组成。此外，新建设的机坪管网一般有管网测漏系统和保压系统、流量和压力控制装置等。下面简要介绍机坪管网常用的设备及其作用。

1）加油栓井

加油栓井是专门为保护加油栓而设的钢制圆桶形，包括加油栓井盖。其作用是保护井内的加油栓，承接加油栓使用过程中发生的滴漏油料，加油地井栓应按行业要求进行编号。

加油栓井由加油栓、加油栓隔断阀、井体、井盖等组成。加油栓应具备自封功能，即在管线加油车加油栓接头意外脱开时，能立即关闭加油栓，阻止航空油料外溢，保证加油安全。

按照现行的民用机场供油工程设计要求，加油栓井需按下列原则进行设置：

(1)建设单位、设计单位应与机场管理机构、机坪设计单位、廊桥(包括固定端、活动端)设计单位进行充分沟通，共同优化设计。

(2)位置应满足该机位上设计机型加油的要求，不应设置在加油飞机的机翼加油口，发动机、起落架正下方。

(3)不宜布置在飞机滑行的机轮下方、混凝土板缝之间。

(4)运输机场机坪 5% ~10% 的 C 类机型(C 类机型为根据飞机翼展所确定的机型分类，具体翼展及分类对照数据参见表 1－1 机场飞行区等级指标中的指标Ⅱ)的机位宜在双侧各设 1 个加油栓井，且至少有一个 C 类机型的机位在双侧各设有 1 个加油栓井，其余 C 类机型的机位只设 1 个加油栓井。

5D 类兼顾 C 类机型的机位，宜不多于 2 个；E 类兼顾 D 和 C 类机型的机位，宜设置 2~3 个；F 类兼顾 E、D、C 类机型的机位(近机位滑行线在同一轴线上)，宜设置 2~4 个。

6F 类兼顾 2 个 C 类机型的复合机位(近机位滑行线不在同一轴线上)，可设置 4~5 个加油栓。

2）高低点排放装置

高低点排放装置主要作用是通过定期的排放检查，将存于管网内的水分杂质和气体，通过低点排出水分和杂质，通过高点排出管网内的气体。通常情况下，排放水分杂质的低点排放装置设置在机坪管网管道的底部，以便于水分和杂质的聚集；高点排放气体的排气装置设置在机坪管网管道的高处，以便于管内气体的收集和排放，部分机坪管网将加油栓设置为高点排气装置，因为机坪管道中的气体可通过加油过程排出，因此高点放气装置可用加油栓代替，此举还可以减少机坪管网设施的投入和运行维护成本。而低点排水装置设置在管道低处或加油支管的末端，有利于排水、排污。

具体来说，机坪管道的低处、超过 500m 的加油支管末端两加油栓之间宜设置低点排水装置，高点放气装置宜用加油栓替代，并满足下列要求：

(1)低点排水装置的设置位置应便于多功能车的行驶和操作，不宜设置在滑行道、联络道及交通要道附近等处。

(2)低点排水装置的导管末端距底部沉淀槽应不大于 20mm，导管末端应采用平口。

(3)机场油库至机坪之间的机坪管道、定向钻的管段不宜设置低点排水装置和高点放气装置，以免增加维护操作难度。

3)阀门

机坪管网中常用的阀门有双流双关断阀(DBB 阀或将军阀)，其主要的作用分别为开关控制流量和快速开关。对于机坪管道中隔断阀的设置还需满足下列要求：

(1)机坪每隔 8~12 个机位应设一个隔断阀；

(2)特别重要的关键阀门应设置有隔断阀；

(3)机场油库至飞行区之间不宜设置隔断阀。

(4)预留发展接口应设置隔断阀，该阀井宜位于管道延长方向上最边缘的混凝土板上，阀井一侧与土面区相邻。如预留管段伸出阀井，则宜在井内的隔断阀外侧法兰加"8"字盲板。

其中关键阀门是指油罐的进出口操作阀、输油管道的首末端、特殊管段、机坪管道入口、供油主管或加油次环管到加油支管或装油支管的连接处、新旧机坪管道对接位置等。在机坪管道中设置关键阀门，可满足零泄漏要求，方便该管段维修和进行有效渗漏检测。

4)安全阀

安全阀主要起安全保护作用，机坪管网中的安全阀包括加油栓与管网连接处的快速熔断阀和卸压阀。加油栓前端的熔断阀的作用是当加油栓井发生火灾后，井内温度超过 100℃时，自动关闭阀井内的加油阀门，防止管网中的航空油料继续外溢。管网中的安全阀主要起到管线安全卸压的作用，当管网内的压力大于安全阀控制卸压的整定值时，自动卸出管网的压力，起到保护作用。如机坪管网中冬天因地温的影响使管网压力升高时，或机坪管网受水击压力影响时，安全阀都可能产生卸压作用。

5)阴极保护装置

主要是保护机坪管网防电化学腐蚀作用，一般使用外加电流保护装置，有些管网也使用牺牲阳极保护的办法进行保护。

6)阀井

阀井是设置在机坪内，控制某一专项功能的地下阀室。其主要作用是控制所涉及的机坪管网管段内油流的开关。有些机坪管网的阀井内部还安装有控制机坪用的通信设备和防雷、供电等设施。

7)自闭式接头阀

有固定式和活动式自闭接头。固定式自闭接头安装在固定的管网上，主要为罐式加油车灌油，也可以通过与罐式加油车的连接起机坪管网卸压作用；移动式自闭接头包括安装在罐式加油车灌油口接头阀，检测加油流量计的快速连接接头和飞机加油接口等。

8）加油栓

为管线加油车进油接头提供连接装置，将机坪管网内的油料提供给管线加油车，实施对飞机加油的装置。常用的加油栓为4寸接口，有些机场管网还安装部分2.5寸的加油栓接口，安装在机坪管网中的加油栓。

9）管道

机坪管网的管道主要由主管道、支线管道和加油管道组成。通常主管道内径大于支线管道，支线管道内径大于加油管道。常用机坪管网中，主管道内径一般在400~1000mm，支线管道内径200~400mm，加油管道内径100mm。

5.3.4 机坪管道恒压系统

1. 定义与组成

机坪管道系统所承担的主要任务是将机场使用油库储罐中的航空油料运输并分配至机坪的不同点位，满足飞机油料加注的需要。机坪管道系统是完成航空油料加注的关键设施，其不同位置输出航空油料的压力和流量稳定性，将直接影响到航空油料的质量保障乃至航空安全水平。根据机场运行要求，加油栓出口处的压力应在一定范围内，不能过高或者过低，压力过低时可能导致油料无法正常加注，或者加注速度慢，加注时间长；而压力过高可能超过设备的最高允许工作压力，并且，由于不同机位加油栓开启时间不定，加油启停频繁，整个管网中的供油是间歇式的，在加油的开始和结束作业时很容易引起水击，导致管道压力超过许用压力，造成安全事故。按照我国民航规范相关规定，机坪管道入口压力宜不大于1.2MPa，加油栓出口处压力宜不小于0.5MPa。

由于机坪管道内流量波动范围大，而流量的波动直接反映在管道压力的变化上，只要保证管道压力的相对恒定，就能维持管道中的流量在一定范围内变化。而为了保证机坪管道的压力能够始终保持在此范围内，需要由泵机组、管道、稳压工艺及供油控制系统组合实现可靠的机坪管道压力控制和调节，一般将这套系统其称为机坪管道保压系统，或称为机坪管道恒压系统，如图5-3所示。

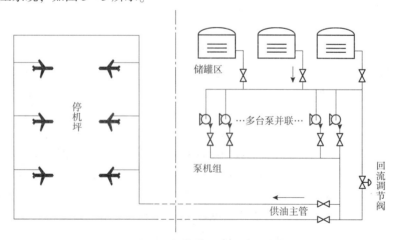

图5-3 机坪管道保压系统示意图

2. 发展历程与控制原理

早期，我国民用机场机坪管道恒压系统大多采用"回流调节法"实现管道压力调节。即通过回流阀配合固定转速的工频泵向机坪管道输送油料，再把输出的多余油料通过回流阀返回泵前，从而调节实现机坪管道恒压。由于机坪管道加油作业启停频繁且回流阀的调节精度较低，这种控制方式将导致管道中流量波动大、压力控制不稳定、回流能量损失，同时，频繁启停的工频泵还会造成供电系统电流频繁变化，对其他电气设备产生冲击。

20世纪80年代以后，随着交流变频控制等工业控制技术的发展和成熟，变频器等设备广泛应用于工业控制各领域。在新建或者改扩建的机场供油系统中，已普遍采用变频调速技术实现机坪管道的恒压供油。采用变频调速技术实现机坪管道恒压供油的控制原理如图5-4所示。

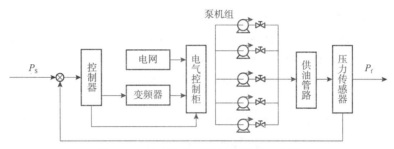

图5-4　变频恒压系统控制原理示意图

如图所示，变频恒压系统是由控制器、变频器、压力传感器、电气控制柜、油泵等电气设备组成的闭环控制系统。其中，P_s 是机坪管道压力设定值，P_f 是当前实际压力值，变频泵的原动机为三相异步电动机，其转速与所给定的供电频率成正比，调节供电频率即可改变电动机转速，从而实现泵的输出变化。当机坪加油栓井打开加油导致管道压力下降后，信号实时反馈到控制器中进行运算，再通过变频器输出频率可变的启泵信息到变频泵，从而实现机坪管网流量在较大范围内变化时系统的压力恒定。由于采用机坪管道供油工艺的机场航空油料需求量大且不同时间的加油作业具有较明显的阶段性，为满足高峰小时加油量需求，一般配有多台变频泵。根据机坪不同时段加油量的不同选择启动单台或者多台泵进行增压作业。恒压系统可采用一台变频调速泵和多台恒速泵并联工作的方式来实现机坪管道的恒压供油，在此过程中始终只有一台泵处于变频运行状态。供油自动化系统可设定两种工作状态：无航班加油时处于"保压状态"，有航班加油时处于"加油状态"。加油状态下，若加油量小则控制单台变频调速泵进行恒压供油，若加油量大则控制一台变频调速泵与一台或多台恒速泵并联工作从而实现恒压供油。

采用多泵并联变频调速技术实现民用机场恒压供油与采用"回流调节法"的传统恒压加油系统相比具有流量范围大、压力控制精准、加油效率高、节能效果好、便于管理、可靠性高的优势，已在首都国际机场、上海浦东机场、福州长乐机场、新疆乌鲁木齐机场、成都双流机场等机场供油自动化系统中得到了成功的应用。这种方案的突出优点首先是节约能源，据乌鲁木齐机场供油自动化系统的对比试验发现，这种方法比"回流调节法"平均节能19%以上。其次，由于变频器本身调节精度较高，使得机坪加油管网的压力调节更加平稳，可以保证管线加油车等加油设备的安全操作和加油作业的平稳高效。

5.4 管道的管理与防护

由于管道所处的自然环境变化，管道中传输介质的工况参数变化，或外力损伤使得管道被腐蚀、穿孔或破裂，从而造成传输介质泄漏，甚至产生严重的事故。因此检测、保护管道，及时进行管道完整性评价，延长管道的使用寿命，在长输管道领域中是非常重要的一个环节。本节分别对管道完整性及其管理技术、管道腐蚀与防护技术、管道泄渗漏及其检测技术进行介绍。

5.4.1 管道完整性管理

目前国内外使用多年的老管道存在着事故隐患，约有 20% ~ 40% 的油气管道达到设计寿命，及时进行管道检测和有效管理是保证管道安全运营的重要手段。20 世纪 60 年代末期就开始注意在役管道的检测和剩余强度评价。20 世纪 90 年代起，随着国际上对管道运行经济性和安全性兼顾的要求越来越强烈，西方欧美等发达国家提出了管道适用性评价和风险评价的概念。

经过 20 余年的发展，已形成许多的评价标准和规范。2001 年，API 和 ASME 明确提出管道完整性管理的概念，并颁布了有关的标准和规范。目前油气管道完整性管理已成为国内外管道工程领域的研究热点，在我国也开始起步。无论是新建管道还是老管道，都需要建立起管道完整性管理体系。这样不仅可以大大减小管线事故发生率，而且可以避免不必要和无计划的管道维修和更换，从而获得巨大的经济效益和社会效益。

1. 完整性管理的概念

管道完整性（Pipeline Integrity，PI）是指管道始终处于安全可靠的服役状态。其内涵包括以下三个方面：①管道在物理上和功能上是完整的；②管道处于受控状态；③管道运行商已经并仍将不断采取行动防止管道事故的发生。

管道完整性管理（pipeline integrity management，PIM）是指对所有影响管道完整性的因素进行综合的、一体化的管理。管道公司通过不断变化的管道因素，对天然气管道运营中面临的风险因素进行识别和技术评价，制定相应的风险控制对策，不断改善识别到的不利影响因素，从而将管道运营的风险水平控制在合理的、可接受的范围内。通过科学的设计、监测、检测、检查等方式和各种技术的应用，获取与专业管理相结合的管道完整性信息，以可靠性为中心，对可能造成管道失效的威胁因素进行检测，进行管道的完整性评价，指导维修决策和维修。最终达到减少和预防管道各种事故的发生，经济合理地保证管道安全运行的目的。它包括以下内容：

①拟定工作计划、工作流程和工作程序文件；②进行风险分析，了解事故发生的可能性和将导致的后果，制定预防和应急措施；③定期进行管道完整性检测和评价，了解管道可能发生事故的原因和部位；④采取修复或减轻失效威胁的措施；⑤培训人员，不断提高人员素质。

2. 完整性管理的相关标准

为了增进管道的安全性，美国国会于 2002 年 11 月通过了专门的 H. R. 3609 号"增进管道安全性法案"(简称 PSIA 法案),该法案于 2002 年 12 月 17 日经布什总统签署后生效。法案明确要求管道运行商要在后果严重区(high consequence area,HCA)实施管道完整性管理计划。这是美国法律对开展管道完整性管理的强制性要求。

管道完整性的实施有许多标准,其中 ASME B31.8 天然气输气管道与配气管路系统(Gas Transmission and Distribution Piping System)标准已成为经 ANSI 批准的美国国家标准,也是为各国广泛接受的事实上的国际标准。其内容涵盖了天然气输气管道与配气管路系统的设计、施工和运行。ASME B31.8 S2001 是对 ASME B31.8 的补充,也是输气管道完整性管理的标准。关于管道检测方面 NACE RP 0102—2002 和 NACE RP 0502—2002 分别对管道内检测和管道外检测评价标准作出了具体的规定和建议。

美国石油协会也制定了相应的标准,其中 API RP1129 是关于保证危险液体输送管道完整性的推荐做法;API RP1160 是管理危险液体输送管道完整性管理推荐做法。

美国政府关于输气管道安全性管理的规则基于 PSIA 法案,美国政府运输部已发布了输气管道和液体危险品管道安全性管理的建议规则。

2015 年,国家质检总局、国家标准委批准发布的 GB 32167—2015《油气输送管道完整性管理规范》。这标志着管道完整性管理有了国家标准,填补了这一空白。该规范是在国家对于管道管理日益重视、公众对于管道安全日益关注、企业对完整性管理标准做法需求增大的背景下制定发布的。这个标准规定了管道全生命周期完整性管理的内容、方法和要求,包括数据采集与整合、高后果区识别、风险评价、完整性评价、维修与风险减缓、效能评价等环节,适用于油气输送陆上钢质管道。

根据上述国际标准制定管道完整性管理的具体内容和计划。图 5 - 5 给出了管道完整性管理的各要素循环框图。管道完整性管理主要包括影响油气管网系统运行的危险因素和地区、管段位置,制定管网的检测检查、测试计划和实施,这里包括对管道外部和管道内部进行检测,提出准确的检测评价报告,进行风险评价,控制风险,建立评价体系和管理制度,检测并及时发现管道损坏,修复损坏或减轻管道损坏带来的影响。

图 5 - 5 管道完整性管理要素循环图

5.4.2 管道腐蚀与防护

金属腐蚀是金属与周围介质发生化学或电化学作用成为金属化合物而遭受破坏的一种现象。地下输油管线普遍存在这一问题。美国管线工业 1975 年统计因腐蚀而造成直接损失达 5 亿美元,而我国油气管道投产 1 ~ 2 年后即发生腐蚀穿孔情况已屡见不鲜,平均速度在 1.5mm/a 以上。

腐蚀不但造成管道金属材料的损失,还可能导致管道完整性破坏,乃至产生严重的人员和财产损失。对于管道的腐蚀防护,目前所采取的主要措施有:涂刷防腐绝缘层、进行管道的内防腐、施加阴极保护等。以下重点对阴极保护技术进行介绍:

1. 阴极保护的原理

已知金属结构管道与电解质溶液管道周围土壤相接触，会形成腐蚀原电池，金属离子会进入电解质溶液中，使金属表面上有过剩电子而带负电，靠近金属表面的液体介质因有过剩正离子带正电，产生氧化、还原反应过程，导致金属管道电腐蚀。阴极保护就是要消除金属结构上的阴极区，可通过下述两种方法来实现。

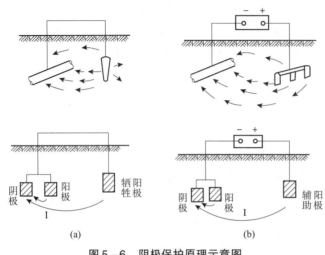

图 5-6　阴极保护原理示意图

1）牺牲阳极的阴极保护

在待保护的金属管道上连接一种电位更负的金属或合金(铝合金、镁合金)，如图 5-6(a)所示，形成一个新的腐蚀电池。由于管道上原来的腐蚀电池阳极的电极电位比外加的牺牲阳极的电位要正，整个管道就成为阴极。

2）外加电流的阴极保护

将被保护金属与外加的直流电源的负极相连，把另一辅助阳极接到电源的正极，使被保护金属全成为阴极，如图 5-6(b)所示。外加电流在管道和辅助阳极间所建立的电位差，显然可比牺牲阳极与管道间的电位差大得多，因此，它的优点是可供给较大保护电流，保护距离长，适用范围广。辅助阳极的材料只要求有良好的导电性和抗腐蚀性，不消耗有色金属，缺点是要外电源和经常的维护管理，对邻近的金属结构有干扰。

2. 阴极保护的保护参数

如上所述，为使某一腐蚀过程得到抑制，外加的保护电流必须达到一定数值，或使经外电流极化后的阴极电位降到一定的数值。故在阴极保护中可采用最小保护电流密度和最小保护电位两个参数作为衡量是否达到完全保护的指标。

1）最小保护电流密度

最小保护电流密度是指为使金属得到完全保护，所必须加入的最小电流密度。如被保护的金属表面积为 A，则最小保护电流密度为 I_F/A，其数值与金属和腐蚀介质的性质、组成、绝缘层质量等许多因素有关，且在不同条件下其数值变化很大，如表 5-3 所示。表面状况不同，钢管的最小保护电流密度也不同(如表 5-4)，可以看出，裸管比有绝缘层的管道需要的保护电流密度大，土壤电阻率愈小，需要维护的电流密度愈大。

表 5-3　钢在不同介质中的最小保护电流密度

介质	电流密度/(mA/m²)	介质	电流密度/(mA/m²)
含氧的自然土、水	35	流动的海水	65~172
流动的淡水	59	含有硫酸盐细菌的土壤	450

表5-4 不同表面状况钢管的最小保护电流密度

管道状况	土壤电阻率/(Ω·m)	电流密度/(mA/m²)
沥青、玻璃布	130~35	0.01~0.2
沥青、玻璃布	30~1.4	0.16
裸管	<3	30~50
	3~10	20~30
	10~50	10~20
	>50	5~10

由于在实际工作中很难测定腐蚀电池的阴、阳极的具体地点和面积大小，故表5-3、表5-4所列数据都是按与电解质接触的整个被保护金属表面计算的，类似的试验数据对油罐的底平台前桩不适用，对沿途土壤电阻率和防腐绝缘层质量变化的长距离管道则往往偏差较大。故对于管道的阴极保护，常以最小保护电位和最大保护电位作为衡量标准。

2）最小保护电位

为使腐蚀过程停止，金属经阴极极化后所必须达到的电位称为最小保护电位，也就是腐蚀电池阳极的起始电位。其数值与金属的种类、腐蚀介质的组成、浓度及温度有关。根据实验测定，碳钢在土壤及海水中的最小保护电位为-0.85V左右（相对饱和硫酸铜电极），在细菌繁殖很激烈的地区为-0.95V左右。按此数据保护的管道，保护度一般达到90%。

3）最大保护电位

管道通入外加电流后，其负电位提高到一定程度时，由于H^+在阴极上的还原，管道表面会析出氢气，产生析氢现象，减弱甚至破坏绝缘层的粘结力，加速绝缘层的老化。不同绝缘层析氢的电位不同：沥青绝缘层在外加电位低于-1.20V时开始有氢气析出，当电位达到-1.50V时将有大量氢气析出。因此对沥青绝缘层取最大保护电位-1.20V，而对聚乙烯层的最大保护电位可取-1.50V。

3. 航空油料管道的防腐要求

对于航空油料的输送管道，尤其是为机场供油的输油管道和工艺管道，其腐蚀防护要求相比普通原油或成品油长输管道要求更高，具体有以下规定。

1）防腐涂层

储存和输送航空燃料的管道内防腐范围需满足下列要求：

（1）机坪管道（含装油支管）应做内防腐。

（2）库（站）的工艺管道（经过钝化处理后的不锈钢管除外）应做内防腐。

（3）输油管道不宜做内防腐。

可参照《钢质石油储罐防腐蚀工程技术规范》（GB 50393）、《防止静电、闪电和杂散电流引燃的措施》（SY/T 6319）的规定选用储存和输送航空煤油管道的内防腐材料，并满足下列要求：

（1）内防腐涂层应符合航空燃料储运要求，具有抗管输介质、污物、腐蚀性杂质、添加剂等侵蚀的能力，且与航空燃料直接接触的表面涂层不应影响航空燃料质量及性能指标。

（2）内防腐涂料应不含铜、锌等重金属，严禁使用富锌漆。

（3）宜选用白色的非导静电涂料。

机坪管道、工艺管道（不锈钢材质除外）应进行内防腐设计，设计应符合《钢质管道液体环氧涂料内防腐层技术标准》（SY/T 0457）的规定。输油管道、工艺管道及其他钢质管道外表面应进行防腐设计，设计应符合《钢质管道外腐蚀控制规范》（GB/T 21447）的有关规定，并满足下列要求：

（1）埋地部分管道外防腐等级不应低于加强级，覆土不应损坏防腐层；

（2）管道出、入土的防腐层宜高出地面 100mm 以上，应按埋地管道防腐标准设计，并在此处采取防护性措施；

（3）经过钝化处理的地上不锈钢材质管道可不做外防腐；

（4）管道的地上部分外表面宜选用日光反射型防腐涂料。

2）阴极保护系统

牺牲阳极和强制电流保护各有优缺点，设计时根据工程规模、土壤环境、管道防腐层质量等因素，经济合理地选用。牺牲阳极保护不需要用外部电源，要求介质电阻率较低；管理方便，不需要日常维护；设计安装后保护参数不能改变，提供大电流较困难，保护装置寿命短，适用于被保护管道涂层良好、规模较小、电阻率低、地下金属构筑物较多的工况使用。强制电流保护需要引入外部电源，一次性投资大，需要日常维护管理，运行中保护参数易调整，容易产生过保护，保护装置寿命长。为解决在道面区的机坪管道阳极包更换困难问题，可采用强制电流保护作为机坪管道的阴极保护系统。

输油管道、机坪管道的阴极保护系统设计应符合《埋地钢质管道阴极保护技术规范》（GB/T 21448）、《防止静电、闪电和杂散电流引燃的措施》（SY/T 6319）的规定，并满足下列要求：

（1）输油管道、机坪管道出入库前应采取绝缘隔离措施，其阴极保护系统应满足日常检测的要求。

（2）输油管道、机坪管道应根据所在区域的土质条件设计阴极保护系统。宜采用强制电流保护，可采用牺牲阳极保护，或两种组合的方式保护。

（3）牺牲阳极阴极保护系统中的阳极包宜按被保护设施的使用年限进行设计，否则应在土面区或方便更换处设置更换位置及方案。

（4）阴极保护系统应设测试桩或测试地井。测试桩或测试地井宜布置在两保护装置的中间相应位置，并方便检测，机坪道面测试地井应设置便携式参比电极测试装置。

（5）机坪管道的阴极保护措施宜与机坪道面的设计使用年限相一致。

（6）阴极保护系统应与供油工程主体同时勘察、设计和施工，并应在管道埋地六个月内投入运行。在杂散电流多的地区，管道埋地后，其排流措施应限期投入运行，一般不应超过三个月。

5.4.3　管道泄漏检测

1. 泄漏的特性与检测要求

管道的泄漏主要由腐蚀造成，约占此种事故的60%，其他原因有误操作和线路坍塌等。管线受到腐蚀或碰撞，可能产生沙眼和裂纹，随着冲击、磨损和腐蚀，这些沙眼和裂纹的产生将逐渐扩大，引起管线渗漏，管线上重大的渗漏量可占流量2%~3%。渗漏只是小流量的泄漏。泄漏可分为3个阶段：泄漏瞬变阶段，泄漏稳定阶段，关阀停输阶段。泄漏瞬变阶段开始的1~2s内，泄漏流量迅速增大到最大值，产生比较明显的减压波，此波向上下游传播，引起管道的水力瞬变。以后衰减摩阻限制、自动调节等作用，泄漏流量逐渐减少，全线逐渐建立起泄漏情况下的新的稳定输送工况。第三阶段为人工地或自动地关闭线路阀门，阻止泄漏。第一和第三两个阶段都是瞬变状态，是否有稳定状态，主要由是否及时关阀而定。

管线检漏系统中，检测灵敏度、泄漏位置及检漏时间均为主要的指标。检漏灵敏度即最小泄漏检测能力，是所有操作参数(管线流体管线规格管线长度、相对于瞬时操作状态的稳定状态以及压力、温度、流量计的精度)的函数，而且管线管理者要根据经验正确分析检漏数据。检漏系统应在2~24h的变化期间，具有0.5%~1%的最小泄漏检测能力。低于这种灵敏度水平的泄漏一般检测不到，只能在管线停输情况下，采用水压试验法予以定位和确认。某些管线系统的检漏灵敏度值可达到0.05%~0.1%，或将其设计成适用于一定的桶数，且能用少得多的时间检测出这些泄漏点。然而，这些改善的灵敏度只适合特定用途，并非对所有管线均能保证实现。

2. 主要检测方法

管道检漏是一种实用技术，具体办法很多，多年来改进很快。尤其近年来随着计算机技术及通信技术的发展，依靠管线SCADA系统采集到有关数据，将其传输至主站计算机上利用预编应用软件进行分析，判断泄漏段，操作相应的截断阀。

1)压力及流量变化率检漏法

图5-7为位于两站之间的泄漏点所引起的压力特征和流量特征的变化。

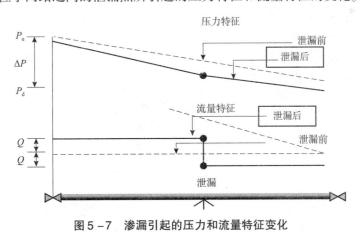

图5-7 渗漏引起的压力和流量特征变化

从图中可看出，距上游泵站越远，在泵站反映的泄漏压降越小。压降检漏法在现有的检漏技术中的灵敏度最小，只有泄漏点在泵站附近时较为有效。正常管线操作期间，压力会发生变化(如泵站开启或关闭阀)，因此压力变化率报警应予以禁止，以便操作者在这些操作变化期间不至于做出错误判断。

与压力变化率报警相似，流量偏差报警信号可在若干数据扫描基础上予以平均，并在检测到非操作性变化(如泄漏)时，采用报警限制值。在一些大型原油管线中，每个泵站的入口和出口均安装有流量计。泄漏发生期间，上游泵站的流量增大，而下游泵站流量减少，这些流量变化的对比，可提高流量平衡检漏灵敏度。一个泵站下游发生泄漏时，其上游(泵站出口)可发生负压变化率和正流量变化率报警，在邻近的下游泵产生负压变化率报警和负流量变化率报警。这些报警的逻辑组合，可证实泄漏的存在与否。单个报警也许是一种假报警显示。

2)静态平衡检漏

静态管线平衡检漏系统的测量原理，是将进入一段管道的液体总流量与排出该管段的液体总流量数进行计量比较，对管道内的液体存量的所有变化予以调整。在某一有限时间内，如果这些值之间出现不平衡情况，则证明有渗漏存在，因此

$$渗漏量 = 流入量 - 流出量 + 管道内存量变化$$

所计量的流体量经过补偿到标准压力和温度状态，并在相同时间利用钢材热膨胀系数计算出这个间隔期间管道的存量，并对计算出的值进行比较，以确定管道存量的变化。

3)压力波监测检漏

对泄漏产生的减压波信号进行检测的技术已有应用，但因在泵站和设备终端进行的开泵、停泵和切换阀门等正常操作也产生负压波，二者不易区别，而使此法的应用受到限制。20世纪70年代末，美国研制出了定向压力波报警技术，相关系列试验表明这是一项行之有效的技术，现已广泛应用。

如图5-8所示，在管道各段的两端离泵60m处，各设置一组动压变送器，每组两个动态压力变送器相距60～100m。A变送器的输出经延时电路接在差动放大器的一个输入端上，B变送器的输出接在其另一个输入端上。延时电路的延迟时间调整为恰好等于压力波从变送器A传播到变送器B的时间，于是从该泵站方向进入的水击波虽然先到A后到B，但在差动放大器的输入端信号却是同时到达，并且二者相等，放大器无输出信号。但是起源于管道上、从下一泵站方向进入的水击波则先到达变送器B，然后到达A，差动放大器有信号输出，当此输出达到临界值时即发生报警。此系统只监测两变送器之间的管道，未受监测的仅仅是泵站至相邻变送器组中最远的一个变送器之间的一段管道。

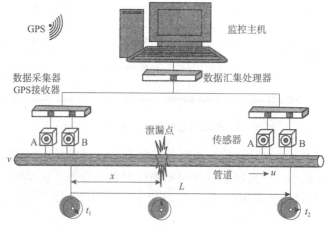

图5-8 压力波报警变送器的设置

根据下一泵站方向进入的水击波，在设定报警的临界值较低时，从而提高探测的精度，现已能探测到 80kg 以内、2.5 ~ 12.5mm 的小孔的泄漏。此系统自动计算并显示泄漏位置，可显示到 0.01km。计算按下述关系进行：

$$\Delta t = \frac{x}{a} - \frac{L - x}{a} \qquad (5-17)$$

可以得到泄漏点的位置：

$$x = \frac{1}{2}(L + a\Delta t) \qquad (5-18)$$

式中　Δt——上、下游二组变送器报警输出信号时间差，s。

从压力波报警的工作原理可知，它只探测正在开始发生的泄漏，或者称为突发的泄漏，不能探测已知存在的稳态泄漏。

4）瞬时模拟系统的动态检漏

计算机瞬时模拟软件采用正常管线操作物理参数，如流量、吸入与排出压力、油品密度、管子尺寸、扬程等。利用这些数据以质量守恒、能量守恒、动量守恒、状态守恒四个公式为基础，应用经验的流动方程来模拟某一段特定管线的流量和压力温度分布图。由于瞬时模拟技术包括将一条管线分成若干段，分别进行瞬时模拟设计并与实际测量值进行对比进而求得泄漏参数。管段长度可有所区别，大约 2 ~ 16.09km，这要取决于管线整体布局、长度及系统计算要求。

瞬时模拟系统的最重要的用途之一便是动态检漏能力，另外还有其他能力，如：天然气管线充填量分析传递效率、压缩机/泵优化、管线效率、油面跟踪、清管器追踪、仪表自动标定及故障报警等。

5）内部检测法

借助智能清管器等内部检测设备，可直接对管道的内/外表面进行检测或成像，根据搭载的传感器和检测原理的不同，内部检测方法主要包括：漏磁通检测法、超声检测法、电磁涡流检测法、光学直接成像法、放射性检测法等。

6）光纤检漏法

目前利用分布式光纤可以进行微量的泄漏，国内外开展这类研究的亦较多。分布式光纤传感系统测量准确度高、抗电磁干扰耐腐蚀、可实现远距离分布式传感，同时又具有体积小、易于安装埋设等优点，国外已将光纤传感技术应用于油井和油气输送管线检测。光纤检漏仪的研制和应用对于提高管道运行效益、环境保护都具有重大的意义。

其检测原理是：将一固定光纤回路置于管道内作为检测泄漏信号的传感元件。当管道发生泄漏时所产生的泄漏噪声会对泄漏点处的光纤产生扰动，光纤的长度、纤芯的直径和折射率都将发生变化，导致两束传输光波相位发生变化，两束光相位差的大小与泄漏点位置、泄漏噪声引起光波相位变化速率成比例，从而就可实现对泄漏点进行定位。

此外，类似与光纤监测的埋设方式，目前还有一种化学电缆检测方法已应用于航空油料管道的泄漏监测，该方法根据特制的同沟敷设埋地电缆所具有的烃敏感特性，对少量泄漏即可实现灵敏的检测，我国大兴机场的航空油料输送管道就采用了这种技术。

思考题

1. 与铁路、水路、公路等其他运输方式相比，管道运输具有哪些优缺点？
2. 油库库内管道材质的选择应综合考虑哪些因素？
3. 为什么大型民航运输机场一般采用预设机坪管道的方式进行供油？
4. 机坪管道与库外输油管道相比有哪些明显的差异？如何保证其处于恒压？
5. 在设计机坪管道时，为什么区域机坪内高峰小时加油量推荐按照每类机位数量的20%同时加油时的额定加油量进行确定？
6. 管道泄漏检测主要有哪些方法？哪些可用于机坪管道的泄漏监测？

参考文献

[1] 张大华，陈远富，裘丽华，等. 采用多泵并联变频调速技术实现机场恒压供油[J]. 航空学报，2003 (2)：170-173.
[2] 楼登峰. 智能 PID 技术在恒压管线控制中的应用[D]. 上海：上海师范大学，2004.
[3] 李琳，穆向阳，江秀汉. 长输管道自动化技术[M]. 北京：石油工业出版社，2005.
[4] 杨筱蘅. 输油管道设计与管理[M]. 东营：中国石油大学出版社，2006.
[5] 蒋华义. 输油管道设计与管理[M]. 北京：石油工业出版社，2010.
[6] 徐自兵. 民航机场供油管网压力分析与研究[J]. 中国石油和化工标准与质量，2012，33(12)：86-87.
[7] 王佳. 机场油料供给管网泄漏检测系统研究[D]. 西安：西安石油大学，2014.
[8] 中国石油化工集团公司. GB 50074—2014 石油库设计规范[S]. 北京：中国计划出版社，2014.
[9] 晁智明，文蛟，曹沛新. 机坪供油管网水力学仿真研究[J]. 石化技术，2015，22(11)：100-102.
[10] 杜文奇. 机场恒压加油系统研究与设计[D]. 哈尔滨：哈尔滨工程大学，2016.
[11] 史云玲，杜文奇. 自适应模糊 PID 控制在机场恒压加油中的应用[J]. 电气应用，2017，36(23)：66-71.
[12] 曾小舟. 机场运行管理[M]. 北京：科学出版社，2017.
[13] 中国航空油料有限责任公司. MH 5008—2017 民用运输机场供油工程设计规范[S]. 北京：中国民航出版社，2017.
[14] 韩芳. 撬装式直升机加油装置的设计[J]. 机械制造，2018，56(12)：57-59.

第6章　航空油料装卸

航空油料除通过管道输送外主要依靠铁路和公路运输，靠近江河、海洋的油库则采用水运或水陆联运。对于通用航空机场，由于用量小、品种多，还存在少量使用油桶运输的情况。油品进库以后，油库进行油料收发作业的场所称为装卸油作业区。根据油品运输方式的不同，该区布置有不同的装卸设备与设施。航空油料装卸油作业区分为铁路油品装卸区、水路油品装卸区以及公路油品装卸区，由于油桶较小一般不单独设置卸油区。本章主要介绍航空油料装卸过程中涉及的铁路装卸、水路装卸和公路装卸的基本形式、工艺流程和操作管理，以及装卸油过程中涉及的油品质量控制和计量管理等内容。

6.1　铁路装卸

6.1.1　概述

铁路装卸是利用铁路装卸系统对铁路罐车内的航空油料进行装卸的过程，铁路装卸系统根据油品性质分为轻油装卸系统和黏油装卸系统，航空燃油的装卸显然属于前者。铁路装卸过程使用的设施设备如下。

1. 栈桥

栈桥是为装卸油作业所设的操作台，以改善收发作业时的工作条件，栈桥一般与鹤管建在一起。由栈桥到罐车之间设有倾斜角不大于60°的活动梯，操作人员可由此上到油罐车进行操作，如图6-1所示。

在设计和建筑栈桥时，必须注意栈桥上的任何部分都不能伸到规定的铁路界限中去。如有些部件(鹤管、活动梯等)必须伸入到接近界限以内时，该部件要做成旋转式的，在不装卸油时，应位于铁路界限之外。

图6-1　铁路栈桥

栈桥有单侧操作和双侧操作两种。在一次卸车量相同的情况下，单侧卸油栈台较双侧者长，且占地多，但可使铁路减少一副道岔，机车调车次数减少一次。一般大中型油库均采用双侧栈桥，只有一次来车量较少的小型油库才采用单侧栈桥。

栈桥宜选用钢筋混凝土结构。当使用有镀层的钢质格栅板组合栈桥时，钢质格栅板与

图 6-2 装卸油鹤管

平台、扶梯不宜采用焊接形式连接。台面高度一般在铁路轨顶以上 3.5~3.6m,台面宽度一般为 1.5~2m,单侧使用时可窄些,双侧可以宽些。栈桥应采取防止高空作业跌落的防护措施,如设置安全栏。栈桥立柱间距应尽量与鹤管间距一致,一般为 6m 或 12m。栈桥两端和中间每隔 60~80m 设一个休息间和扶梯,以方便工作人员休息和上下栈桥。栈桥上可设置防晒及防雨雪的顶棚。

2. 装卸油鹤管

鹤管是铁路油罐车装卸油料的专用设备,又称装卸臂,主要由旋转接头、内臂、外臂、垂管、平衡器、控制系统等部件组成,如图 6-2 所示。对于不同牌号的车用汽油和柴油等性质接近的轻质油品,装卸油鹤管可以混用。但对于航空燃油装卸油鹤管,必须要专管专用。接卸航空汽油等甲 B 类油品时,应注意采取防汽阻措施。

鹤管的公称压力一般为 CL150、CL300 或 PN2.5、PN6、PN10、PN16、PN25、PN40 和 PN63 等,公称尺寸一般为 DN25、DN50、DN80、DN100、DN150 和 DN200 等。其中,按照鹤管的公称尺寸大小和装车自动化程度分为大鹤管和小鹤管。大鹤管管径大,自动化程度高,有利于集中控制,用人较少,缩短装车时间,节省占地,但装卸油平均损耗较高,且对油泵等设备要求较高。

航空油料铁路装卸使用的常见形式是万向式鹤管,也称固定式万向鹤管,如图 6-3 所示。这种鹤管是由壁厚 1.5mm 以下的薄钢板制成的立管、横管、装卸油短管等主要管道部件,以及平衡重锤、悬臂、转向接头等装置组成。站在栈桥上,操作人员手推悬臂,就可以任意调整鹤管以对准铁路油罐车罐口。这种鹤管操作方便,使用灵活,减轻了劳动强度和装卸油的辅助作业时间,现阶段应用较广。

油库中鹤管总数等于各类油品所需鹤管的总和,而某种油品的鹤管数量取决于该种油品一次到库的最大油罐车数,使到库油罐车能一次对位实施装卸。在确定每种油品所需的鹤管数时,应当考虑装卸油的形式。对单股作业线,某种油品的鹤管数等于该种油品一次到库的最大油库车数。

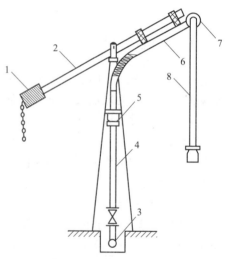

图 6-3 固定式万向鹤管

1—平衡重锤;2—悬臂;3—集油管;4—立管;5—转向接头;6—横管;7—法兰;8—装卸油短管

对双股作业线,布置在两股作业线中间的鹤管可以两股作业线共同使用,因此鹤管数可以减少一半,即等于该种油品一次到库最大油罐车数的一半。

根据铁路油罐车的长度不同,鹤管的间距不同,罐车的计算长度一般为 12m,因此同类油品鹤管的间距一般为 12~12.5m。根据装卸油品种类和数量的具体情况,油库鹤管有专用单鹤管、双用单鹤管和双鹤管等几种布置形式。鹤管一般通过混凝土支墩或支柱安装在栈桥上。为了保证在电源或泵房遭受破坏时仍能实施油品收发作业,在鹤管下部可以设一旁通备用法兰接头，平时用盲板封住，供移动式泵机组使用。鹤管应选用密封性好、操作灵活的关断阀，并在适当位置设置鹤管残油回收器。

3. 集油管

集油管是将各个鹤管的来油汇集起来的管线，不同油料有各自的集油管与该油料的鹤管相连接，如图6－4所示。集油管主要是起到汇集油料的作用，在集油管的中部引出一条输油管与输油泵相连，然后输送至储罐。

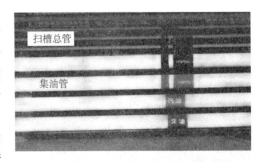

图6－4　集油管与扫槽总管

用泵卸油时，集油管与泵吸入管相接，油料经泵吸入管直接进泵。自流卸油时，集油管与卸油管相接，油料进入零位油罐后再用泵输送到储油区。集油管的直径一般比泵的吸入口径大一些，以减少吸入阻力。例如泵的吸入口径为150mm时，集油管直径为200mm。

集油管的平面布置，一般是与铁路作业线相平行。对单股作业线，集油管布置在泵房一侧；对双股作业线，集油管应布置在两股作业线中间，此时鹤管供两条作业线共用，泵的吸入管需要穿过铁路，施工较麻烦。

集油管的敷设方式，有空中架设、直接埋土和管沟敷设三种。空中架设是将集油管架设在半空中，一般位于栈桥下方，图6－4即是采用的这种模式。其优点是施工和检修方便，但受环境影响较大。直接埋土是将集油管直接埋入土中或沙砾石里。其优点是管路受大气温度影响小、施工方便，但检修较麻烦。管沟敷设是将管路敷设在有盖板的管沟内。其优点是检修方便，但造价较高。

集油管的坡度应大于2‰，一般从两端坡向中间，中部与泵吸入管相接，以减少集油管的阻力损失。泵吸入管应连接于集油管下面，以便放空。

集油管的连接，一般采用焊接而不采用法兰，尤其是直接埋入土中时更应如此。在特殊情况需用法兰连接时，在连接处应设检查井，以便检修。

4. 扫槽管

扫槽管是将罐车底部的油抽吸至真空罐的管道，分为扫槽短管和扫槽总管。扫槽短管是连接抽罐底燃油软管的管道，扫槽总管用以收集各扫槽短管的燃油，一般与集油管平行设置，如图6－4所示。由于扫槽总管具有收集油料并输送至真空管的功能，因此又称为真空集油管。扫槽管与鹤管的连接形式有如下两种：

第一种形式是每一种油料的扫槽总管在该种油料鹤管处预留一个短管接头，供抽底油用。同时分出一个支管接至鹤管控制阀门上方，打开该支管阀门，即可抽净鹤管中的空气，造成虹吸。这种形式的优点是鹤管造成虹吸卸油的速度很快，油料在虹吸作用下进入泵房或零位油罐，主要用于自流卸油系统。

第二种形式是在离心泵吸入口处附近将真空管路与泵吸入管连接。使用时，泵吸入系统的空气由真空系统抽走。这种形式造成虹吸的速度较慢，但离心泵可以避免开阀启动，此时真空管只作抽底油用。

扫槽总管一般采用DN50左右的钢管，扫槽短管一般采用DN40左右的钢管，在5～

10min 内可以抽吸 1m³ 左右的底油。抽底油管的直径太大则胶管直径也需相应加大而使操作不便；若直径太小，则抽底油的时间要加长。

图 6-5　铁路油罐车

5. 铁路油罐车

铁路油罐车是散装航空油料铁路运输的专用车辆，其载质量有 30t、50t、60t、70t、80t 多种类型，目前国内使用的大多数是 50t、60t 和 70t 的。铁路油罐车由罐体、油罐附件和底架三部分组成，如图 6-5 所示。

罐体是一个带球形或椭球形头盖的卧式圆筒形油罐，它是由 4~14mm 的钢板焊接制成。通常圆筒下部的钢板要比上部钢板厚 20%~40%。例如，载质量为 50t 的油罐车，上部钢板厚 9mm，下部及球形头盖钢板厚度为 11mm。罐顶上的空气包用来容纳因油料温度升高而膨胀的油料，空气包的容积为罐容积的 2%~3%，钢板厚度一般为 6mm，但近年来开始逐步取消。空气包上有一带盖的人孔，孔盖为圆形并呈半球状，刚性很大，关闭时利用杠杆和铰链螺栓压紧，在罐车盖与人孔间夹以铅垫保证密封。罐底部略有坡度，并坡向集油窝以便抽净底油。在空气包处设有平台，罐内外皆有扶梯供操作员登车和进入罐车内。

航空煤油和航空汽油都属于轻质油品，一般采用轻油罐车运输，不设加热装置。罐体外一般涂成银白色。如国产 GQ70 型轻油罐车，这种罐车的载重为 70t，总容积为 78.7m³。

轻油罐车在罐体上装有一个进气阀和两个出气阀，以减少运输途中的呼吸损耗和保证安全，其控制压力为 1.5MPa，真空度为 0.2MPa。当罐内外存在压差时，将迫使气阀阀芯与阀座离开，大气经阀罩和阀体上的孔，并通过阀芯与阀座间的空隙和过滤网进入罐内。当罐内真空度小于 0.2MPa 时，阀芯借弹簧张力与阀座贴合，切断与大气的通路。当罐内正压超过 1.5MPa 时，出气阀打开，排出油气混合气体。当压力小于 1.5MPa 时，在弹簧张力的作用下阀芯与阀座压紧。其中，弹簧张力的大小可以使用旋转螺母来调节。近年来常采用呼吸式安全阀，由于它的结构简单，因而取代了进气阀和出气阀。呼吸式安全阀的作用原理和进气阀、出气阀相同。油罐车的主要技术经济指标一般都会标识在罐体的显眼位置，主要有：

实际载质量：又称净载重，指油罐车可以装载的油品质量，单位以吨计。以罐车有效容积乘以油品密度来计算。

标记载重：油罐车上标示的标记载质量，单位以吨计，根据设计资料确定。

罐车自重：油罐车上标示的车皮质量，单位以吨计，即空罐车自身的质量。

净载重系数：罐车净载重与标记载重加罐车自重之和的比值，一般在 0.55~0.7。净载重系数越大，说明罐车运油效率越高，罐车的经济效率越好。净载重系数取决于罐车的材质、结构、容积和油品密度。

换长：车辆两端车钩在闭锁位置时，两钩舌间的距离（m）除以"11m"的得数，称之为车辆的换算长度，简称为换长。计算时，保留至小数第一位。换长的目的在于以长度换算成辆数，方便轨道停留车辆数的计算与掌握。

冷却系数：油罐表面面积与实际载质量的比值，反映每吨油品的散热面积。冷却系数越小，保温效果越好，油品在运输过程中散热越慢。

容量计表：用以表示油罐车内液位与容积的对应关系表。计量时通过量取油罐车的液位高度，查阅对应的容量计表即可确定该油罐车内的液体体积。

【例1】

表6-1为某轻油罐车铭牌的显示值，已知该罐车装载的介质为航空煤油，其标准密度为795.2kg/m³，计算该罐车的净载重系数。

【解答】计算实际载质量：$78.7 \times 795.2 = 62582kg$

计算净载重系数：$62582/1000/(70+23.5) = 0.67$

因此该罐车的净载重系数为0.67。

表6-1　某轻油罐车铭牌

技术经济指标	数值
载重	70t
自重	23.5t
容积	78.7m³
容量计表	KA6445
换长	1.1

6. 铁路线

铁路线包括专用线和作业线两种。铁路专用线是指从铁路车站到油库支线的总称，又称场外线；油库内实施收发油作业的线段，称为作业线或作业道，又称场内线。在线路布置时专用线和作业线都应符合相关规定。

铁路专用线要少占良田和少迁民房，并避开国家大中型建筑。专用线应尽可能减少土石方工程，避免穿越各种自然障碍，尽量不建桥梁、隧道和涵洞，以降低工程造价。铁路专用线的长度和股数根据铁路干线的牵引能力、油库容量、收发量以及地形条件等因素决定。专用线的长度一般不宜超过5km，以免投资太大。当专用线长度较长时应进行经济性对比，对储油库或中转油库进行重新规划选址，或继续修建铁路专用线。

铁路专用线应按照GB 50012《Ⅲ、Ⅳ级铁路设计规范》进行设计和建造，其对线路的曲线半径、设计行车速度、坡度等具有严格的规定。在专用线与车站线路接轨处，应设安全线(长度一般为50m)，以防专用线的车辆由于管理不慎溜放冲入车站发生事故。

铁路作业线是铁路油罐车停放并进行装卸油作业的地段。作业线布置是否适当，与作业方便与否和安全防火有直接关系。为便于实现自流装卸、节约能源，作业线尽量敷设在油库的最低或最高处。作业线应为水平直线，一般为尽端式布置。为防止调车时溜车，进作业线前100m也应无坡度。

机场油库作业线根据具体条件一般有双股和单股两种布置形式，如图6-6所示。主要根据机场吞吐量和年消耗油量确定，为大中型机场供油的油库一般设双股作业线，单股作业线只适合于为小型机场或通用航空机场供油的油库。

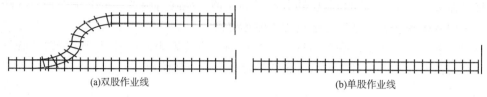

(a)双股作业线   (b)单股作业线

图6-6　铁路作业线布置形式

7. 零位罐

零位罐(也称缓冲罐,有些地方还称为中继罐),它是为了快速卸油而设置,并不担负长期储存的任务。零位罐的容量可按一次到库的最大油罐车数考虑,并留有一定安全余量。

零位罐的罐底标高及装油高度,既要考虑自流卸油的要求,又要考虑泵的吸入状况,还应考虑地下水位等因素。通常在一定容量下,零位罐的高度较小而直径较大,以统一上述几种因素的矛盾。

若在装卸车的同时有可能进行库内输转时,零位油罐和缓冲油罐的容积可根据输转能力相应减少。一般情况下尽量不设零位油罐和缓冲油罐,以减少油品损耗。

6.1.2　装卸工艺

铁路装卸油系统主要由输油系统、真空系统和放空系统组成,如图6-7所示。其中,输油系统是工艺流程的主要部分,由装卸油鹤管、集油管、输油管和输油泵等设备组成,用来开展航空燃油的收发,多种工艺过程的变换大多是通过该管组的调整来实现的。真空系统只用于上部卸油系统,用来为鹤管抽真空引油和抽吸罐车底油,它由扫槽管、真空管、真空罐和真空泵等设备组成。放空系统设置的目的在于输油完毕后将输油管中残存的油料排入放空罐内,其作用是为了实现"一管多用",即用一根管路输送多种牌号的油料而不发生混油,并防止积存在管路中的油料受热膨胀或低温凝管,保证管路安全并使管路维修方便,主要包括放空罐和放空管线等。

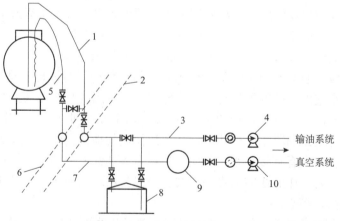

图6-7　典型航空燃油装卸系统

1—装卸油鹤管;2—集油管;3—输油管;4—输油泵;5—扫槽短管;
6—扫槽总管;7—真空管;8—零位罐;9—真空罐;10—真空泵

【例2】

铁路装卸油系统主要由输油系统、真空系统和放空系统组成，但图6-7典型航空燃油装卸系统中，却没有放空系统，分析其原因。

【解答】 航空油料装卸一般都采用"专管专用"和"专泵专用"，不会发生混油。并且航空油料属于轻油，在运输过程中温度对其性质影响不大，不会发生凝管或膨胀，可以不需要设置放空系统。

航空燃油的装卸油系统分为装油和卸油两大类。对于机场供油，主要以卸油为主；装油是卸油的逆过程，根据油罐车和储油罐的相对位置，通过自流或泵送的方式进行。航空油料的铁路装油一般在炼油厂等油料生产企业，不属于民用机场供油工程范畴，本书不做详细介绍。从燃油的卸油方法考虑，铁路卸油系统主要分为上部卸油和下部卸油两大类。

1. 上部卸油

上部卸油是通过鹤管从油罐车上部用泵或虹吸自流的方法卸油，这是目前民用机场供油工程广泛采用的方法。

1）泵卸油

泵卸油是航空燃油比较主流的卸油方式，卸油系统由离心泵、鹤管、集油管、真空罐及扫槽总管等组成，如图6-8所示。

泵卸油必须具备的条件是：保证泵吸入系统充满油品并在鹤管顶点和吸入系统任意部位不产生气阻。因油库卸轻油多用离心泵，所以必须配有真空系统用来灌泵和抽底油。用泵卸油的优点是从油罐车内卸出的油品可直接由泵送至储油罐，不经过零位罐，减少

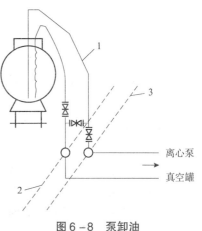

图6-8 泵卸油
1—鹤管；2—扫槽总管；3—集油管

了蒸发损耗；缺点是必须设置高大的鹤管、栈桥和真空系统，设备多，流程复杂，容易形成气阻；当动力系统、离心泵和吸入管路等发生故障和遭受破坏时，延误卸油时间。

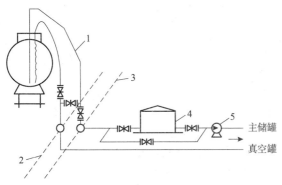

图6-9 虹吸自流卸油
1—鹤管；2—扫槽总管；3—集油管；
4—零位罐；5—输油泵

2）虹吸自流卸油

当油罐车高于零位罐（中继罐）并具有足够的位差时，即可采用虹吸自流卸油，如图6-9所示。虹吸自流卸油的速度，取决于卸油管路的阻力和油罐车与零位罐的位差。但鹤管必须具有抽真空或填充油品的设备，造成鹤管虹吸和抽净油罐车底油。另外，零位罐的总容量通常等于或稍大于到库每批油罐车的最大装油量。

虹吸自流卸油的优点是故障较少，不受泵和动力设备的影响。缺点是卸油

后，需要由零位罐继续泵送至储油区，多一次输转，增加了油品蒸发损耗，并且卸油过程的流速相对较慢，不容易控制。

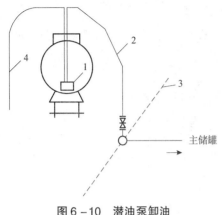

图 6 – 10　潜油泵卸油
1—潜油泵；2—鹤管；3—集油管；4—电缆

3）潜油泵卸油

潜油泵卸油是直接利用潜油泵进行油品的卸油方式，如图 6 – 10 所示。潜油泵安装在鹤管的末端。泵利用电动机传动，二者共装于密闭的外壳中，电机被油罐车的油品冷却。潜油泵卸油有气动、电动、液动三种方式。目前液动潜油泵卸油安全可靠，使用较为普遍。液动潜油泵卸油系统主要包括液压站和液压泵两大部分。液压站由防爆电动机、液压油泵、油箱、溢流阀及管路附件组成。液压泵是潜油泵的动力源，它的工作原理是把电能转化为液压能，压力油通过油管驱动潜油泵的液压马达，液压马达拖动离心泵运转。

由于潜油泵的增压作用，整套卸油装置处于较高油压下，因而可以从根源处克服卸油过程中的气阻现象发生。但缺点是设备复杂、投资大，液压部分工作液泄漏可能影响系统正常进行和油品质量等。

2. 下部卸油

由油罐车下部卸油器直接与吸入系统管路和泵连接，如图 6 – 11 所示。其最大的优点是取消了上部卸油鹤管，解决了夏天卸轻油时鹤管产生气阻的问题，同时不需要抽真空灌泵和清扫油罐车底油，因而设备隐蔽简单，操作方便，几乎克服了上部卸油的全部缺点。

但油罐车下部卸油器由于经常开关，以及行驶中震动等原因，难以保证严密，易渗漏，运输途中不安全。目前下部卸油主要应用于黏性油品的接卸，航空燃油使用较少。

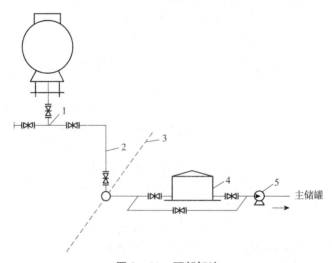

图 6 – 11　下部卸油
1—油罐车下卸器；2—鹤管；3—集油管；4—零位罐；5—输油泵

3. 装卸油工艺要求

铁路槽车装卸油工艺需满足下列要求：

(1)铁路槽车装卸油工艺主要由鹤管、装卸油及扫底系统组成。装卸油的鹤管数应按照油品的年运输量(周转量)确定。装卸油鹤位数量的计算应依据 SH/T 3107《石油化工液体物料铁路装卸车设施设计规范》进行核算。

(2)装卸油栈桥日作业批次宜按不大于 4 批次进行设计。

(3)每批车的净装卸车时间宜为 2～3h，并对集油管管径、油泵扬程、流量进行匹配性校核。

(4)如为上部卸油，航空煤油系统可采用自吸泵，航空汽油系统宜采用潜油泵卸车方式。

(5)装卸油站至机场油库宜采用直卸直输，距离较远时宜进行经济技术比较后，确定选用直卸直输或在装卸油站内设置中转储罐的卸油方式。

(6)铁路槽车的下部卸油系统，应采用密闭管道系统。

(7)从上部向铁路槽车装载航空油料时，应采用插到槽车底部的鹤管。鹤管内的液体流速，在鹤管浸没于液体之前应不大于 1m/s，浸没于液体之后应不大于 4.5m/s。

6.1.3　装卸作业管理

油料的装卸作业是油库经常性的主要作业。由于参与装卸作业的人员和涉及的设备较多，所以必须统一指挥，加强组织，搞好协作，努力熟练操作技能，认真贯彻规章制度，做好装卸油工作。装卸油作业要求快速、安全、保质、保量。

航空油料的卸油作业的主要流程是：

(1)准备工作：检查个人劳保用品、检查油库设备情况、检查交接班物品、作业环境辨识等。

(2)接车前检查工作：确定槽车对应位置，检查铁路、踏梯、脱轨器等，检查随身工具，打开铁路大门。

(3)接车工作：槽车入位后配合对位，安装放溜装置，抄录并核对车号、表号、卸位，关闭铁路大门后，确认油品种类、来油单位和发出时间等基本信息。

(4)卸油作业：打开槽车顶盖，计量员和化验员分别确定油品数量和质量无误后，装卸员将鹤管插入槽车底部，司泵员启泵开始卸油；槽车底部的油料换抽油胶管，司泵员启真空泵继续抽吸；完成卸油作业后，关闭槽车顶盖并通知车站。

(5)送车前检查工作：检查随身工具，检查铁路、踏梯、脱轨器等，打开铁路大门，通知车站调度室。

(6)送车工作：机头入库后，配合清除放溜装置；车辆离库后，关闭大门并上锁。

铁路油罐车卸油作业中，虽然每人所操作项目只是一个局部，但对于实现每次卸油作业快速、安全、保质、保量起着一定作用，所以切不可粗心大意。为了做好装卸油作业，对有关操作人员应明确其职责。

1. 装卸员

装卸员负责油罐车装卸现场的全部操作，如对正货位、连接卸油短管、油罐车静电接地、操作鹤管闸阀、监视油罐车油面、适时转换油罐车以便连续卸油、抽净油罐车底油等工作。在操作中应注意以下几个问题：

1）防止漏气

卸油时，鹤管处于真空状态，漏进空气，会破坏鹤管正常工作甚至断流。最易漏气的地方是旋转填料筒、法兰接头、装卸油短管接头和薄铁皮装卸油短管的焊缝处。密封填料缺油干涸时，应加注意添加润滑脂或更换填料，紧固法兰螺丝；垫片（橡胶或石棉垫）变形、破损时应及时更换，并在垫片上涂一层润滑脂；薄铁皮管焊缝渗漏时可以涂以环氧树脂或进行气焊焊补。

2）防止堵塞

如装卸油短管为胶管，胶管老化、脱层时易吸堵；当油罐车内有棉纱、破布等异物时也易堵塞，操作时应多加注意，胶管不宜贴紧油罐车底部，应装上卸油嘴，并应经常清洗粗过滤器。

3）适时开关阀门

卸油时掌握阀门的开关时机很重要。如在卸油时关迟了，空气进入吸入系统和离心泵内，会破坏泵的正常工作，需要重新填充鹤管；关早了，油罐车内剩下的底油太多，会延长卸油时间。实际工作经验是：收油时，当甲油罐车的油品卸至约 4/5 时应逐渐关小鹤管阀门，同时将另一鹤管的阀门打开，卸乙油罐车的油品；当甲油罐车的油品快卸完但又没有露出卸油嘴时即关闭阀门，同时完全打开乙油罐车的鹤管阀门。

4）适当并联鹤管

卸油时同时使用几根鹤管较为合适，但要具体情况具体分析，并联鹤管的数目要根据泵的流量大小而定。一般每根鹤管以通过约 $50m^3/h$ 的流量较为经济，所以当泵的流量为 $50m^3/h$ 左右时使用一根鹤管为宜，流量为 $100m^3/h$ 左右时使用两根鹤管为宜，以此类推。

5）静电接地

卸轻油尤其是卸航空燃油时，会产生电位较高的静电。为使鹤管和罐车同电位，并将静电导入土壤中，必须将鹤管上的静电接地连线的铝质夹子夹在油罐车上，注意保证接触良好。每次使用都应检查夹子及接地是否良好，接头有无松动锈蚀，夹子与油罐车铁架之间应导电良好，不应有油污和锈蚀。

6）其他事项

尽量背风操作；禁止擅自进入油罐车掏底油；认真监视油面；保质保量；要防止混入泥沙和雨雪，要减少晒油和蒸发损失；油罐车的底油要尽量抽净。

2. 司泵员

司泵员负责泵站内的全部操作，如开关管组阀门、检查泵、开真空泵引油、开主油泵卸油、监视油泵运转、开真空泵抽底油等工作，操作中应注意：

1）监视油泵运转

压力表、真空表读数反映了泵的工作情况和卸油作业中的概况。作业中，要时刻注意油泵的声响，掌握轴承、填料的温度，真空表、压力表的读数变化，电动机及电器设备有无过载现象等。发现有不正常现象时，应当机立断，采取有效措施，及时检查处理。

2）适时通风

装卸油作业不可避免地存在大量的蒸发损耗，因此作业前、作业中及作业后都应进行自然通风或机械通风。

3. 计量员

计量员主要负责油罐车和油罐的量油、测温，监视油罐的油面变化等工作。操作中应注意如下几个问题：

1）检查来油数量

铁路卸油具有一次来油多、油罐车数量多的特点，因此计量员应准确测量各槽车液位、密度和温度，根据容积表确定来油数量。

2）测量油罐油位

油罐快装满时，及时准确报告进油情况，以便掌握好转换油罐和停泵时机。作业中及时测量油位，发现油位不正常时，应及时分析检查。

4. 化验员

化验员主要负责接收油品和库区油品的质量检查。操作中应注意如下几个问题：

1）油品化验

油品取样、外观和目视检验、重新评定检验、核对或填写化验单等工作应严格按照航空油料质量管理规定，严禁使用不合格的油品。

2）过滤器检查

对过滤器油品水分、杂质进行检查和排放，避免影响油品质量。

5. 安全员

安全员负责机车进库检查，布置现场灭火准备工作，检查作业场所的防火安全情况等工作。作业时，有大量的油蒸气存在，同时又有很多"火源"，如进库的机车、泵的原动机、静电、铁制工具产生火星等，因此要特别注意防火，做好防火检查和灭火准备工作。例如检查鹤管的静电接地情况是否合乎要求；检查作业现场有无违反消防规定的现象；检查各处布置的灭火器材是否齐全完好；做好应急准备等工作。

此外，铁路装油作业实施程序和人员分工与收油作业大致相似，可参照进行。

随着科学技术的发展，油库自动化水平相应提高，许多油库已经引入各类自动控制系统，可以自动控制装卸油，因此装卸员、司泵员、计量员等的操作得到简化，如阀门控制交由自控系统负责，司泵员只负责必要时开泵装卸油品；计量员核准油罐车的装油量也交给自动测量装置完成；化验员使用的化验设备趋于自动化等。

6.2 水路装卸

6.2.1 概述

水路装卸是利用水路装卸系统对油船内的航空油料进行装卸的过程。随着我国石油工业和国际间贸易的日益发展，需要大量的进口油料，即需要大批的各种类型的油船来运油，因此也需要大量的水路装卸作业。水路装卸过程使用的设施设备主要有：

1. 油品装卸油码头

油船装卸油作业必须建造油品装卸码头，如图 6-12 所示。油品装卸码头主要有顺岸式固定码头、栈桥式固定码头和栈桥式浮动码头三种类型。顺岸式固定码头一般适合于陡峭的海岸地形，它修建比较容易，遭到局部破坏时修复比较快，但停靠的船只少。栈桥式固定码头停靠的船只较多，但修建困难，受潮汐影响大，破坏后修复慢。栈桥式浮动码头修建容易，停靠船只多，能随水位的涨落而升降，不受潮汐等影响。

图 6-12　装卸油码头

油船是在码头进行装卸的，宜于建造航空油料装卸码头的港湾在地质条件、防波条件、水域、深度、泥沙淤积、与其他码头间距、规模形式等各方面均有严格要求。

2. 油船

油船是运输航空油料的专用工具，其运输成本随重量增大而降低。根据油船有无动力系统和自航能力，可以把它分为油轮和油驳两大类。

1）油轮

油轮带有动力设备，可以自航，一般还设有输油、扫舱、加热以及消防等设施。由于各种石油产品的闪点、黏度、密度等特性不同，因而对载运不同种类石油产品油轮的要求也不一样。例如，对载运闪点较低油品的油轮，防火防爆要求严格些；对载运黏度较大油品的油轮，需要大量舱内加热设施；对载运密度较小的油轮，舱容量要求较大。国内海上和内河使用的油轮，可分为万吨以上、3000t 以上和 3000t 以下几种。万吨以上的油轮主要用于海上原油、成品油运输；航空燃油的海上和内河运输，多以 3000t 以上、不加热的油轮为主。

2）油驳

油驳是指不带动力设备，不能自航的油船，它必须依靠拖船或拖轮牵引并利用油库的油泵和加热设备进行装卸和加热。油驳按用途来分有海上和内河两类。我国油驳一般都在内河使用，载质量有 100t、300t、400t、600t、1000t、3000t 多种。油驳一般有 6～10 个油舱，并有可以相互连通和隔离的管组，有的也可以装卸两种以上的油品，它所载运时油品种类与油轮相同。油驳是单条或多条编队由拖轮拖带或顶推航行，是内河大宗货油和码头、港内货油及燃料油驳运工具。通常，在油驳编队航行中拖带油驳的拖轮，从防火防爆角度上考虑,应与一般拖轮有所不同,在拖轮上要求有强大能力的消防设施。

油船的主要技术指标有:

排水量:油船满载时排开水的质量,它等于油船的自身质量和载质量之和。

载质量:承运的油品和油船本身消耗的物品(燃料、锅炉、生活用水和储备用品等)的总质量。

载货量:能够承运的油品质量。

吃水深度:满载时从水面到船底的吃水深度。

满载航速:油船满载时的最大航速。

利用系数:载质量与排水量之比称为排水量的利用系数,它表示油轮构造的完善程度。利用系数一般为 0.65~0.8。

3. 油品装卸导管

油品装卸导管的作用类似于鹤管,是油船在装卸油过程中与码头管路相连接的导管。油品装卸导管应能适应油船的浮动和深度的变化。中小型油库一般均采用耐油橡胶软管。装卸臂是目前国内外大型航空油料油库广泛采用的金属装卸油导管之一,其功能与铁路装卸的鹤管类似。它可以克服橡胶软管普遍存在的装卸效率低、寿命短、易泄漏和劳动强度大等缺点。

5000 吨级以下航空油料船舶可根据作业量等条件采用软管装卸作业,其余宜采用装卸臂作业。装卸臂的规格和数量应根据船型、装卸量、设备额定能力、船舶接管口的数量和口径等因素综合确定。海港码头和河港码头设计应分别按 JTS 165《海港总体设计规范》和 JTS 166《河港总体设计规范》的规定执行。

装卸臂一般由立柱、内臂、外臂、回转接头以及油船接油口连接的接管器等组成。当油船停靠码头进行装卸时,装卸臂液压系统开始动作,驱动内、外臂迅速达到需要的位置。当快速接管器与油船上集油管法兰连接妥善后,即可将液压系统断开,使装卸臂随船自由运动。装卸臂可用来装油,也可用来卸油或接卸压舱水。

装卸臂的台数不宜多,因为过多时占用栈桥面积要加大,而在深水码头,栈桥的建设费用要比输油臂本身的造价大得多。航空油料油库通常配备 2~6 台输油臂。

4. 油罐

在油品装卸码头及其附近应视需要设置一定容量的放空罐、沉降罐和零位罐。放空罐用于放空管线中存油,沉降罐用来沉淀油船的扫舱油,零位罐为快速卸油而用以油料缓冲。各油罐的结构功能与陆用油罐类似,此处不再赘述。

5. 船用卸油泵

船用卸油泵是油轮上的设备,油品的卸载主要由它来完成。船用卸油泵主要有汽轮机离心式油泵和电动机离心式油泵。较早期的油轮上有往复式油泵,它是用蒸汽机作为动力的泵,这种泵安全可靠,造成的真空度较高,但这种油泵效率比较低,排量受到限制,满足不了大型或超大型油船的要求。

汽轮机离心式油泵是用汽轮机带动的离心泵,和往复泵一样安全可靠;而且排量大(可达 500~1500t/h),可以连续平稳地运动,因此不但中型油船适用,而且更适于大型和超大型油船的需要;但它无干吸能力,吸入空气的敏感性大。因此这种泵一般设在舱底,并且当卸油至一定程度后，便停止使用，而启动扫舱泵继续卸油。

电动离心式油泵用电动机带动，这种泵除了排量大、能够平稳连续地运行等外，还具有效率高、操纵控制方便，有利于油船自动化等优点。但是由于油船日趋大型化，要求油泵的排量加大，需要有大功率的电机来带动大排量离心泵，但是船上的电量很难满足这样大功率电动机的需要。因此目前大型油船上选这种油泵的还不多。

此外，装卸油码头上还配有辅助用的扫舱泵，以及向油船供水、供油、供蒸汽的水管、油管、蒸汽管、压舱水导管，还应当有通信联络设备和消防用的泡沫导管等消防设备。

6. 油品装卸泵房

据水位涨落情况及码头类型，可以在岸上设置固定泵房或在岸边设置浮动泵房，其由安装在趸船上的泵机及其他设备组成。由于浮动泵房可以随水位的涨落而升降，因此用它卸油时有利于保证泵吸入系统的正常工作。装卸油系统应设快速关断阀、泄压装置、质量检查口及窥视器。水路油品装卸泵房的工艺流程及设施设备与陆地类似，本书不再赘述。

6.2.2 装卸工艺

油船装卸工艺与铁路装卸工艺类似，主要区别在于油船装卸可用油船上的泵。如果储油区与油码头之间距离不是很长，彼此高差也不是很大，可用油船上的泵直接将油品泵送到储油罐中。若油码头与储油区之间既有一定高差又有一定距离，一般就在岸边设置零位罐(缓冲罐)，利用船上的泵将油品泵送进零位罐，然后通过库内泵站的油泵送到储油区。

在有一定高差的沿海、内河等处，水运油品装油常用自流式。但在有些地方，储罐与码头之间高差很小，位置距离较远，或需要提高装卸速度就需要有泵送装船。油轮装卸油工艺应能满足以下基本要求：

(1)满足油港装卸作业和适应多种作业的要求。

(2)可同时装卸几种油品而不互相干扰。

(3)管线互为备用，能把油品调度到任一条管路中去，不致因某一条管路发生故障而影响操作。

(4)泵能互为备用，当某台泵出现故障时，能照常工作，必要时数台泵可同时工作。

(5)发生故障时能迅速切断油路，并考虑有效放空措施。

(6)应与设计船型的装卸能力和配套罐区储运能力相互匹配，工艺流程应协调一致。

(7)应在工艺管道位于岸边的适当位置设用于紧急状况下的切断阀，该阀门应具有远控和现场手动操作功能。

(8)应具备装卸船、在线航空油料质量检查、扫舱等功能。

(9)宜采用船泵输送工艺，对无卸船泵的船舶应在码头上设置卸船泵，并设置泄压装置以保证安全。

(10)工艺管道的流通能力应满足正常装卸作业所需的最大流量要求，即根据船舶的装载量和装卸时间，以及船舶上的卸油泵能力来计算确定。航空油料正常装卸时，应采用密闭接口形式进行。

(11)除设置航空油料工艺管道外，还应根据需要考虑生活供水管道、消防管道、含油污水(压舱水)管道等工艺。

油船装卸必须在码头设置装卸油管路，每种油品单独设置一组装卸油管路，一个集油管有若干个分支，支管间距一般为10m左右，分支管路的数量和直径、集油管、泵吸入管的直径等，应根据油轮、油驳的尺寸、容量和装卸油速度等具体条件确定。在具体配置时，一般将不同油品的几个分支管路(即装卸油短管)设置在一个操作井或操作间内。平时将操作井盖上盖板，使用时打开盖板，接上耐油软管。

此外，航空油料装卸作业结束后，管线内的剩余油品一般需要扫回油罐，或将输油导管内的残油扫入油船。扫线的目的是为了防止油品在管线内堆积凝结，避免和下次来油混淆以及便于检修。

扫线介质主要有蒸汽、热水、海水、压缩空气。但蒸汽、热水、海水会增加油品的含水量，影响油品质量，故常采用压缩空气扫线。但对管线呈下垂凹形的地方，压缩空气不易将余油扫清，因此在管线布置时，要注意尽可能避免呈现下垂凹形的死角。

6.2.3 装卸作业管理

油船装载量大，能同时盛装不同品种的油品，但易受海上风浪、潮汐、水位深浅、码头大小客观条件的影响，因此在进行油船油品装卸时，应根据客观条件组织实施。对于航空油料，主要是开展卸油工作，其过程是：

(1)得知油船将要到达码头的通知后，除检查装卸油设备、临时连接软管、码头系缆设备、码头与油库的通讯联络设备外，还要对接收油品油罐的原有油品数进行测量，以便最后确定接收油品的数量。

(2)为使油船在海上航行平稳安全，往返行驶都应有一定载重，即油舱中没有油品时，便将海水装入以压舱。因此，装油时必须将油舱内的海水排除干净，卸油时要逐舱试水测量，若积水过多，应先抽水至沉降罐，然后再卸油。

(3)准确计量。在装卸油品前，除对接收或发出油品的油罐存油量做出报告外，还要使全程管路抽空或注满油品，不然装卸油品后很难准确算出收发量，这是由于油船油品的收发是以油库油罐收发数量为依据的。

(4)码头与船上临时胶管的连接必须安全可靠，装卸油时，船体会受到风浪或潮汐的影响而上下波动，因此连接码头和船上的临时胶管要留有足够的长度，并在通过船舷处搭跳板或用绳索吊起，不得放在栏杆上，以免因船体上下波动将胶管磨损或拉断。

(5)油船油品的装卸，是油船和油库双方共同参加的工作。因此，一定要互相配合，协同动作。若联系不紧密，动作不协调，就会发生损坏设备和造成跑油的事故。当利用油船上油泵卸油时，船上一切阀门的开关，油泵的开停，均由船方负责。船外的一切操作，均由油库负责。开始作业，双方要同时发出操作信号，可用旗语，用红、绿灯或用步话机联系，双方都要自始至终地按规定信号严格操作。

(6)降低泵速清舱。当油船各舱油面普遍至距舱底30cm左右时，可将泵速降低，多用辅助泵清舱。清舱的方法，可将水打入油舱中，再将油、水一起打出，经油水分离器后，把油输入油罐中。

(7)装卸油作业结束后，需放空管路内余油。放空管内余油的目的在于：避免与下次来油混淆；防止温度变化胀坏管路以及便于检修等。

6.3 公路装卸

6.3.1 概述

公路装卸是利用公路装卸系统对汽车油罐车内的航空油料进行装卸的过程，是小型民用机场和通用航空机场广泛使用的装卸系统。公路装卸过程使用的设施设备主要如下。

1. 汽车油罐车

汽车油罐车是航空燃油公路运输的专用工具。由于燃油用量较少的通航机场或支线机场修建管道和铁路的经济性较差，也不具备水路的条件，因此使用汽车油罐车作为主要的运输工具，如图6-13所示。一般的汽车油罐车罐体由3mm厚的钢板制成，把罐车隔成3个或以上可以相通的隔间，以减轻油品在运输途中的晃动和水力冲击。罐体上部装有量油孔，并有导尺筒直通罐底；罐车上中部设有人孔及安全阀；罐车底有排水阀、排油阀；罐车配有扶梯、手摇泵、泡沫或二氧化碳灭火器和拖地铁链等，并配有带快速接头的 $\phi 53 \times 300mm$ 耐油胶管两根。当作长途运油时，为了防止油料从下部卸油口泄漏，需要采取一定的防漏措施。

图6-13 汽车油罐车

现代汽车油罐车常常备有安全保护设施、精确控制油品数量设备等。汽车油罐车的容量趋于大型化，目前已有8t、12t、15t、25t等大容量的汽车油罐车投入使用。

2. 汽车罐车油品装卸鹤管

向汽车油罐车上装油品时，应采用能插到油罐车底部的上部灌油鹤管，如图6-14所示。这样，既可减少油品的蒸发损耗又可减少静电积聚。当罐车无下卸器时用上卸鹤管亦可卸油。用上部卸油鹤管卸油时，应尽量采用自吸式离心泵卸油，这样可以使卸油操作简单、方便。为了防止上部装油时溢油事故的发生，可以在鹤管上安装防溢阀。

汽车罐车油品装卸鹤管与铁路类似，但由于上部装卸油的危险性较高，蒸发损耗较大，现在基本不再使用。

图6-14　汽车罐车装卸鹤管

3. 汽车油罐车发油台

为了便于向运油车队发油，油库中一般均修建汽车油罐车发油台，在站台上设置鹤管（上部）或快速接头（下部）、流量表、过滤器等。站台高度应便于人员登车操作。汽车油罐车灌装一般在发油台上进行，在站台上加盖上防雨棚，用以改善操作人员的工作条件。发油台有通过式、倒车式、旁通式、圆盘式、云桥式等型式，其中最常见的为通过式及倒车式油台。通过式栈桥上置发油台的配置可使汽车油罐车直接通过鹤管灌装，这种发油台因无须调车，故汽车停顿时间短、占地面积少，但同一时间装车的数量少。所以，当装车频繁或油品种类较多的时候受到一定的限制。倒车式发油台可同时灌装多辆汽车油罐车和多种油品，但停靠车时间长，占用的场地大。

若向单个汽车油罐车装油时，一般由单独的汽车油罐车装油鹤管或快速接头来进行。对于小型机场油库，由于装车任务少，所以采用单个鹤管或快速接头装油较多。

4. 汽车油罐车卸油井

卸油井主要供汽车油罐车下部卸油用。自流卸油时，集油管路和输油管路的坡度≥1%，以利于管中油料的放空、收净。部分小型油库常用。

5. 中继罐

部分山地或小型油库卸油时使用的零位罐，因地理位置相对较高也称中继罐或灌装罐，可以采用立式钢油罐或卧式钢油罐。对汽车油罐车装油或灌桶，多采用卧式钢油罐。中继罐容量根据油库的任务和规模确定，一般情况下中继罐的容量略大于一天的最大装油量。中继罐的高度应当满足最大装油量的需要，如果需要可以架高，高架卧式钢油罐的支座由砖石砌成或由混凝土浇筑而成。支座数目由计算确定。罐身需有一定的坡度（$i=1\%$），以便排空罐内油料。

6.3.2　装卸工艺

公路油品装卸区应布置在油库面向公路的一侧，油库出入口附近，并尽量靠近公路干线，以便于公路干线衔接。该区是外来人员和车辆来往较多的区域，可设围墙与其他各区隔开，应设单独的出入口，外来车辆不可驶入油库其他区域，以保证安全。

1. 完全依靠汽车油罐车运输油品的油库

这种类型的油库，油品装卸油方法主要有自流装卸油（图6-15）和泵装卸油（图6-16）

两种。在地形条件许可的情况下，装卸油均可实现自流作业。若受地形限制，一般采用泵进行装卸油，其工艺流程与铁路装卸油类似。但由于输油泵可以更好地控制收发油速度，因此大部分航空油料的公路装卸都采用泵装卸油(图6-16)的形式。

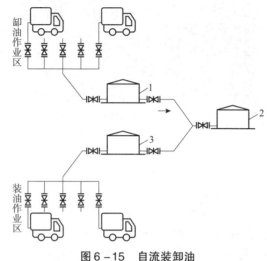

图6-15　自流装卸油

1—零位罐；2—主储油罐；3—中继罐

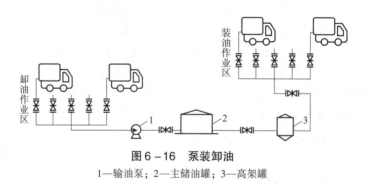

图6-16　泵装卸油

1—输油泵；2—主储油罐；3—高架罐

2. 以管道、铁路或水运为主，兼有汽车油罐车和油桶作业的油库

目前大中型机场油库均属于此类型油库。其灌装方法根据地形条件的不同有自流和泵送灌装两种方法。由于汽车油罐车的容量较小，灌装连续性不强，所以应尽可能采用自流灌装。在山区和丘陵地带，如地形选择得当，利用高位储油罐很容易实现自流作业。在平地若无地形可利用，一般可先将油品泵送到高架罐，然后再利用高差自流装车或灌桶。随着科学技术的发展，油库管理技术水平的提高，一些油库已经用管道泵直接输送灌装工艺。这种方式省去了高架罐这一中间输转环节，减少了占地和基建费用，消除了通过高架罐灌油时的"大呼吸"损耗。为了防止流速过大和水击，相应地采用了减压措施和变频调速等技术措施。

汽车油罐车目前主要采用下部装油。轻油灌装必须具备过滤器、流量计、恒流阀、加油枪等设备。汽车油罐车的灌装计量，多采用流量计等动态计量，若采用油品灌装自流化设备，则可以进行自动定量灌装，这是目前的发展方向。

接收汽车油罐车进油的小型油库，通常采用下部卸油，然后通过输油泵将油品从零位罐输送到储油罐，其工艺设备主要是管组及快速接头和胶管。

3. 装卸油工艺要求

运油车装卸油工艺需满足下列要求：

（1）装油宜采用泵送工艺。有地形高差可供利用时，宜采用储罐直接自流装油方式，并设置定量装载系统。

（2）采用泵送装卸油时，装卸油泵、过滤器、压力接头等应布置在同一岛（台）上，并设置定量装载系统。

（3）装卸油工艺宜采用密闭管道系统，并从罐车底部装卸。

（4）上部装油时，航空油料完全浸没装油口前的流速应不大于1m/s，完全浸没装油口后的流速宜不大于6.5m/s；下部装油时，流速宜不大于7m/s。

6.3.3 装卸作业管理

对于航空油料，公路装油工作的作业流程主要有：

（1）油罐车按规定行驶到发油台前，发动机熄灭后，油库的化验员应检查油罐车的油罐是否清洁、设备是否完好。如不符合要求，应立即进行清理等工作，待符合要求后，才可装油。

（2）装卸员向来库装油单位索取装油单，了解装油的品种及数量。同时应检查油罐车的接地是否良好，连接导静电线，防止发生静电放电，产生火花的危险。

（3）装卸员放下装油鹤管或连接底部快速接头，并插入注油口中。如采用上部装油，鹤管应插至接近底部或液面以下，罐口应盖上罩布，以减少蒸发损耗和防止灰尘杂质等落入汽车油罐内。

（4）待以上准备工作做好后，即可开始打开阀门并启泵给汽车油罐车装油。

（5）在灌装过程中，应注意计量表的读数，当快到所需装油数量时，应减低装油速度，待到所需装油数量时，应立即停止，并记下装油数量。

（6）装油完毕，提出鹤管或取下快速接头，同时盖好油罐的罐盖，并取下静电连接线。

（7）填好装油单。汽车油罐车离开装油场地。

对于航空油料，公路卸油工作是装油的逆过程，其作业流程主要有：

（1）油罐车按规定行驶到卸油点，熄灭发动机。

（2）油库的化验员应检查油罐车的油罐是否清洁、设备与铅封是否完好。检查油料合格证，如不符合要求，应立即进行清理等工作，待符合要求后才可卸油。

（3）待油车停稳并静置至少10min后，从运油车油罐沉淀槽排放取样进行核对检验并留取1L样品。

（4）操作员检查油罐车的接地是否良好，连接导静电线，防止发生静电放电，产生火花的危险。放下鹤管或连接底部快速接头，并插入卸油口中。

（5）待以上准备工作做好后，即可开始打开阀门和油泵进行卸油。

（6）卸油时要注意密切观察流量表读数，每2h从接收燃料的过滤器沉淀槽中排除水分进行检查。

（7）卸油完毕后，提起鹤管或取下快速接头，然后取下静电连接线。

（8）填好收油单。汽车油罐车离开装油场地。

汽车油罐车进入发油区的注意事项有：

（1）油车必须事前将排气管用防火帽罩住，方可进入发油区，停车后马上关闭发动机，装卸时不准开动发动机。

（2）接好预先准备好的接地线，以导除静电。

（3）汽车油罐车的灌油口盖必须用有色金属等撞击时不产生火花的金属制成。灌油时鹤管必须放在距汽车油罐车罐底 20~30cm 高处。

（4）必须严密不漏，渗漏车禁止灌油。

（5）必须配备一定数量的消防灭火器材。

（6）所使用的灌油工具必须是不产生火花的防爆工具。

（7）汽车油罐车行驶时，焊在车体上的链条应经常保持接地，以导除油品在油罐车中因颠簸、震荡所产生的静电荷及汽车油罐车轮胎与大地摩擦所产生的静电荷。

汽车油罐车火灾发生时，应根据不同情况采取不同的扑救措施，具体有：

（1）初起火灾的扑救方法。由于铁器碰撞油罐车罐口、静电放电或外来飞火引起油罐车罐口火灾时，在油罐车完好无损的情况下，可采用窒息灭火法。即用石棉毡或其他覆盖物将罐口盖严，在缺氧的条件下，燃烧就会停止。如果一时找不到覆盖物也不要惊慌，只要用油罐车罐盖盖住，同样会收到灭火的效果。将罐盖盖住后，如果用泡沫或水枪喷射车的四周边缘，就更为理想。

油罐车已被烧得温度过高时，应首先对油罐车加以冷却。冷却时每一油罐车必须不少于两支水枪喷射水流。待冷却到救火人员可以接近时，用覆盖法灭火。对灭火人员要用水枪保护，防止烧伤。

（2）油品外溢、蔓流燃烧火灾的扑救方法。油品因油罐车倾斜、颠簸振荡、油罐车渗漏破损等原因外溢并蔓流燃烧时，有排水沟的处所应将燃烧的液体排入沟内，然后用泡沫灭火。在没有排水沟的处所，应在燃烧区附近挖一深沟，使燃烧的液体流入沟内燃烧，以缩小燃烧面积。如果来不及挖沟，应在燃烧区筑起简易土堤，控制火场，防止蔓延，然后采取四面包围的战术，用开花水流或喷雾水流或泡沫扑灭。如果在场救火群众较多，可发动群众，用砂、土掩埋燃烧的油火，同样会减弱火势，缩小燃烧面积。

（3）油罐车大面积火灾的扑救方法。由于汽车油罐车颠簸或一车着火引燃多车的大面积汽车油罐车火灾，必须集中优势打歼灭战，采取堵截包围、穿插分割、逐个消灭的战术以及灵活多样的灭火方法。扑救此种火灾，首先用砂土筑起土堤，把溢流在地面的油火控制在较小的范围之内，防止到处蔓流，与此同时，应组织力量将未燃烧的车辆疏散到安全地带。如果燃烧油罐车严重威胁附近的建筑物或构筑物时，在可能的条件下，可在水枪的掩护下，将油罐车拖至安全地点扑救。

此外，桶装（也称整装）油料（包含航空润滑油和航空燃油）是目前通用航空机场广泛使用的一种油料供应形式。油桶是储存油品的小型容器，最常见的是容积为 200L 的圆桶。在桶顶上有 500mm 和 9mm 的大小口各一个，大小口上都装有螺丝塞盖。大口用于灌装或倒出油品，小口用于进出空气。对于这部分桶装油料的储存和使用，应重点关注油品质量和混用等问题。

6.4 质量控制与计量管理

6.4.1 接收质量控制

1. 通用要求

1）接收前

燃油接收前，应检查确认接收油罐、接收管线、相关设备符合接收和储存航空燃料的要求。核对收发油证件、燃料规格牌号、运单号、车（船）号、铅封标记、数量和炼油厂发油单，检查产品出厂质量合格证是否项目齐全、内容完整、指标符合要求。如有问题，应拒绝卸油并与有关部门联系，在获得满意解释后方可接收。

2）接收期间

接收时，应填写航空油料接收检查单，如表6－2所示。如果核对检验发现密度变化超过±3kg/m³、发现大量水分或其他质量问题，应拒绝接收并立即与有关部门联系，在获得满意解释后方可接收。

表6－2 航空燃料接收检查单

接收前的检查—接收油罐					
铅封完好	已标记牌号	油罐无泄漏	燃料颜色正常	燃料无水分	燃料无杂质

检查人： 年 月 日

接收前的检查—运输工具					
铅封完好	已标记牌号	密度核对合格	燃料颜色正常	燃料无水分	燃料无杂质

检查人： 年 月 日

接收后的检查—接收油罐			
沉降时间/h	燃料颜色正常	燃料无水分	燃料无杂质

检查人： 年 月 日

抗静电添加剂数量（现场有加剂作业需填写此栏）	
上游加剂量/（mg/L）	
本库接收时加剂量/（mg/L）	
累计加剂量/（mg/L）	

上述操作符合 MH/T 6020《民用航空燃料质量控制和操作程序》要求。

油库负责人签名： 年 月 日

在接收燃料期间，每2h从接收燃料的过滤器沉淀槽中排除水分，并从沉淀槽取样进行检查，发现异常情况，立即停止卸油并进行调查，直至查明原因。

如果在接收燃料期间，油库接收过滤器的压差上升速度比通常快，或在所检查的样品中怀疑或发现有过量的杂质或水分，应在接收过滤器的上游进行比色法膜片试验。通过膜片颜色或质量的变化来判断油品中的固体颗粒污染物。如果试验结果大于6级（湿片）或5级（干片），应在此位置继续进行比色法双膜片试验，以确认燃料本身的颜色；如果两片膜片之间的色差小于或等于3级（湿片），可继续收油；如果色差超过3级（湿片），应在此位置继续进行重量法膜片试验，结果不大于1.0mg/L可继续收油，否则应停止收油，进行调查。航空燃油接收期间质量控制程序如图6-17所示。

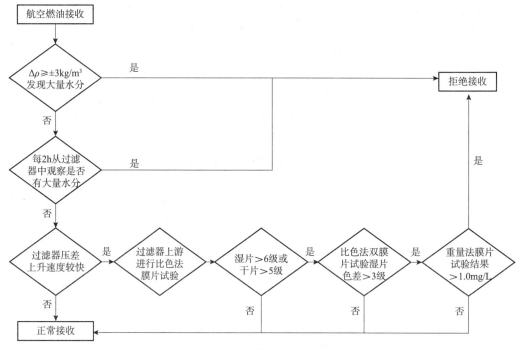

图6-17　燃油接收期间质量控制程序

3）接收中添加抗静电添加剂

为了确保在加入飞机油箱时喷气燃料的电导率满足产品标准要求，应综合考虑所接收喷气燃料的电导率以及在储存、运输过程中电导率的衰减情况。在中转油库接收期间可加入抗静电添加剂，在机场油库宜采用将低电导率喷气燃料与高电导率喷气燃料混合的方法。

添加抗静电添加剂时，应确认拟加入的抗静电添加剂与喷气燃料中原有的抗静电添加剂是互容的，宜使用同一种已经被批准认可且在有效期内的抗静电添加剂；计算需要加入添加剂的数量并记录，添加时应控制加入速度。宜在接收燃料期间在线加入抗静电添加剂，以确保混合均匀。

对于无加剂设备的地方，可在当运输容器中已装入至少50cm深度燃料后将添加剂加入运输容器中再继续加装燃料，也可在卸油之前将添加剂加入运输容器中或接收油罐中。为避免因飞溅而产生的静电，应尽量避免采用倾倒的方法从容器的顶部加入添加剂，可在装、卸油之前，通过用底部取样器从容器顶部或由油罐旁的质量检查罐用泵打回去的方式，将添加剂加入运输容器或接收油罐内的燃料中。

接收油罐内的燃料经沉降后，应分别取上、中、下部样测试电导率，确认加剂的有效性。

2. 接收铁路油罐车燃料

应逐车检查底部清洁情况。检查可通过开启油罐车顶部孔盖目视进行，若无法进行检查或通过检查发现清洁情况存在问题，应使用底部取样器取底部样进行检查。

应取中部样进行核对检验：三车及三车以下应逐车进行，三车以上可最多每三车取组合样进行核对检验。所有车的中部样组成一组合样后测定电导率，并留1L样品。

如果发现油罐车底部有大量水分、杂质或其他污染物（必要时用化学试纸检测水分），只有在密度变化在±3kg/m³以内且在特殊情况下，可将该批燃料单独存放，再与有关部门联系。如果发现铅封损坏、数量不符的罐车，应单独取样进行核对检验；如果发现车号不符的罐车，应单独取样进行重新评定检验。检验合格且获得供油方满意的解释之后方可接收。

3. 接收管线燃料

1）接收单一品种的管线燃料

接收单一品种的长输管线燃料应在整个输油过程的开始、中间和结束时，以及在批次转换且所转换批次到达接收过滤器上游取样点时，分别取管线样进行核对检验并按批次留1L样品。

2）接收多品种的管线燃料

接收多品种的管线燃料，应在整个输油过程的开始、结束以及在每隔2h和批次转换且所转换批次到达接收过滤器上游的取样点时，分别取管线样进行核对检验并按批次留1L样品。应对航空燃料与非航空燃料交接面的混油段进行切割处理，将混油段的燃料直接输送到非航空燃料油罐中。

为了最大限度防止因交接面混油段或在管线上粘附的其他燃料对航空燃料的污染，在航空燃料前、后输送的燃料应为下列燃料之一，且其优先顺序为：

（1）轻质馏分原料（石脑油）；

（2）中间馏分；

（3）车用汽油。在输送喷气燃料的管线中所输送的车用汽油不应含有清洁型添加剂。

输送的航空燃料应专罐单独接收。输送喷气燃料的管线不应输送含有表面活性添加剂的燃料。机场油库不应直接接收通过多品种的管线输送的航空燃料。

4. 接收船运燃料

在卸油过程中，应在接收管线尽可能靠近油船的位置取样进行外观检查。在开始卸油后和卸油结束前大约5min时在线提取样品进行外观检查；对非专用油船还应在卸油过程中每隔2h取样进行外观检查。如果怀疑或发现污染，应停止卸油，及时通知有关各方共同处理。

1)接收国产航空燃料

应检查确认所有油舱的入口密封完好,随后由相关各方共同认可的专业检查机构或独立检查机构的检查人员进行计量。为了防止污油水舱的污水进入岸罐系统,检查人员应在卸油前、后对污油水舱进行计量,并与随船文件中的装油数据进行比较。应检测每个油舱是否含有游离水,并报告检测结果。如果发现油舱中含有异常水分杂质,应立即通知船方和供应商。

如果油舱中燃油的数量与运单燃料的数量相差很大,超过±0.2%,应在卸油前从受到影响的油舱中提取组合样进行重新评定检验,检验结果合格方可卸油。如果没有怀疑发生污染,应从每个油舱取1L中部样进行核对检验(加测电导率),允许三舱合并为一个样品进行核对检验。

卸油前,船方和收货方共同提取一个5L的由各舱中部样组成的组合样留存,用于对燃料质量有争议时的仲裁,提取的样品由双方代表共同铅封并签名确认。如果拒绝接收,应向船方出示拒收证明材料。

与船方做好随船样品(装船前岸罐到码头的输油管线样、装船后的船舱组合样及非专用船适用的装至500mm的船舱组合样)的交接。

2)接收进口航空燃料

在从油船开始向岸罐卸下航空燃料前,从所有油舱中提取一个10L的多舱组合样供全规格检验用。船样全规格检验合格且与随船证书中的检验结果差值在可接受范围内方可向岸罐转输,否则应通知相关方协商解决。

5. 接收公路运油车燃料

应待油车停稳并静置至少10min后,从运油车油罐沉淀槽排放取样进行核对检验并留取1L样品。可根据来油的批次,按批次留取样品。

若发现运油车沉淀槽放出的样品中有大量水分、杂质和其他污染物时,应继续静置沉降。再次放样品检查,若仍然出现超过2L的水分或杂质,则应拒绝卸油,进行调查,并与有关部门联系,共同处理。

6. 接收桶装燃料

应检查炼厂发油单、炼厂产品质量合格证,核对燃料牌号、批次号、桶号及数量,确认油桶上牌号标识、灌装日期及检验日期清晰,桶盖封识完好、无渗漏,并做好记录。

6.4.2 发出质量控制

所有的燃料发出前应有证明燃料质量合格的文件,质量证明文件应包括待发放燃料中所有批次对应的炼厂或批次起源地的燃料质量检验报告,若输送过程中有燃料质量检验报告,也应将其包括在内。按照相关规定进行了隔离及沉降控制、检验控制后,对油罐的沉淀槽或低点进行排放和检查,直至取样目视检验合格后,方可发出。

填写发出合格证,此证件是燃料发出的依据,如表6-3所示。发放合格证应注明日期并由授权签署人签字,它至少应包含下列内容:

(1)装油或运输的时间和日期;

(2)燃料名称(牌号);

（3）该批次的标准密度（20℃时的密度）；

（4）"无水"证明。

在发油开始时，对发油过滤器的沉淀槽进行排放，取样外观检查，直至合格为止并做记录。通过公路或铁路发出时，在装油前，应检查所有的公路运油车或铁路油槽车，以确保其内部洁净无水；装完油后，应检查、排除油车油罐内水分、杂质；发出之前，关闭、紧固罐盖并铅封。给罐式加油车灌油前，应检查核对车内燃料与待装燃料品种相符，方可灌油。通过油船发出时，按 MH/T 6038《民用航空燃料水路运输质量控制》执行。

对于桶装燃料发出的质量控制，应注意发出时遵循"存新发旧"的原则。并做到在发出前，应书面确认油桶密封完好、标识清晰、检验在有效期内、需发出燃料品种与桶装燃料油桶上的品种标识相符，如发出航空汽油还需确认牌号相符。

同一批次的桶装燃料首次发出时，随机选择一桶使油桶直立并在桶底一侧垫高使桶稍倾斜，至少静置 5min 后打开桶盖，确认桶内油高正常后，用管式取样器取底部样确认外观合格，测定密度并确定与对应批次的密度之差不超过 3.0kg/m³ 后，留取 2.5L 样品，取样完毕后应立即盖紧桶盖；如有异常，应隔离该桶燃料并对同一批次的其他桶装燃料进行检查确认。

发出桶装燃料给加油车灌油时，开启桶盖后应首先确认桶内油高正常，再通过不小于100 目的滤网或更细的过滤器向加油车内转移燃料，桶内燃料如未发完，则应盖紧桶盖并在桶身上标识清楚开启日期并记录，在下次优先发放。发出需通过简易加油装置为飞机加油桶装燃料时，应使油桶直立并在桶底一侧垫高使桶稍倾斜，至少静置 5min 后打开桶盖，确认桶内油高正常后，用管式取样器抽取底部样直至外观合格，检查完毕后应立即盖紧桶盖。发放完毕的空桶应盖紧桶盖，涂抹去桶身上的灌装日期和批次号标识。

表6-3 航空燃料发出合格证

发出油库：_____ 批次号：_____
燃料名称：_____ 发出数量：_____
发出罐号：_____ 检验证书编号：_____
发出日期：_____ 检验证书所给标准密度：_____ kg/m³

发油前的检查—发油油罐

油罐无泄漏	铅封完好	已标记牌号	燃料颜色正常	燃料无水分	燃料无杂质	在检验有效期内	挂上可使用标牌

检查人：　　年　　月　　日

发油前的检查—转输工具

转输工具：铁路油槽车□　油船□　管线□　公路运油车□

前三载牌号说明	运载牌号变更程序操作正确	空载检查合格	安装牌号

检查人：　　年　　月　　日

装油后的检查—转输工具							
铅封完好	燃料颜色正常	燃料无水分	燃料无杂质	视密度/(kg/m³)	视温度/℃	标准密度/(kg/m³)	标准密度与检验证书所给标准密度的差值/(kg/m³)

检查人：　　　　年　　月　　日

（注：如通过专用管线转输，不需进行本栏目的检查）

抗静电添加剂数量（现场有加剂作业需填写此栏）	
上游加剂量（mg/L）	
转输前加剂量（mg/L）	
累计加剂量（mg/L）	

备注：

①对于立式油罐：上部标准密度_____ kg/m³；中部标准密度_____ kg/m³；下部标准密度_____ kg/m³。

如立式发出油罐出现燃料分层，密度核对时应与对应的油层的密度进行对比。

②不适用的项目填写"—"表示。

上述操作符合 MH/T 6020《民用航空燃料质量控制和操作程序》要求。

油库负责人签名：　　　　年　　月　　日

6.4.3 收发计量管理

1. 发油计量

发油计量方式由供方选择，需方现场监督，确认发油数量后应及时向接收单位发出计量交接凭证。发油计量人员应持有相应计量资格证书，使用的测量设备应检定有效，发油数量计算修正方法符合计量要求。

采用公路、水路、铁路运输方式发油，供方应对运输容器进行铅封，需方监督，承运方应对铅封是否符合运输要求进行检查确认。通过管线输送方式发油，在交接界面收发双方应按约定的计量方法进行交接。

2. 收油计量

接收油料应依据计量交接凭证核对计量相关信息，检查车（船）外观和铅封。接收油料入库时应根据油罐安全高度计算油罐安全余量是否满足收油作业需求。采用管线接收油料的油库，在交接界面收发双方应按约定的计量方法进行交接。

3. 燃油损耗

航空燃油在装卸、运输、储存、加注等过程中，不可避免地会发生不同程度的损耗，将其分为自然损耗和非自然损耗两大类。自然损耗指在收发、中转、储存、销售等环节中，由于表面汽化、容器内壁粘附、少量余油不能卸净、难以避免的滴洒和微量渗漏等造成的油料损失。非自然损耗是事故损耗、排污损耗、设备检修和清洗损耗的总称。其中，事故损耗是由于事故、差错、自然灾害、人为破坏等原因造成的、无法回收的油料损失；排污损耗是由于排污放沉、油料质量检查等作业造成的，经过处理后仍不能回收使用，最终作为废油处理的油料损失；设备检修和清洗损耗是由于设备检修、清洗等作业造成的，经过处理后仍不能回收使用，最终作为废油处理的油料损失。

油料在测量间隔中由于自然损耗、非自然损耗以及测量误差所引起测量结果的差值，称为油料溢耗量。溢耗率指油料在测量间隔中所发生的溢耗量同原数量的比率。航空油料经营企业应采用新技术、严格工艺管理，减少中转环节，降低油料损耗，避免事故损失，加强排污损耗和设备检修、清洗损耗控制。

油料数量管理机构应按月按实际发生溢耗量进行核销，每月对采购、运输、中转、销售环节分析溢耗原因。油料接收企业应对供应商供油的溢耗量进行连续跟踪分析，并定期提供分析报告。月度溢耗率应控制在±0.35%以内。

装卸油过程中的非自然损耗由于存在较多不可控因素，一般无法计算。而自然损耗则根据不同地区不同季节存在一定的规律性，其计算方法如下。

1）地区划分

按照全国各地的地理位置、气候、温度和湿度等条件，将全国划分为3个区域：

A类地区：包括广东、广西、云南、四川、贵州、海南、江西、福建、湖南、重庆、香港、澳门、台湾。

B类地区：包括陕西、山西、山东、河南、河北、安徽、江苏、浙江、湖北、甘肃、宁夏、北京、天津、上海。

C类地区：包括新疆、青海、吉林、辽宁、黑龙江、内蒙古、西藏。

2）季节划分

全年共分为夏秋季和春冬季两季。A类、B类地区，四月至九月为夏秋季，其余月份为春冬季；C类地区，五月至十月为夏秋季，其余月份为春冬季。

3）卸车（船）损耗

卸车（船）损耗是指油料从车（船）卸入油罐时，因大呼吸及粘附产生的损耗。卸车（船）损耗率见表6-4，卸车（船）定额损耗量通过将收货量乘以损耗率获得。

表6-4 卸车（船）损耗率

油料名称	收油容器	地区	损耗率/%
喷气燃料	不分罐型	不分地区	0.05
航空汽油	立式罐	A类	0.23
	隐蔽罐	B类	0.20
	卧式罐	C类	0.13
	浮顶罐	不分地区	0.01
航空润滑油	不分罐型	不分地区	0.04

4）装车（船）损耗

装车（船）损耗是指油料从油罐装入铁路罐车、油轮、油驳、汽车罐车等运输容器内，因油罐大呼吸及运输容器内油料挥发和粘附而产生的损失。装车（船）损耗率见表6-5，装车（船）定额损耗量通过将发油量乘以损耗率获得。

表6-5 装车(船)损耗率

油料名称	装油容器	地区	损耗率/%
喷气燃料/航空润滑油	不分容器	不分地区	0.01
航空汽油	铁路罐车	A类	0.17
		B类	0.13
		C类	0.08
	汽车罐车 飞机加油车	A类	0.10
		B类	0.08
		C类	0.05
	油轮、油驳	不分地区	0.07

5)灌桶损耗率

灌桶损耗是指油料装入油桶内因容器内油料挥发和粘附而产生的损失。灌桶损耗率见表6-6,灌桶定额损耗量通过将容器输出量乘以灌桶损耗率获得。

表6-6 灌桶损耗率

油料名称	航空汽油	喷气燃料
损耗率/%	0.29	0.12

5. 资料管理

测量数据记录的有效位数应与检测系统的准确度、最大允许误差或设备测量不确定度位数相一致,不足的部分以零补齐。航空油料计量管理信息系统中的数据,应按变动周期、频次及时间的要求,及时录入、更新数据。

测量原始资料保存应不少于2年。测量原始资料包括:油料测量原始记录、计量交接凭证、计量统计报表、测量设备台账。

检定资料应按检定规程要求保存。检定资料包括:检定原始记录,检定或校准证书,测试报告、建标文件,技术规范,比对和验证记录等。

测量设备的技术资料应长期保存。测量设备技术资料包括:使用说明书、操作手册、技术参数。电子资料应定期备份。电子资料包括:计量电子媒体资料、电子测量设备软件及记录、自动测试系统软件、以电子方式存储的各类数据。所有用于数据采集、处理、计算、记录、报告、储存的软件应符合计量技术规范的要求。

思考题

1. 航空油料装卸有哪些主要的方式,分别有什么特点?
2. 简述铁路卸油的作业流程,以及各工种的主要职责与任务。
3. 简述水路装卸油使用的油品装卸导管与铁路装卸油使用的鹤管的主要区别。
4. 公路装卸油主要针对哪些机场?并简述这些机场供油工程的特点。

5. 在接收航空燃油时，如何保证油品质量，其控制程序是什么？

6. 航空燃油在装卸、运输、储存、加注等过程中，能否采取措施完全避免油品损耗？

参考文献

[1] 许行. 油库设计与管理[M]. 北京：中国石化出版社，2009.

[2] 郭光臣，董文兰，张志廉. 油库设计与管理[M]. 山东：中国石油大学出版社，2006.

[3] 白世贞. 石油储运与安全管理[M]. 北京：化学工业出版社，2004.

[4] 马秀让. 油库设计简明速查手册[M]. 北京：石油工业出版社，2017.

[5] 中国石油化工集团公司. GB 50074—2014 石油库设计规范[S]. 北京：中国计划出版社，2014.

[6] 中国航空油料有限责任公司. MH 5008—2017 民用运输机场供油工程设计规范[S]. 北京：中国民航出版社，2017.

[7] 中国航空油料有限责任公司. MH 5029—2014 小型民用运输机场供油工程设计规范[S]. 北京：中国民航出版社，2014.

[8] 中国航空油料有限责任公司. MH/T 5030—2014 通用航空供油工程建设规范[S]. 北京：中国民航出版社，2014.

[9] 中国航空油料有限责任公司. MH/T 6020—2012 民用航空燃料质量控制和操作程序[S]. 北京：中国民航出版社，2012.

[10] American Petroleum Institute(API). API RP 1543, Documentation, Monitoring and Laboratory Testing of Aviation Fuel During Shipment from Refinery to Airport[S]. 2019.

[11] 中国航空油料有限责任公司. MH/T 6004—2015 民用航空油料计量管理[S]. 2015.

第7章 航空油料储存

7.1 概述

航空油料储存根据不同机场对象采用的存储方式也不一样。通常，民用运输机场主要供运输旅客或者货物的民用航空器起飞、降落、滑行、停放以及进行其他活动使用，航空器起降数量多，油料补给需求量高，油料的储存主要采用大型的油罐。小型民用运输机场主要作为支线机场使用，由于小型民用运输机场业务量较小，故采用罐式加油车储存油料。

通用航空供油设施是民用机场的重要组成部分，是通用航空正常飞行的重要保障，虽然通用航空供油业务量总体偏少，对供油设施设备的要求相对简单，但所需求的航空油料种类较多，加油服务也有着便利、快捷的要求。

库站合一油库，指为民用运输机场航空器提供供油服务，具有航空燃料收发、储存、油品质量检查等功能的场所。

储存油罐，指正常接收、储存和发出航空油料的油罐，以下简称"储罐"。储罐不包括过滤器、回收罐、闭路取样器、污油桶等容器，油罐则包括储罐、回收罐、污油桶等容器。

7.2 民用运输机场航空油料储存

7.2.1 民用机场油料储存系统布置

建设目标年供油量大于50000t的民航供油工程油库容量较大，供油设施比较复杂，通常设有机场油库、航空加油站及汽车加油站，配套设施还可设有中转油库、装卸油站、输油管道及机坪加油管道等，此类机场供油量较大。

民用机场航空油料储存主要采用油库。油库的功能是为民用运输机场提供航空油料，具有航空油料接收、储存、输转、发放（装载）及航空油料质量检验、计量设备检定等功能的场所。一般包括储油库、中转油库和机场油库。储油库指接收和储存铁路、水路、公路、输油管道的一种或多种方式来油，并为中转油库或机场油库输转航空油料的专用储备油库。中转油库指接收和储存铁路、水路、公路、输油管道的一种或多种方式，来油主要为机场油库输转航空油料的油库。机场油库指主要直接为航空加油站或机坪加油管道等输送航空油料的油库，为民用运输机场航空器提供供油服务，具有航空燃料收发、储存、油品质量检查等功能的场所。运输机场因航空煤油供应量较大，储罐的容量也较大，一般采用地上立式储罐。将储罐布置在密闭空间或房间内，不仅投资大，且危险性也较大。航空燃料储罐的布置方式要求航空煤油储罐宜地上布置，储罐不应布置在密闭空间或房间内。回收罐可采取半地下的安装方式，半地下回收罐与库(站)内其他建筑物的间距与埋地卧式油罐相同。

储存航空油料应按专罐专用的原则进行储罐设计，储罐应成组分区布置。储罐组的布置及储罐之间防火距离的要求应符合《石油库设计规范》(GB 50074)的规定。油罐区的布置应遵循如下总体原则：

(1)首先应遵循国家及行业现行规范、标准的要求。主要应满足油罐间安全距离、油罐距防火堤坡角线的距离；油罐区内油罐的个数、油罐的总容量、不同性质油罐的分区、同一防火堤内隔堤的设置等要求。

(2)应合理布设油罐区及辅助生产区的消防道路，使之既符合规范要求，又节省投资，最好能够消防与运输合用。

(3)应充分利用土地，减少浪费。一期如果不能建成的，可留待后期使用，要充分考虑到今后的发展。

(4)掩体油罐区的布置还应合理利用地形，减少土石方挖填；科学确定底标高，有利于油料收发；尽量保持原地形地貌，有利于隐蔽。

根据油罐所处的位置不同，其火灾危险性不同，因此布置的要求也不一样。地面油罐区的布置要求如表7-1所示。

表7-1 地面油罐区的布置要求

设施设备		布置要求
同一储罐组内的储油总容量	固定顶储罐组	不应大于 $12 \times 10^4 m^3$
	固定顶储罐和外浮顶、内浮顶储罐的混合罐组	不应大于 $12 \times 10^4 m^3$（其中浮顶为钢质材料的储罐，其容量可按50%计入混合罐组的总容量。）
	内浮顶储罐组	(1)浮顶用易熔材料制作的内浮顶储罐组不应大于 $24 \times 10^4 m^3$；(2)浮顶用钢质材料制作的内浮顶储罐组不应大于 $36 \times 10^4 m^3$
	外浮顶储罐组	不应大于 $60 \times 10^4 m^3$
同一储罐组内的储罐个数	单罐容量≥1000m³	不应多余10座
	单罐容量<1000m³	储罐数量不限
储罐组的布置排数	单罐容量<1000m³	不应超过4排
	其他储罐	不应超过2排

防火堤内储罐组的布置，应按规范要求保证储罐之间及储罐壁与防火堤的防火距离，储罐壁与防火堤的距离如表7-2所示。

表7-2 储罐壁与防火堤的距离

储罐与防火堤的形式	储罐壁与防火堤的距离
地面立式储罐壁与防火堤内堤脚线	不应小于储罐壁高度的1/2
地面卧式储罐壁与防火堤内堤脚线	不应小于罐壁高度的1/2
山体兼作防火堤时，储罐至山体	不得小于1.5m

掩体储油区油罐的布置要求，如表 7 - 3 所示。

表 7 - 3　掩体储油区油罐的布置

设施设备			布置要求
罐组布置形式及间距	罐组布置形式		掩体立式油罐应采用独立的罐室及出入通道
	罐组布置防火间距	立式储罐	不应小于相邻两罐罐室直径之和的1/2
罐室与金属罐的距离			罐室的净空间应满足油罐等设备的安装、使用和检修要求，且罐室内衬或被覆拱顶的内表面，应高于金属罐顶1.2m，内衬墙面与罐壁之间的环形走道宽度不得小于0.8m
罐室顶采光通风孔的设置	罐室直径≤12m	孔的个数	不应少于2个
	罐室直径>12m		应设4个
	孔的直径或边长		不应小于0.6m
	其口部高出覆土面层		宜为0.25~0.35m，并应装设带锁的孔盖
罐室出入通道	断面	宽度	不宜小于1.5m
		高度	不宜小于2.2m
	通道形式		储存油品的覆土立式油罐，其罐室出入通道应采用向上的斜通道，且通道口高于罐室出入通道的墙体应保证在油罐出现跑油事故时不泄漏
门的设置			罐室的出入通道口，应设向外开启的并满足口部紧急时刻封堵强度要求的防火密闭门，其耐火极限不得低于1.5h。通道口部的设计，应有利于在紧急时刻采取封堵措施
罐室顶部的覆土厚度			不应小于0.5m，顶部覆土放坡线超出罐室的距离，不应小于1.5m，周围覆土面坡度不应大于65%，并对覆土面层采取栽种草皮等相应的稳固措施

油罐的间距还需要满足防火距离要求，国内对油罐间的防火距离根据 GB 50074—2014
《石油库设计规范》规定执行，如表 7 - 4 所示。

表 7 - 4　地上储罐组内相邻储罐之间的防火距离

储存液体类别	单罐容量不大于300m³，且总容量不大于1500m³的立式储罐组	固定顶储罐（单罐容量）			外浮顶、内浮顶储罐	卧式储罐
		≤1000m³	>1000m³	≥5000m³		
航空煤油和航空汽油	2m	0.75D	0.6D		0.4D	0.8m

注：1. 表中 D 为相邻储罐中较大储罐的直径。
　　2. 储存不同类别液体的储罐、不同型式的储罐之间的防火距离，应采用较大值。

【例】

地上立式油罐组平面布置举例。

地上立式油罐组平面布置如图7-1~图7-3所示。其区别和要求如下：

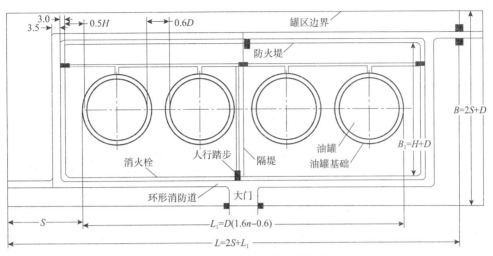

图7-1 同容量油罐单排布置

（1）图7-1~图7-3为储存甲、乙类油品的地上立式拱顶油罐的布置。图7-1为同容量、同直径的油罐在狭长地带成单排布置，图7-2为双排布置，图7-3为不同容量的油罐双排混合布置。

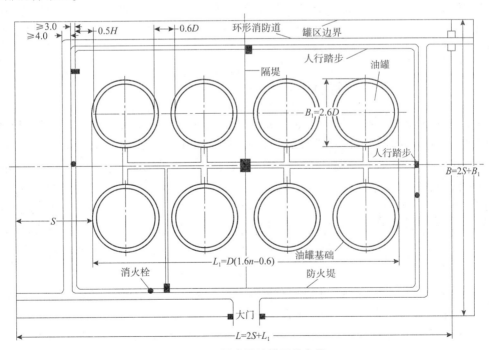

图7-2 同容量油罐双排布置

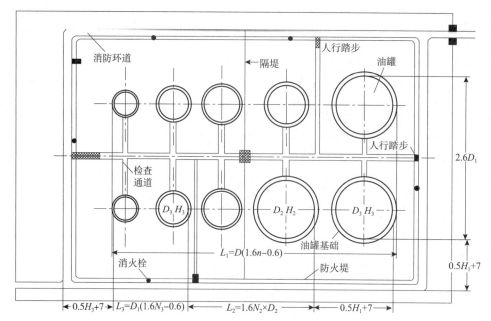

图 7 - 3　不同容量油罐混合双排布置

（2）若油罐选用内浮顶时，则油罐间距可为 $0.4D$，则 $L_1 = 1.4n - 0.4$。

（3）若油罐设在油库区域内时，则可不设罐区边界。

（4）图中 D 为油罐直径，H 为油罐壁高，n 为油罐个数，S 为油罐区边界（例如围墙）至油罐壁的距离，一般用 $S = 10 + 0.5H$ 计算确定（有防火堤、消防道的情况），但依据油罐容量不同其值最小不应分别小于如下要求：$V_d > 5000m^3$，$S = 18m$；$V_d = 1000 \sim 5000m^3$，$S = 14m$；$V_d < 1000m^3$，$S = 11m$。

7.2.2　民用机场油料储存装置选型

航空油料储罐的选型应符合《石油库设计规范》（GB 50074）的规定。对于机场油库储存航空煤油的储罐可选用立式钢制锥底储罐或选用斜底储罐。当航空煤油的最高储存温度低于其闪点 5℃ 及以下、单罐容量小于或等于 10000m³ 时，可采用固定顶储罐。为便于储罐航空油料的沉降和有效排水排污，对储存航空煤油的储罐的底板加以要求，其顶部、浮顶的要求应符合《石油库设计规范》（GB 50074）的规定最高储存温度，为储罐建设所在地（或周边气候条件类似的地方）历年来储罐内航空煤油的实测温度数值的最大值。航空煤油的产品标准要求闪点不低于 38℃，实际检测闪点一般在 40℃ 以上（炼厂、油源等不同，闪点有差异）。因此在航空煤油储罐选型时应结合航空油料的实际最高储存温度和实际闪点来核算。为了安全，只有保证航空煤油的最高储存温度低于其闪点 5℃ 及以下、单罐容量小于或等于 10000m³ 的航空煤油储罐才可采用固定顶储罐。

储存航空汽油的储罐应符合《小型民用运输机场供油工程设计规范》（MH 5029）和《通用航空供油工程建设规范》（MH/T 5030）的规定。

储存航空燃料的回收罐、污油罐的选型时，回收罐宜采用立式锥底或斜底的地上或半地下油罐，也可采用卧式油罐。当回收罐采用立式半地下安装时，宜设计成高径比小于1的半地下油罐，罐顶宜为平顶，罐底宜为带沉淀槽的平底或椭圆形封头。污油宜采用卧式油罐或污油桶储存。

回收罐采用立式半地下油罐时，其高径比小于1的设计如图7-4所示，观察孔可采用法兰对夹透明的可承重的材料制作。此种布置方式，可避免进入密闭空间内进行清洗，在地上采用长杆毛刷直接清洗油罐底部，降低劳动强度，安全可靠。由于卧式罐由于直径小、长度大，不易检查清洁度，清洗时，操作人员需进入该密闭空间内进行清洗，危险且劳动强度大，故不推荐卧式油罐用作回收罐。

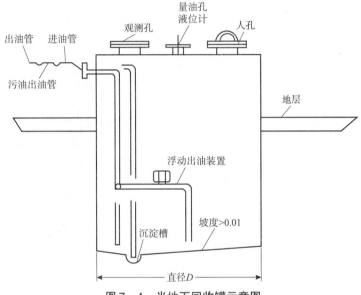

图7-4 半地下回收罐示意图

航空燃料在接收、储存、输转、发放(装载、加注)过程中，需对储罐底部油品进行排沉和质量检查，排沉和质量检查中的航空油料需回收至回收罐。按《民用航空燃料质量控制与操作程序》(MH/T 6020)，回收油罐中的燃料按规定进行沉降、排污后，取样进行外观检查和密度测定。如果怀疑发生微生物污染时，应对航空油料进行处置，合格后可返回储存油罐。回收罐内航空油料经外观检查和密度测定，合格的航空油料回储罐，不合格航空油料需入污油罐或污油桶，故需设置回收罐和污油罐(污油桶)。

7.2.3 民用机场油料储存系统附属设施要求

立式储罐应采用钢制储罐，钢板宜选用平板材料，钢板和附件上应有清晰的产品标识。立式储罐及附件设计应符合《立式圆筒形钢制焊接油罐设计规范》(GB 50341)的规定。

立式钢制锥底储罐的锥底中心处不应布置整块钢板。当底板采用搭接设计时，沿径向坡向中心，外侧钢板在上，内侧在下进行搭接，整体应坡向沉淀槽，锥底罐底板的坡比宜不小于1:50。

锥底板在排板后，宜进行堆载预压，其荷载不应超过储罐的设计荷载。底圈罐壁与边缘板之间的 T 形接头，应采用连续焊。罐壁外侧焊脚尺寸及罐壁内侧竖向焊脚尺寸，应等于底圈罐壁板和边缘板两者中较薄件的厚度，且应不大于 13mm；罐壁内侧径向焊脚尺寸，锥底罐宜取 1.5 倍边缘板厚度。当边缘板厚度大于 13mm 时，罐壁内侧可开坡口，如图 7 - 5 所示，内角焊缝应圆滑过渡。

锥底储罐的边缘板与罐壁成一定的角度斜交，在液压的作用下，罐底受力比较复杂，要比平底储罐所受应力大。适当延长内侧大角焊缝尺寸，并且采用圆滑过渡，可以改善内侧大角焊缝受力状况、降低峰值应力。但焊缝太大也不好，焊接工作量大，容易出现较大的变形。对于内侧大角焊缝尺寸规定，《立式圆筒形钢制焊接油罐设计规范》（GB 50341）是 $1 \sim 1.35t$、《石油化工立式圆筒形钢制焊接储罐设计规范》（SH 3046）是 $1 \sim 1.5t$，综合考虑后本条规定大角焊缝尺寸为 $1.5t$（此处的 t 表示罐底边缘板厚度。）

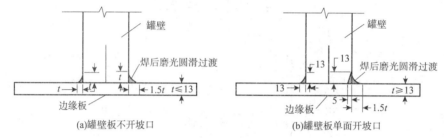

图 7 - 5　底圈罐壁与边缘板之间的 T 形接头

t—罐底边缘板厚度

罐底边缘板径向宜伸出基础环墙，边缘板外缘应焊接挡水板，挡水板宜采用厚 $4 \sim 6mm$、高 $50 \sim 80mm$ 的钢板制造，其与基础环墙的间距宜不小于 50mm。沉淀槽制造加工应采用整板热冲压成形，成品最小厚度不小于 10mm，加工后的成品其折边尺寸应不小于 100mm。这样的设置的目的主要是为减少油罐死油量、降低油罐安装高度、减少原材料的用量，有利于收集沉降水、集中排沉。主要依据是：

(1)2015 年，中国航空油料集团公司设立《立式油罐锥底合理的坡度研究》课题进行专项研究，对油罐罐底含水量、速度场、水相压力分布等参数进行仿真分析，罐底坡度从 0.5% 到 4.1% 时，水滴的流速从 $0.02 \sim 0.08m/s$，流速差异不显著，由此可见立式油罐锥底的坡度对水的积聚影响不大。

(2)长期以来，我国卧式罐坡度为 $1\% \sim 2\%$，有的卧式罐长度达 $16 \sim 18m$，从没有因坡度问题影响航空油料质量。

(3)《立式圆筒形钢制焊接油罐设计规范》（GB 50341）附录 E 油罐对地基和基础的基本要求中规定了对平底油罐基础顶面水平度的控制要求，其中第 E.4.4 条规定：基础锥面坡度由罐中心坡向周边时，对于一般地基，锥面坡度不应大于 15‰；对于软弱地基，锥面坡度不应大于 35‰；基础沉降基本稳定后，锥面坡度不应小于 8‰。此规范也是与《立式圆筒形钢制焊接储罐施工规范》（GB 50128）的储罐基础顶面水平度施工要求保持一致。

锥底储罐的沉淀槽在罐底中心，由于该处沉降变形最大，受力情况也较为复杂，故一般不采用焊接结构的沉淀槽，而是采用整块钢板冲压成型带翻边的结构，且要比中幅板略厚。因此，综合考虑运行和建设造价，立式储罐锥底坡度设置 1：50 比较合适。

立式钢制储罐的抗风圈宜设置泄水孔，沿储罐一周均匀分布，并满足其强度要求。立式钢制储罐应设置独立的进油、出油、底油、取样、质量检查(含排污)短管，以及沉淀槽、人孔、采光孔、量油孔、阻火器、呼吸阀等基本附件及附属设施，要求：

(1)储罐应设计测量基准板、测量管及仪表测量管等附件。测量管应垂直安装，距离储罐壁宜为800～1200mm，宜每隔500mm对称开50mm的小孔；测量基准板应焊接在储罐壁板根部或测量管上，距离储罐底板宜不大于300mm。

(2)储罐宜设计上部、中部、下部三点取样装置。

(3)采用内浮盘装置的储罐应符合《石油库设计规范》(GB 50074)的相关规定；内浮盘密封胶带应符合《浮顶油罐软密封装置橡胶密封带》(HG/T 2809)的技术要求。

(4)储罐质量检查管道与排污管道宜合并设计。质量检查桶宜靠近储罐，与取样装置设计在同一区域。质量检查(含排污)管道首端离沉淀槽底端宜不大于30mm，管口按照平口设计。排污管道末端采取漏斗收集，距漏斗底部宜不小于100mm，距漏斗上口宜不小于50mm，漏斗宜设置盖板。

质量检查管道与排污管道的首端都是通向储罐沉淀槽，排污及质量检查作业性质基本类似，故可进行合并设计。质量检查(排污)管道靠近储罐，并与取样装置在同一区域，主要是减少航空油料的不必要的过多排放和方便取样操作时多余油品的回收收集。排污管道末端与漏斗之间设计间隙，便于及时发现阀门内渗，避免航空油料长时间渗入隔油池中。

(5)当在储罐上部壁板上设置仪表接口时，宜安装在盘梯上部人员可操作的部位，储罐下部壁板上设置仪表接口时宜设置控制阀。

(6)储罐进油短管管底距罐壁根部应不小于200mm。内浮顶储罐宜设置罐内进油扩散管，扩散管浸没前进油流速应不大于1m/s；浸没后流速应不大于4.5m/s。

(7)直接发至机坪管道或罐式加油车的储罐应设置浮动出油装置。储罐的浮动出油装置应与内浮盘相互配合联动，并满足其运行状态检测或显示的要求。设置有浮动出油装置的拱顶储罐，应安装能检测浮动出油装置运行状态的装置。未设置浮动出油装置的储罐的出油短管管底宜比罐壁底周边至少高400mm。

(8)地上、半地下立式锥底回收罐罐内应安装浮动出油装置。半地下立式回收罐宜设计清洗孔、观察孔等。

直接发出使用的航空燃料储罐设置浮动出油装置，可确保发出的是液面上部的航空油料，保证上部航空油料有充分的沉降时间。半地下立式锥底回收罐观察孔可采用透明装置或者不小于DN250的测量孔，当清洗孔采用合页式(类似于平板门的开启方式)便于开启时，清洗孔与观察孔可合并设置。为检测浮桶出油装置的正常，确保发出的航空油料质量合格，需设置检测其运行状态的检测和显示装置。

立式储罐的盘梯、踏步、平台、栏杆等应符合《立式圆筒形钢制焊接油罐设计规范》(GB 50341)、《固定式钢梯及平台安全要求》(GB 4053)的规定，要求：

(1)盘梯的升角宜为45°，且最大升角不应超过50°，同一罐区内盘梯升角宜相同。

(2)当储罐顶部平台距地面的高度超过10m时，盘梯中部宜设置休息平台。

(3)储罐的罐顶沿圆周应设置整圈护栏及平台，通往操作区域的走道宜设置防滑踏步，踏步至少一侧宜设置栏杆和扶手，罐顶中心操作区域应设置护栏和防滑踏步。

（4）当踏步、平台采用有镀层的格栅板时，不宜采取焊接的安装方式。

（5）盘梯外侧应设置栏杆，栏杆高度应不低于《立式圆筒形钢制焊接油罐设计规范》（CB 50341）规定的栏杆高度；当盘梯内侧与罐壁的距离大于150mm时，内侧应设置栏杆，栏杆高度应不低于900mm。

（6）踏步的宽度应不小于200mm。目的是为日常操作、维修人员提供方便。其中在踏步、平台设置有镀层的格栅板时，焊接方式不可取，是为避免破坏镀层。

7.3 小型民用运输机场航空油料储存

小型民用运输机场指年供油量不大于50000t的民用运输机场。小型民用运输机场应采用罐式加油车储存航空燃油。对于航空汽油储罐的布置应符合《小型民用运输机场供油工程设计规范》（MH 5029）。

对立式罐、地上与埋地卧式油罐的航空油料质量检查工艺的设备进行区别配置，有助于操作方便、降低劳动强度、节约投资。航空油料沉淀的排放、接收，既可通过泵送，也可通过自流的形式实现。某小型民用运输机场储油工艺如图7-6所示。

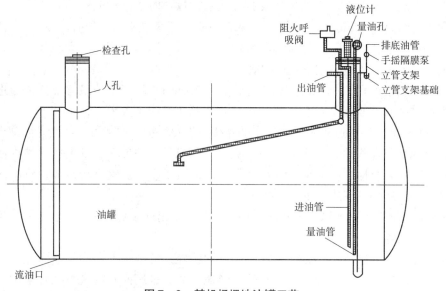

图7-6 某机场埋地油罐工艺

7.3.1 小型民用运输机场油料储存装置选型

航空煤油储存宜采用立式钢制锥底油罐，油罐锥底坡比应不小于1：30，坡向集油槽。采用立式钢制锥底内浮顶罐、油库航空煤油储存单罐容积宜不小于200m³，储罐数量应不少于2座。主要目的是提高航空煤油单罐罐容，避免因扩建出现"坛坛罐罐"的现象。油库接收航空油料的批次不多，2座容积较大的储罐能够满足小型机场接收、沉降、使用的航空油料质量控制的间隔时间要求。

航空汽油储存可采用卧式埋地油罐、立式钢制锥底内浮顶罐、油桶、撬装式加油装置。油罐不应设置在室内。航空汽油的轻质成分容易在高温下蒸发，其中的添加剂也容易在高温下加速分解，因此航空汽油尽量储存于地下，气温较低，且相对稳定。

目前小型机场油库的罐型，以 $50m^3$ 或 $100m^3$ 的卧式油罐为主，可满足短航线或补油为主机场的航空油料保障需要，一旦增加一条航线或者变为加油为主后，则难以保障，需不断扩建。这样，不但增加了油罐及其配套的工艺管线设备数量，而且增加了操作的劳动强度，也未达到节地、节材的目标。

对于高海拔地区的机场油库，由于受航空油料业务量需求及施工等条件限制，为便于在现场组装，可以选用成品的卧式罐，在油库航空煤油储罐罐型选择上采用"宜"一词。

埋地卧式油罐应采用双层油罐。双层油罐目前已在国内得到广泛应用。双层油罐的构造形式主要有以下三种：内钢外玻璃纤维增强塑料双层油罐（SF 地下储罐）、双层玻璃纤维增强塑料储罐（FF 地下储罐）、双层钢罐（SS 地下储罐）。为防止埋地储罐的泄漏，降低对土壤、水质的污染，以前通常建油罐混凝土防渗池。与油罐混凝土防渗池相比，选择双层油罐的方案具有以下优点：

（1）及时发现渗漏。双层油罐的层间间隙较小，两层罐壁间隙实施在线监测和人工检测，容易通过双层油罐自带的渗漏检测系统发现；而使用油罐池，只有在油罐渗漏的油将罐池渗满后，才能发现。

（2）造价较低。双层油罐的制造已经比较规范，造价远低于罐池的做法，且双层油罐的使用寿命远高于普通油罐。

（3）工期短。双层油罐为成品罐，可以预先采购，而如建设混凝土罐池，工期较长。

7.3.2　立式储存系统与附属设备要求

油罐及附件应按《立式圆筒形钢制焊接油罐设计规范》（GB 50341）的规定执行，要求设置泄漏信号管，并且不少于 4 个。立式钢制罐的基础按《钢制储罐地基基础设计规范》（GB 50473）的规定执行，要求油罐平台环墙周边应设泄漏孔，沿罐周均匀布置，间距宜不大于 20m。

当立式锥底油罐罐底底板之间有搭接形式时，应自中心向外，内侧板在下，外侧板在上，依次搭接，位于罐底板中心的集油槽为最下层。

罐壁高度超过 10m 的油罐，应在盘梯中部设置休息平台。罐顶工作区应设防滑踏步，踏步侧面应设置防护栏杆。立式罐基础应设泄漏孔、渗漏检查管，二者均应不少于 4 个，均匀交叉布置，并设置标识。泄漏孔的坡度应不小于 5%，渗漏检查管的坡度宜为 1%。泄漏孔、渗漏检查管的出口均宜高于地面，同时应考虑沉降的影响，当低于地面时，应设置检查井。渗漏检查管宜为不锈钢管，应自油罐锥底底部接出到油罐环墙外，如图 7 – 7 所示。

以上是对平底罐的要求，不能满足检查锥底罐罐底渗漏情况的要求，故需增加渗漏检查管，并延伸至罐底中心。为与泄漏孔区分，要求渗漏检查管选用不锈钢材质。渗漏检查管上 120° 方位交替开孔，如图 7 – 8 所示，孔间距按照罐底板排版情况，以底板焊缝的间距确定，孔直径不小于 8mm，油罐应设置量油孔，并应按《民用航空油料计量管理》（MH/T 6004）的规定执行。

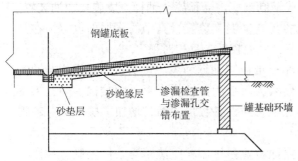

图 7-7 渗漏检查管与泄漏孔布置

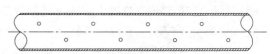

图 7-8 渗漏检查管开孔示意图

7.3.3 卧式储存系统与附属设备要求

卧式油罐的安装宜采取地上、埋地两种安装形式。地上覆土卧式油罐容易造成油罐局部腐蚀,故未选用。卧式油罐的坡比应不小于 1:100。油罐底部罐壁应进行贯通设计,除集油槽外,其他部位不应产生油品留滞、沉淀积聚。埋地卧式油罐的集油槽宜为冲压构件,深度宜不小于 50mm。

为使卧式油罐中的沉淀能够畅通地流到集油槽中,在罐内加强圈的底部、油罐的轴线上开流油口,所有流油口的轴线在油罐底部的轴线上,实现本条规定的贯通设计要求,如图7-9、图7-10所示。因卧式油罐底部未贯通,污染油品的现象曾在国内某机场出现过。

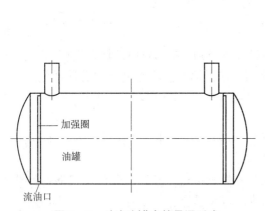

图 7-9 卧式油罐内的贯通形式

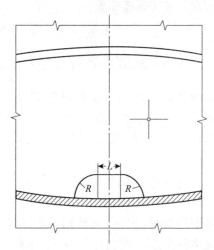

图 7-10 加强圈贯通形式—加强圈流油口示意图

为了便于埋地卧式油罐的制作,保证油罐的防腐质量、合理寿命,故选用一次冲压成型的构件作为集油槽。地上卧式罐进出油短管应伸至罐内 200～300mm,管底距罐底宜为 100～200mm。埋地卧式罐浮动出油装置的入口应安装底阀,底阀距罐底高度应不小于 50mm。进油短管应伸至罐内距罐底 50～100mm 处,罐内端口应为 45°斜管口或 T 形管口,管壁上不应有与储罐气相空间相通的开口。

埋地卧式油罐的人孔、采光孔盖应高出地面 200～300mm,不应设置人孔、采光孔操作井。设置人孔、采光孔操作井,并从井内的孔盖上开口接管的做法给后期使用、维护带来不便：一方面，当清洗油罐时，既要拆卸人孔盖、采光孔盖，还要拆卸孔盖上焊接的各种管线，大大增加人员的劳动强度；另一方面，人孔、采光孔操作井是密闭空间，容易产生油气积聚。为此，参考国外一些机场的做法，提出上述设计要求，可以有效地解决这一系列问题，从而有利于油库安全管理，如图7-11所示，在国内个别油库也采用了这种方式。

图7-11 加高人孔替代人孔操作井

埋地油罐的进出油短管应安装在采光孔侧面，直梯应安装在人孔内，自人孔口伸至罐底，人孔直径宜不小于800mm。埋地卧式油罐在采光孔侧面安装进出油短管、在人孔处安装直梯是为了便于操作。油罐的检查孔应设置在便于观察浮动出油装置的一侧。

7.4 通用航空机场航空油料储存

7.4.1 通用航空机场油料储存系统

通用航空油库，指总罐容大于$210m^3$，具有航空油料收发、储存功能，为通用航空器提供供油服务的场所，以下简称"油库"。通用航空机场的加油设施设备主要有以下三类：

（1）固定加油设施：主要包括加油机、显示屏、过滤器、流量计、加油胶管、加油枪、绞盘、梯子、加油岛、罩棚及加油地坪等；

（2）移动加油设备：主要包括油桶、移动收发油装置，罐式加油车等；

（3）撬装装置：主要包括储罐、加油机、显示屏、过滤器、加油胶管、绞盘、加油枪及罩棚等，如图7-12所示。

图7-12 通用机场的加油设施

撬装装置应满足如下要求：

(1)收油泵、加油机出口设置过滤器；

(2)储罐内壁进行防腐处理，防腐涂料不应影响航空油料质量；

(3)储罐满足检查、清洗的要求；

(4)储罐底部具有1∶100的坡比设计，并坡向集油槽；

(5)具有航空油料质量检测工艺。

7.4.2 通用航空机场油料储存要求

加油站的罐容应按本期建设目标年的预测量、航空油料品种、牌号、加油保障作业模式等因素合理确定。

由于通用航空机场的日均业务量较小，一般情况下，一种牌号一台储罐即可满足运行要求，故未对同一种油品储罐的数量及总储量进行规定。如澳大利亚一些中等规模的通用航空机场，通常建设两座约50m³储罐的加油站，其中航空煤油、航空汽油储罐各一座，航空油料周转期通常为6~8周。

加油站的储罐应采用埋地方式安装。桶装航空油料应储存在桶装库(棚)内，桶装库(棚)应按照品种、牌号分区存放。存放区域应做物理隔离，隔离高度不高于0.8m；空桶与重桶应分开放置，并设置标识。加油站应设置污油桶，污油桶应单独存放、标识清晰。

7.5 机场航空油料储存日常安全管理

为了机场储油油罐安全运行，保证储油质量，延长油罐使用寿命，油罐正确使用必须建立健全技术档案，加强日常管理，加强油罐的维护检查，使油罐达到完好标准。

7.5.1 管理的目的与制度

1. 管理的目的

油罐区(储油区)是油库油品储存的集中场所，是重点保护对象，一定要防止油品着火、爆炸，防止遭到破坏，保证油库生命财产的安全。保持油罐区(储油区)油库设施设备设施状态良好，是完成油库收储发任务的重要保障。同一套设备设施，使用寿命的延长，就直接提高了经济效益，也等于多创造了社会财富。油罐区(储油区)的管理内容与油库的管理内容基本相同，针对油罐(储油区)的设备设施及其环境，其管理内容主要有以下几个方面：

(1)进入油罐区(储油区)的限制规定。

(2)对油罐及其附件的使用管理、维护保养的规定。

(3)对油罐区(储油区)的消防系统、检测报警系统等设备仪表的使用管理、维护保养的规定。

(4)对防火堤、隔堤、消防道路等设施的使用管理、维护保养的规定。

(5)对油罐区(储油区)环境及地形地貌的管理与规定等。

2. 管理制度

对油罐区(储油区)的管理要求,油库管理规章制度中有详细的具体规定,主要包括:

(1)严禁动物闯入油罐区(储油区),损坏该区的设备设施。不准在掩体油罐区放牧,保护该区的生态环境。

(2)无关人员、外来人员不得进入油罐区(储油区)。若需要进入必须办相关手续,并有专人陪同、引导,且不得超出批准所去的范围。

(3)工作人员进入,应按规定着装,不得携带危险的工具,限制同时进入场所的人数。

(4)按操作规程操作使用其设备设施,杜绝误操作造成的不应有的损失。

(5)按规定定期按时巡查油罐及其附件。监测罐基础的沉降、油罐的倾斜、渗漏,油罐附件是否良好等。

(6)对油罐区的消防系统及设备定期检查维修,使其处于良好状态,并会正确操作使用。

(7)对油罐区的监测报警系统,应有专人维护保养,正确操作使用。

(8)对防火堤、隔堤、消防道路、油罐区环境应注意保护,减少自然灾害的损坏,根据情况进行不定期的维修。

7.5.2　航空油料储存设施完好性管理

航空油料储存设施的状态管理应满足 MH/T 6002—2008《民用航空油料设备完好技术规范》。地上油罐至库内各建、构筑物的防火距离,油罐距油罐的防火距离及防火堤的设置、油罐基础等符合《石油库设计规范》GB 50074 的规定。在役油罐罐壁板点蚀深度不超过表 7 – 5 规定值。壁板凹凸变形不超过表 7 – 6 规定值。壁板折皱高度允许最大值不超过表 7 – 7规定值。罐底板余厚最小允许值不得超过表 7 – 8 规定。

表 7 – 5　罐壁板点蚀深度允许最大值

钢板厚度/mm	3	4	5	6	7	8	9	10	12
麻点深度/mm	1.2	1.5	1.8	2.2	2.5	2.8	3.2	3.5	3.8

表 7 – 6　管顶板和壁板凹凸变形允许最大值

测量距离/mm	1500	3000	5000
偏差值/mm	20	35	40

表 7 – 7　壁板折皱高度允许最大值

底板厚度/mm	4	5	6	7	8
折皱高度/mm	30	40	50	60	80

表 7 – 8　底板余厚允许最小值

底板厚度/mm	4	>4	边缘板厚度/t
允许余厚/mm	2.5	3	0.7

底板不得出现面积 2m² 以上，高出 150mm 的凸起；局部凸变形不大于变形长度的 2% 或超过 50mm。罐体倾斜度不超过 4‰，铅垂偏差值不超过 50mm。油罐漆层完好，不露本体，面漆无老化现象，严重色、起皮、脱落面积不大于 1/6，底漆无大面积外露。油罐进出油管、排污管、量油孔、人孔、液面指示器(含自动测量装置)、安全阀、旋梯、消防设备等附件齐全，技术性能符合要求。

呼吸系统配置齐全完好，呼吸管畅通，呼吸阀控制压力符合技术要求，垂直安装，启闭灵活，密封性良好；阻火器有效，阻火芯片清洁畅通，无积尘、堵塞、冰冻，呼吸管口径(等于或大于油罐进出油管直径)符合流量要求。洞库呼吸管设有清扫口，洞外呼吸管口距离洞口不得小于 20m，管口必须设置阻火器。

防雷、防静电接地设置符合技术要求，连接牢固，接地电阻符合规定值(防雷接地电阻不大于 10Ω，防静电接地电阻不大于 1000Ω)，不能利用输油管线代替静电接地线。引至洞外的金属通风和呼吸管设有避雷针，其保护范围在爆炸危险 2 区之外。

油液位下与油连接的各种管线的第一道门(含排污阀)必须采用钢阀。浮顶油密封装置及其螺栓、配件无腐蚀、损坏、开裂、剥离现象，密封装置密封度大于 90%，浮盘升降灵活。浮顶中央陷处、夹层中无漏油，固定零件不与壁板摩擦。

油罐配件材质、图纸、附属设备出厂合格证明书、焊缝探伤报告、严密性及强度试验报告、基础沉降观测记录、设备卡片、清洗和检修及验收记录、储容积表等技术资料齐全准确。油罐编号统一，标志清楚，字体正规。

在航空油料储运过程中，除以上日常管理内容外，为了减少油料储存过程中的安全风险，还包括以下要求：

(1)消防器材齐全、完好、清洁，沙坑无杂草。
(2)过滤器及附件齐全有效，铅封完好，无渗漏，无油迹。
(3)阀门及连接部件完好无渗漏。
(4)各类仪表齐全完好，指示正确，表示清晰有效。
(5)油罐无渗漏、变形、倾斜，附件齐全有效，铅封完好，揭示牌指示正确。
(6)防火堤无裂缝、罐区地表无杂草及易燃物。

7.5.3　航空油料储存安全容量管理

表示油罐安全容量的参数有三个，即安全容积、安全高度、安全质量，其中安全高度是最重要的参数。油罐安全容积及安全高度一般可从油罐容积表中或图纸查得，而油罐储存油品的安全质量，需经计算求出。如内已储存部分油品，且新接收油品与罐内原有油品存在较大温差还需计算平均油温和密度，才能计算出油罐装油的安全质量。

1. 安全高度测量

油罐安全高度是指油罐储油的最大高度，即达到这个高度时不会因装得太满而使油品从泡沫灭火产生器溢出或影响灭火。

(1)外测方法，如图 7-13 所示。将水准仪置于顶整平器，从计量口下尺，使重尺花触及计量基准点，读取视准轴至计量基准点的垂直距离 H_1；再用带有毫米刻度的直尺，测量罐顶加强环至泡沫产生器喷射口下边的距离 H_2（取最小值）和泡产生器部位的罐顶加强环至视准轴的距离 H_3（取最大值），则壁板总高 $B = H_1 - H_3$；泡沫产生器喷射口下边缘至计量基准点的距离 $C = H_1 - H_2 - H_3$。

（2）内测方法，如图 7-14 所示。将经纬仪水平地放置在罐内接近中心处，测量经纬仪与泡沫产生器喷射口下边缘的仰角 β，泡沫产生器喷射口上部壁板最高点的仰角 α，经纬仪至罐壁的水平距离 L，和经纬仪视准轴至罐底计量基准点的垂直距离 H_1，则圈板总高（取最小值）为：

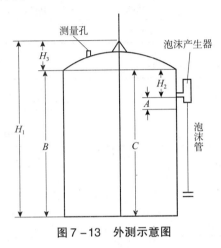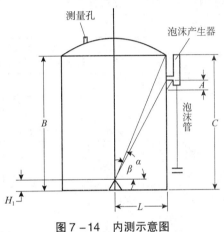

图 7-13 外测示意图　　　　图 7-14 内测示意图

$$B = H_1 + L\mathrm{tg}\alpha \tag{7-1}$$

泡沫产生器喷射口下边缘至罐底计量基准点的垂直距离（取最小值）为：

$$C = H_1 - L\mathrm{tg}\beta \tag{7-2}$$

（3）安全高度计算：安全高度需预留灭火泡沫的厚度。不同油品和灭火物质所必需的泡沫厚度 A 一般为 300m。

当 $A > B - C$（没有消防设备）时，安全高度 H 为：

$$H = B - A - K \tag{7-3}$$

当 $A < B - C$ 时，安全高度 H 为：

$$H = C - K \tag{7-4}$$

式中，K 为测量件误差而取的安全系数，一般取 10mm。

（4）测量油料液面高度的安全事项：

①测量人员应严格执行区域安全规定。不得带入火种，不能穿着带钉鞋和化纤服装。

②测量人员应使用符合防爆要求的手电及棉纱，不得用普通手电和化纤抹布

③开启罐盖或测量孔时，应在上风方向，测量含铅汽油时，宜戴防护口罩和橡胶手套。

④测量前应将测尺与接地端子连接，大风及雷雨天气应停止测量。

⑤登上油罐后，需待呼吸正常后再进行测量。冬季攀登油罐时，应防滑倒跌伤。

2. 油罐安全质量的计算

（1）油罐安全质量的计算公式如下。

$$m_{安} = V_{安}\rho_{接油} - \alpha(T_{最高} - T_{接油}) \tag{7-5}$$

式中 $m_安$——空油罐最大允许装油安全质量；

$V_安$——油罐安全容积；

$\rho_{接油}$——接卸油温时的油品密度；

α——密度温差修正系数(表7-9)；

$T_{最高}$——油库所在地历年最高温度(表7-10)；

$T_{接油}$——接卸油品的油温。

表7-9 油品密度温度修正系数

项目	汽油	煤油	柴油	其他油品
修正系数	1.0	0.8	0.8	0.7

表7-10 我国不同地区的历年气温

地区范围	季节划分					
	冬季		雨季		夏季	
	月份	最高油温/℃	月份	最高油温/℃	月份	最高油温/℃
东北地区 (山海关以北)	12~2	2	3~5	28	6~11	33
长江北地区 (武汉、成都以北)	12~2	17	3~5	34	6~11	39
长江南地区 (武汉、成都南)	12~2	24	3~5	24	6~11	39

(2)油品平均温度的计算公式：

$$T_{平均} = T_{接油} + (T_{罐油} - T_{接油})\frac{V_{罐油}}{V_{罐安}} \tag{7-6}$$

式中 $T_{平均}$——接卸油与罐内油品的平均油温，℃；

$T_{接油}$——接卸油品的油温，℃；

$T_{罐油}$——罐内油品的油温，℃；

$V_{罐油}$——罐内油品的体积，m^3；

$V_{罐安}$——油罐的安全容积，m^3。

(3)油品平均温度时的密度公式：

$$\rho_{平均} = \rho_4^{20} - \alpha(T_{平均} - 20) \tag{7-7}$$

式中 $\rho_{平均}$——平均油温时油品密度，t/m^3；

ρ_4^{20}——油品标准密度，t/m^3；

α——密度修正系数；

$T_{平均}$——平均油温，℃。

7.5.4 航空油料储存设施运行安全管理

石油储罐运行时的安全管理包括防静电、防雷电、抗震、不失稳运行等，其目的是保证油罐的正常运行，在遇到突发事件或不可抗拒因素影响时将损失降低在可接受的水平。

1. 防静电

静电造成的事故约占火灾爆炸事故的10%。在石油化工生产过程中和油料装卸作业时，物料沿管路流动，摩擦起电，使管壁和物料分别积聚极性相反的电荷，其电位可以达到很高的量值，易在金属物体的不良导电部位放电引发电火花，导致燃烧和爆炸。静电产生的两个条件是：积聚的所形成的静电场具有足够大的电场强度或电位差；放电发生在可燃性混合介质中；可燃性混合物在爆炸极限内。对于一般油气混合物，最小引燃能量为0.2mJ。

带电体之间放电取决于电荷积累和介质耐压能力，同时还与可燃气浓度有关。一定量比例的可燃气体混合物引燃时所需的最低能量称为最小放电能量。1L空气中含汽油或煤油蒸气 100～150mg 时最小点火能量 0.2mJ。按电学公式计算：

$$W = CU^2/2$$
$$Q = CU \qquad (7-8)$$

式中 W——两带电体的放电能量，J；

Q——两带电体的带电量，C；

C——带电体间的电容，F；

U——带电体间的电位差，V。

试验表明，静电打火有三种形式：即电晕放电、刷形放电和火花放电。电晕放电能量很小，一般为 0.003～0.012mJ；刷形放电不稳定，能量偏小，放电时间长；火花放电能量大，容易超过最小放电能量。如在罐顶，脱掉易产生静电的衣服时，人与罐顶电容 1×10^{-10}F，脱衣摩擦静电约3000V，放电能量 $W = CU^2/2 = 0.45$mJ，超过最小放电能量。因此，油品作业人员在罐顶脱衣是危险动作，应该严格避免。

影响静电量大小的因素主要包括：

(1)与油品的介电常数和电导率有关。当介电常数在 2.5～3，电导率为 10^{-10}～10^{-15} $\Omega \cdot$cm 时，该油品属于危险的带电油品；当电导率超过 $10^{-8}\Omega \cdot$cm 时，油品能顺利地将电荷传给管壁引大地，不致发生危险。

(2)与油品在管路内的流态有关。从层流过渡到湍流时，带电量增加。

(3)与管壁的粗糙度有关。粗糙的管内表面，会使油品带电量增加。

(4)与油品的流动速度有关。油品的流动速度越大，产生的静电量越大。

(5)与大气的相对湿度有关。相对湿度越大，产生的静电量越小。

(6)与油品的纯度有关。杂质含量越高，流动时会显著地增加静电量。

对静电的预防可以采用以下措施：

(1)可靠接地。油罐接地考虑防静电和防雷击，接地电阻保证≤100Ω；浮顶油罐设浮顶静电导出线，通常是铜质，单根导线截面积≥25mm²。

(2)油面与大气隔离。设氮封，浮顶结构，防止爆炸性气体混合物存于罐内。

(3)改进生产工艺。从油罐下部进料，控制流速≤4.5m/s，保证层流，避免湍流，防止飞溅；使用抗静电添加剂。

(4)使用与本体电导率不同的配件。如检尺孔盖加铅垫，浮顶(内浮顶)导向轮用铜材制作，浮顶采用铝材等。

(5)清除罐内不接地的金属悬浮物。

(6)正确操作，穿防静电服，不在作业口脱衣服，不在规定的防爆场所使用非防爆的移动通讯工具。

针对静电对油品储存的影响，要求每年检测一次油罐静电接地电阻。接地线与接地网之间宜用跨接式连接，保证检测数值的准确性。日常巡检时检接地是否有腐蚀断裂现象。包括油罐本体接地和管路接地。控制进料速度。异常情况如输油量突然增大时，可分向几台油罐同时进料，降低进油速度。浮顶油罐(内浮顶油罐)的浮顶(内浮顶)静电导出铜线定期更新，日常检查有断裂的要及时更换。严格劳保着装；禁止在液化气、原油、汽油、石脑油、航空煤油、苯、二甲苯、MTBE等甲B、乙A类介质储存罐区使用手机、对讲机等移动通讯工具。

2. 防雷电

雷电的破坏性很大，能引起油罐的火灾和爆炸事故。科学地设计防雷措施和精心管理可以避免雷击造成的灾害。

当天空中部分带正负电荷的浓云接近到一定距离时会产生弧光放电，并伴有剧烈的轰鸣响声，这种现象称为雷电现象。由地面水蒸气受热上升形成，在高空遇到低温高速气流吹袭，形成带电云团，这些带不同极性电荷聚集的云团叫雷云。雷云是雷电产生的基本条件，随着雷云电荷聚集，电位升高，当电场强度达到$10V/m$以上时，雷云间气体被击穿发生火花放电即闪电。在闪电区内温度达到$2000℃$，空气急剧膨胀发生爆炸轰鸣声，这就是闪电雷鸣。

雷电现象是雷云之间放电，也可以是雷云与大地之间放电。地电场被击穿放电叫落地雷，这是因为雷云比较低，大地被感应出相反电荷。

雷电可以分为线状雷电、片状雷电和球状雷电。线状雷电是最常见的直接雷，雷云和大地之间放电呈枝杈型电弧。大部分直接雷会重复放电，平均每次雷电有3~4次雷击，最多时出现几十次雷击。片状雷电发生在雷云之间，雷电的电弧呈片状，对人类影响不大。球状雷电是一种特殊的雷电现象，简称"球雷"。发光球体呈紫色或红色，直径从几毫米到十米，可存在3~5s沿地面滚动或飘行，还会通过缝隙进入室内。

雷电在空中放电一般不会造成危害，雷云对大地放电有可能危害建筑物和人畜，还会引起火灾爆炸事故。雷电的危害性在于雷击的破坏作用，雷击是通过电、热、机械等效应产生破坏作用。主要破坏类型包括：

(1)电效应破坏。雷云对大地放电时电流变化很大，可达到几万甚至几十万安培，产生数十万的冲击电压，足以烧毁电力系统的电机、变压器等设备。绝缘被击穿，电线烧断，电气短路。

雷电还引起静电感应和电磁感应危害。静电感应是指雷云贴近地面时导体感应出静电荷，当雷云放电后导体感应电荷积聚在金属表面，呈现感应静电压，高达上万伏特，发生火花放电，遇到可燃气体立即燃烧爆炸。如浮顶油罐浮顶有感应电荷对罐壁放电，可能引起浮顶罐雷击着火，因此油罐的良好接地是必要的。电磁感应也会产生火花，点燃油气形成火灾。

(2)热效应破坏。大电流通过导体变热能，雷击点的发热能量约为500~2000J，可以熔化 50~200m³ 的钢。当雷击冲入油罐时会立即引起火灾爆炸事故。

(3)机械效应破坏。雷击时气体剧烈膨胀,使物体间隙胀大,建筑物受雷击气浪被损坏,油罐变形等。

防雷击方法是把雷电流或雷感应电流导入大地。常用措施是安装防雷装置。

一套防雷装置由接闪器、引下线、接地装置三部分组成。接闪器有针状、线状、网状及带状,就是通常所说的避雷针(避雷线、避雷网、避雷器),其作用是接收雷电。

引下线是引导雷电的导体,有足够面积让电流通过,不能产生火花。钢制油罐用本体代替引下线。

接地装置是埋设在地下的接地体和接地线的总称,用来向大地泄放雷击电流,并限制防雷装置对地电压不致过高。接地体是直接埋入大地的导体,电阻要小,保证雷击电流顺利流入大地。油罐的接地装置除防雷击以外还可以防止静电积聚。因油罐基础与底板做过防处理,绝缘程度高,所以每个油罐都要做专用接地连接。

《石油库设计规范》(CB 50074)对油罐防雷设计有如下要求:

(1)钢制油罐做防雷接地,接地点不少于2处。接地点沿罐周长的间距≤30m,接地电阻值不应大于100Ω,宜不大于10Ω。

(2)装有阻火器地上卧罐壁厚和固定顶罐顶板厚度≥4mm时,不应设避雷针。铝顶油罐和顶板厚度小于4m的钢油罐应装设避雷针(网)。避雷针(网)应保护整个油罐。

(3)浮顶油罐或内浮顶油罐不应装设避雷针,但应将浮顶与罐体用2根导线做电气连接。浮顶油罐连接导线选用截面积不小于25mm²软铜复绞线;内浮顶钢制浮盘连接导线截面积不小于16mm²软铜复绞线;铝质浮盘油罐连接导线应选用直径不小于1.8mm的不锈钢钢丝绳。

(4)覆土油罐的罐体及罐室的金属构件以及呼吸阀、量油孔等金属附件,应做电气连接并接地,接地电阻宜不大于10Ω。

(5)油罐上安装的信息系统装置金属外壳与油罐体做电气连接。

(6)人工洞油库的油罐的金属呼吸和金属通风管露出洞外部分,应装设独立避雷针。避雷针的尖端应设在爆炸危险区之外。

每年雷雨季节前检测油罐接地电阻,若有缺陷,要在雷雨季前予以修复。检查从罐壁接地端子与接地支线连接螺栓有无松脱现象,连接表面是否锈蚀,如有应及时擦拭紧固。无接闪器的油罐,雷雨季节前检查罐顶附件与罐顶本体金属导电连接是否完好,尤其是呼吸阀与阻火器、阻火器与连接短管之间的螺栓螺帽,应无缺件、锈蚀和松脱影响雷电通路的现象。检查浮顶罐浮顶静电导出装置的连接线,应无断裂和缠绕。

3. 抗震

地震是一种地质灾害,是人类无法控制的自然现象。到目前为止,人类对地震还不能做到准确的预告。但是,人类在研究地震灾害时找到了建筑物、储罐、装置设备抗震的办法,并形成了设计规范。

地震对油罐罐体破坏主要表现在:

(1)顶(内浮顶)沉没。浮顶罐内液体的剧烈振荡,可能造成浮顶(内浮顶)下沉。

(2)焊缝开裂。在地震载荷、罐内液体静压和基础不均匀沉降等因素共同作用下,罐底大角焊缝可能破裂。

(3)罐壁下部失稳。壁板下部出现"象腿弯"变形。

(4)罐壁上部屈曲。上部罐壁内收,这是由于储罐下部破裂时,罐内液体迅速外流造成局部真空所引起的。这种失稳现象仅发生于固定顶储罐。

(5)壁上部撞坏。浮顶(内浮顶)撞坏罐壁上部。这是由于浮顶(内浮顶)随罐内液体过度摇晃,使浮顶导向管失效,失掉控制的浮顶碰撞罐壁而造成的。这种震害可能因碰撞火花引起火灾。

(6)罐顶塌陷。拱顶罐的罐顶全面塌陷,其原因是罐内真空负压造成的失稳。

罐内液位较高时,罐内晃动的液体会对罐体固定顶产生冲击压力,这种压力有可能破坏连接罐顶和罐壁的焊缝。

抗震设防具体措施可以适当增加罐底边缘板厚度,适当增加底圈壁板厚度,适当加大油罐的径高比,有条件的油罐增设锚固螺栓,在罐壁下部圈板增设钢板箍等加强圈,基础采用钢筋混凝土环墙式基础。

抗震管理要点主要包括:

(1)每年进行一次基础沉降观测,及时处理不均匀沉降。

(2)罐体与进出口管线采用挠性连接。

(3)设计源头考虑周全,施工、验收严格按规范执行。

思考题

1. 按照《石油库设计规范》的规定,接地电阻不宜大于多少欧姆?
2. 油库的定义及其任务是什么?
3. 油库容量是怎样确定的?选用油罐时应该注意些什么?
4. 民用运输机场、小型运输机场、通用机场在油料储存条件方面的区别是什么?
5. 影响油库火灾和爆炸的原因有哪些?
6. 雷电的直接危害和间接危害指的是什么?
7. 影响油品带电量的因素有哪些?
8. 静电放电的类型有哪几种?其中哪一种放电的危险性最大?

参考文献

[1]马秀让,彭青松.油罐及管路技术与管理[M].北京:石油工业出版社,2017.
[2]中国石油化工集团公司.GB 50071—2014 石油库设计规范[S].北京:中国计划出版社,2014.
[3]中国航空油料有限责任公司.MH 5008—2017 民用运输机场供油工程设计规范[S].北京:中国民航出版社,2017.
[4]中国航空油料有限责任公司.MH 5029—2014 小型民用机场供油工程设计规范[S].北京:中国民航出版社,2017.
[5]中国航空油料有限责任公司.MH 5030—2014 通用航空供油工程建设规范[S].北京:中国民航出版社,2017.

第8章 航空油料加注

航空油料加注是民用机场供油工程的最后一个环节，即将通过计量、调压和净化后的航空油料加注至飞机油箱的过程。根据机场的吞吐量、规模和飞机发动机的种类，航空油料加注设备和工艺流程有所不同。一般说来，大型运输机场采用管线加油方式，小型运输机场采用罐式加油方式，通用航空机场采用撬装加油方式。本章主要介绍了罐式加油、管线加油和撬装加油三种航空油料加注模式的工艺流程与作业管理，以及油料加注过程中涉及的质量控制与计量管理工作。

8.1 概述

8.1.1 加注流程与结构

航空油料加注按照加注方式不同，主要分为罐式加油、管线加油和撬装加油三种，分别如图8-1～图8-3所示。其区别在于罐式加油车利用自身携带的储罐装满燃油后为飞机加油，主要适用于使用航空汽油的活塞式发动机飞机及使用航空煤油的喷气式发动机飞机，具有移动灵活的特点。管线加油车利用机场下方埋设的机坪管网，为喷气式发动机飞机加油，其加注量大但只能在固定位置加油。

图8-1 罐式加油流程

撬装加油时先利用运油车为撬装加油设备灌油，然后再用撬装设备为飞机加油，主要针对用油量较少的活塞式发动机飞机、喷气式发动机飞机以及少部分柴油发动机飞机。

图8-2 管线加油流程   图8-3 撬装加油流程

为实现飞机加油的各项功能，加油车配备了多种专业的设施设备。从结构上来看，加油车主要分为上装结构和下装结构两部分，其结构组成如图8-4所示。其中，上装结构主要是为满足航空油料的加注、抽油、循环等主要功能，包括燃油系统、液压系统和气控系统三大系统。燃油系统是飞机加油车的最主要系统，涉及所有与航空燃油相关的工艺流程；液压系统是利用液压油通过改变压强增大作用力，主要功能是实现平台升降、胶管卷盘控制和地井胶管收放等；气控系统是以空气为工作介质来进行能量传递，主要是通过呆德曼控制器实现加油作业，以及高低液位控制、刹车制动联锁控制、紧急熄火控制等。飞机加油车的下装结构与汽车类似，包括动力系统、传动系统、行驶系统、转向系统和制动系统五大系统，主要保障加油车的正常行驶和停止。

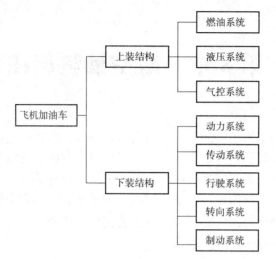

图 8-4　飞机加油车基本结构

8.1.2　航空器简介

民用航空分为运输航空和通用航空两大类，前者指以航空器进行经营性客货运输的航空活动，后者指在工、农、林、牧、渔等各行业开展的环境监测、石油勘探、森林防火、飞行训练、抢险救灾、公务航空等方面的飞行活动。我国民航发展基本思路"12334"中的"2"指的是两翼齐飞，即实现运输航空和通用航空共同发展。我国民航运输规模常年位居全球前列，但主要以运输航空为主，通用航空发展较为薄弱。运输航空具有公共属性，通用航空则具有专门属性。运输航空使用的航空器通常有高、快、大等特征，而通用航空使用的航空器则通常有低、慢、小等特征，因此通用航空在机场以及配套设施建设成本上要小很多，而多数运输机场也都兼具通航飞机的保障能力。航空油料加注作为航空燃油供应的最后一个环节，涉及一定的机场和飞机知识，现简要介绍如下。

1. 飞机基础知识

1）飞机分类

民用航空器根据用途可分为全货机、全客机、客货两用机、专机和通用飞机。民航飞机机型较多，根据制造公司和飞机种类的不同可分为以下几类：

（1）波音系列：包括 B707、B717、B727、B737、B747、B757、B767、B777、B787 等各种型号及其各种型号的改进型。

（2）空中客车系列：包括 A300、A310、A320、A330、A340、A350、A380 等多种型号及其各种型号的改进型。

（3）麦克唐纳·道格拉斯（麦道）系列：包括 MD-11、MD-80、MD-90、DC-8、DC-9、DC-10 等多种型号。

（4）苏联产系列：包括伊尔–18、伊尔–62、伊尔–76、伊尔–86、伊尔–96、图–124、图–134、图–144、图–154、雅克–24、雅克–42、安–12、安–24、安–74、安–225 等。

（5）国产系列：包括运–5、运–7、运–8、运–10、运–11、运–12、运–20、运–30、新舟60、新舟600、ARJ21、C–919、C–929 等。

（6）通用飞机系列：钻石 DA42NG、TB–20、TB–200、塞斯纳172、塞斯纳 C400、西门诺尔、西锐 SR20、西锐 SR22、奖状 CJ1 等。

（7）直升机系列：阿古斯塔 A109、AW101、西科斯基 S–61N、斯瓦泽 S300C、斯瓦泽 S333、空客 H120、贝尔 206B、贝尔 214ST、蜂鸟 260L 等。

我国现阶段各航空公司已经拥有了大部分飞机机型，使用较多的机型是以 A（Air–bus 空客系列的简称）和 B（Boeing 波音系列的简称）为主要飞机系列的前缀。并注意如无特殊说明，本章所称飞机均指"固定翼"飞机。

2）飞机构造

飞机主要由机头、机身、机翼、尾翼、起落架和发动机等几部分组成。

其中，机头是飞机的驾驶舱。机身主要是用来装载旅客和货物。机翼是飞机上的重要组成机件，主要用来产生升力。此外，在机翼下方有用于储存航空油料的油箱，图 8–5 表示的是 B737–900 的油箱示意图。尾翼是用来使飞机飞得平稳，控制飞机上升、下降和转弯。起落架是用以支承飞机起飞和降落。发动机是飞机的动力来源，飞机就是靠发动机燃烧航空油料产生的动力来飞行的。

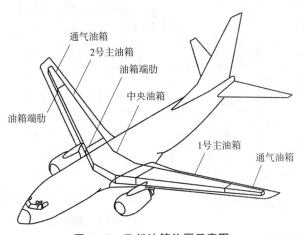

图8–5 飞机油箱位置示意图

2. 飞机载油量与加油情况

飞机必须携带足够的可用燃油以安全地完成计划飞行和计划运行的偏离。飞机在实际运行过程中，一般根据飞行里程和运行条件确定加油量，加油量过少则无法到达目的地，加油量过多会导致飞机到达目的地后超过最大降落重量而无法顺利进近和落地。为满足不同飞行阶段的消耗和考虑可能发生的突发事件，加油量主要包括：

（1）滑行燃油：考虑到起飞机场的当地条件和辅助动力装置（APU）的燃油消耗，起飞前预计消耗的燃油量。

（2）航程燃油：考虑到计划飞行的运行条件（如天气、空管等因素），允许飞机从起飞或从飞行中重新计划点飞到目的地机场着陆所需的燃油量。

（3）应急燃油：为补偿不可预见因素所需的燃油量。根据航程燃油方案使用的燃油消耗率计算，它占计划航程燃油或飞行中重新计划点5%的所需燃油，但在任何情况下不得低于以等待速度在目的地机场上空450m高度上在标准条件下飞行5min所需的燃油量。

（4）目的地备降机场燃油：需要有目的地备降机场时，飞机有所需的燃油以便能够完成复飞、爬升到预定的巡航高度、沿预定航路飞行、下降到开始预期进近的一个点、在目的地备降机场进近并着陆，以及需要有两个目的地备降机场、不需要有目的地备降机场，或预定着陆机场是一个孤立机场等其他情况所需要消耗的燃油量。

（5）最后储备燃油：使用到达目的地备降机场，或者不需要目的地备降机场时，到达目的地机场的预计质量计算得出的燃油量。

（6）额外燃油：所需燃油的补充，如发动机失效或丧失增压需要更多燃油的情况下，能允许飞机在必要时下降并飞行到一备降机场等情况。

（7）酌情携带的燃油：机长决定携带的额外燃油。

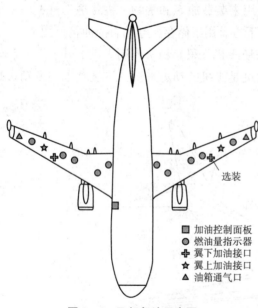

选装

■ 加油控制面板
● 燃油量指示器
✚ 翼下加油接口
★ 翼上加油接口
▲ 油箱通气口

图8-6 飞机加油示意图

根据飞机的机型和结构，不同飞机的最大载油量、油箱数量、加油接口数量和位置等均不相同，图8-6表示的是A320-200的飞机加油示意图。在飞机加油过程中，根据加油口位置不同，分为翼上加油和翼下加油两种模式；根据航空油料的能量来源不同，分为重力加油和压力加油两种模式。现阶段主要机型的载油量与加油情况如表8-1所示，并注意即使是同一型号的飞机，油箱数量和加油接口数量等也略有差异，表中的油箱数量和加油接口数量均为包含选装设备的理论最大数量。

3. 飞机加油控制面板

在加油过程中，燃油被同时输送到中央油箱和机翼油箱的外侧油箱。当外侧油箱加满油时，燃油便以溢流方式进入内侧油箱。当油箱被加至最大容量时，各个油箱内仍有足够的空间以允许燃油有2%的热膨胀（温度增加20℃）而不至于通过通风系统溢出。飞机加油控制面板主要是方便飞机加油和放油过程中在外部直接操作，一般位于飞机腹部下方，图8-7表示的是A320-200的加油控制面板。飞机加油控制面板主要包括燃油量指示器、高液位警示灯、加油阀门选择器、模式选择器、抽油指示灯、预先设定控制器及显示表、电源拨动电门、加油结束指示灯等设备。

表8-1 主要机型载油量与加油情况

机型	最大载油量/L	油箱数量/个	加油接口数量/个	加油方式	最大流量/(L/min)
B727-200	40010	5	2	翼上加油	2270
			2	翼下加油	无限制
B737-500	23200	5	2	翼上加油	无限制
			1	翼下加油	1520
B737-900	25020	3	1	翼下加油	2060
B747-300	198090	7	4	翼上加油	590
			4	翼下加油	7420(四管)
					4730(单翼双管)
					2840(单翼单管)
B757-200	43625	3	2	翼上加油	380
			2	翼下加油	2060
B767-300	63216	3	2	翼上加油	590
			4	翼下加油	3030
B777-300	171130	3	4	翼下加油	4585(四管)
					2520(双管)
A310-300	68220	7	4	翼上加油	无限制
			4	翼下加油	1480(单管)
A320-200	23858	3	2	翼上加油	无限制
			2	翼下加油	1400
A321-200	29500	5	2	翼上加油	无限制
			2	翼下加油	1400
A330-200	139090	6	2	翼上加油	无限制
			4	翼下加油	2520(双管)
A340-600	195178	8	4	翼下加油	4400(四管)
					3152(双管)
A380-900	365246	12	4	翼下加油	5800(四管)
MD-11	161234	6	4	翼下加油	6060(四管)
					4730(双管)
MD-90	22190	3	2	翼上加油	无限制
			1	翼下加油	1419
伊尔-86	115840	7	6	翼上加油	无限制
			4	翼下加油	3000(单管)
贝尔214ST	2505	3	1	重力加油	无限制

续表

机型	最大载油量/L	油箱数量/个	加油接口数量/个	加油方式	最大流量/(L/min)
西科斯基 S-61N	3080	4	1	压力加油	1180
			3	重力加油	无限制
AW101	5370	5	1	压力加油	680
			4	重力加油	无限制
斯瓦泽 S-300C	242	2	2	重力加油	无限制
塞斯纳172	212	2	2	重力加油	无限制
西锐 SR20	229	2	2	重力加油	无限制
钻石 DA 62	337	4	4	重力加油	无限制

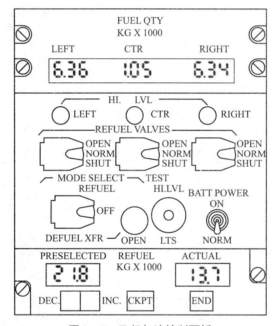

图 8-7 飞机加油控制面板

　　各种机型飞机加油控制面板操作基本方法是类似的,主要区别在于:一是面板所在飞机的部位不同;二是面板内控制开关的数量不同。飞机加油控制面板的大致操作方法如下:

　　第一步:打开加油控制面板。不同的机型加油接口与控制面板可能在飞机的不同位置。按下长方形按钮,打开面板,可以看到内部结构,然后将加油车加油接头与飞机加油口对接。飞机加油口一般位于大机翼下方,发动机外侧。B737 的控制面板与加油接口在一起,而 A320 的控制面板在机腹下方。

　　第二步:打开加油控制电门。将盖板拉开到固定位置,则电门指示灯自动打开,盖板会锁定在固定位置,手动开启电门开关,有的机型还需要预设加油量。

　　第三步:打开油箱控制开关。不同的机型在控制开关上存在一定的差异,如 A320 共有

3 个油箱，即中央油箱和左、右油箱，一般是先加左右油箱、后加中间油箱，以保持飞机在加油过程中的配载平衡。

第四步：开始加油。加油过程中要密切关注控制面板仪表和加油车仪表上油量的变化，并注意保持飞机左右平衡。

第五步：加油结束。当达到预定加油量时关闭油箱控制开关，卸下加油接头，按下自锁按钮关上盖板，电源随之关闭。

8.1.3 加注运行管理

1. 车辆机坪驾驶

车辆在机坪驾驶的驾驶员必须取得飞机活动区机动车驾驶证。向机场管理机构申请飞机活动区机动车驾驶证时，一般需要具备以下条件：具有 B2 以上准驾车型的驾照；参加所在单位组织的培训；通过机场管理机构组织的考试；取得机坪驾驶通行证资格；在机坪工作满一年以上。加油车在机坪行驶过程中应满足下列要求：

(1)严格遵守机坪行车规定，按规定路线行驶、停车，遵守限速规定：直行行车速度不超过 30km/h，转弯行车速度不超过 15km/h，接近航空器行车速度不超过 5km/h。

(2)主动避让航空器，不与航空器抢道。遇有航空器滑行或拖行时，在航空器一侧 50m 外避让，不在滑行的航空器前 200m 内穿行或 50m 内尾随，非作业车辆不从机翼下穿行。

(3)主动避让旅客，不从人群中穿行。

(4)车头不正对航空器，油车停放位置应避开主发动机喷口，以避免与航空器相撞。一般不进行倒车，如确实需要，应有人指挥，带拖罐的加油车不应倒车。

(5)使用绞盘胶管加油时靠近航空器的行驶路线和使用平台胶管加油时靠近航空器的行驶路线分别如图 8-8 所示。在条件许可的情况下，飞机加油车应尽可能从航空器后部向前进入。

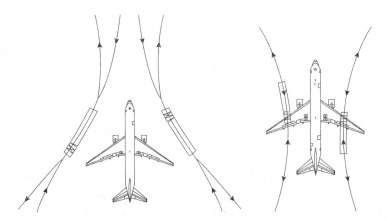

图 8-8 使用绞盘胶管加油(左)和平台胶管加油(右)靠近航空器的行驶路线

(6)车辆需按指定的通行道口进入飞机活动区，接受安全护卫人员的检查。

(7)车辆进入机坪后必须昼夜开启警示灯。

(8)车辆行驶到客机坪、停机坪、滑行道交叉路口或遇到 STOP 标志时，应停车观察飞机动态，在确认安全后方可通行。

（9）车辆在飞机活动区停放应当停放在机场指定的白色设备区或停车位，且按照停车位地面标明的所示方向停放。

（10）其他车辆不得停放在飞机加油栓禁区内。当飞机在加油时，在停机位内的车辆不得阻碍加油车前方的紧急通道。

（11）提供保障作业的车辆不得影响相邻机位及飞机机位滑行通道的使用。

（12）当飞机正在被推离机位时，在其后方行驶的车辆和人员必须避让飞机，不得妨碍飞机推出。

驾驶机动车的灯光要求如下：

（1）向右转弯、向右变更车道、靠路边停车时，开右转向灯。

（2）向左转弯、向左变更车道、驶离停车地点或掉头时，开左转向灯。

（3）昼夜开启黄色警示灯。

（4）车辆灯光标志牌齐全、清晰、有效。

（5）夜间开近光灯、示宽灯和尾灯，雾天开防雾灯，禁止使用远光灯。

2. 航空器加油分工与责任

由于飞机加油过程涉及燃油供应商与航空公司两个部门，存在的交叉作业可能导致程序与责任模糊不清，为避免这种情况，MH/T 6005《民用航空器加油规范》明确了各部门的加油分工与责任。其中，燃油供应商的责任有：

（1）连接加油车与航空器之间的加油导管及静电导线。

（2）开、关航空器上加油接口舱盖门及油箱盖。

（3）按各类航空器规定的加油工作压力与流速正确操作加油设备，安全、准确地将所需航空油料加入航空器，并填写加油单，如表 8－2 所示。

航空客户的责任有：

（1）准确提供所需油量。

（2）检查确认油料规格名称。

（3）操作航空器油箱手（电）动阀门、仪表、开关或油尺进行油载平衡。如需要燃油供应商操作该类设备，航空用户应出具书面委托文件。

（4）加油完毕，检查航空器油箱盖、加油接口舱盖门与部件是否盖好。

（5）复核加油数量并在加油单上签字。

（6）航空器对加油压力另有要求时，应在加油前向燃油供应商航空器加油员提出。

3. 加油设备要求

为保证加油车辆平稳运行，加油车引擎一般都使用柴油发动机。加油车管线或附件应由铝合金、不锈钢及内表层经过热镀锡防护或喷涂有经技术鉴定认可与航空燃料相容的环氧树脂的中碳钢制成。油罐及主管线不应使用铜合金、镀镉、镀锌钢或塑料材料。与燃料接触的其他部件使用铜材料的程度应减少到最低限度，并且不应使用锌或锌含量超过 5% 的材料或镉合金材料。

表8-2　飞机加油单实例

<table>
<tr><td colspan="3" align="center">飞机加油单
Refuelling Receipt</td></tr>
<tr><td rowspan="8" valign="top">（提醒与签字部分）
兹证明我负责本架飞机油料系统的操作安全，并确定所加油料的质量和数量是按照要求提供的，航空器油箱盖、加油接口舱盖门与部件已盖好。

This is certify that I am responsible for the operation and safety of the aircraft fuel system, and I have verified the grade of fuel and quantity delivered are as requested, aircraft tank and fuelling nozzle connections have been covered properly.

收油人签字：李四
Pilot/Airline Representative：</td><td colspan="2" align="center">油单类型
Receipt Type</td></tr>
</table>

（提醒与签字部分） 兹证明我负责本架飞机油料系统的操作安全，并确定所加油料的质量和数量是按照要求提供的，航空器油箱盖、加油接口舱盖门与部件已盖好。 This is certify that I am responsible for the operation and safety of the aircraft fuel system, and I have verified the grade of fuel and quantity delivered are as requested, aircraft tank and fuelling nozzle connections have been covered properly. 收油人签字：李四 Pilot/Airline Representative：	油单类型 Receipt Type	内航
	日期 Date	2019. 08. 12
	油单号 Receipt No.	2510301680716
	机场 Airport	成都双流国际机场
	航空公司 Delivered to	海南航空控股股份有限公司
	飞机号码 Aircraft No.	B5636
	航班号 Flight No.	HU7086
	飞机类型 Aircraft Type	B737-800
	航程 Departure	成都-海口
	油品名称与标准 Description and Grade	3号喷气燃料/NO.3 Jet Fuel GB 6537—2018
	加油开始时间 Time Start	15：11
	加油结束时间 Time Finish	15：25
	加油车车号 Vehicle Type and No.	民航-D5898
	加油地井编号 Hydrant pit No.	JY146-1
	温度（℃） Temperature	26.3
	视密度（g/cm³） Observed Density	0.7884
	Actual Quantity 实际加油数量	体积（升） Volume（L）	7259
		体积大写（升） Volume in words（L）	柒仟贰佰伍拾玖
		质量（千克） Weight（kg）	5723
	发油人（签名） Deliver（Signature）	张三

为保证燃油质量，加油车应安装过滤设备。按照国际民航组织（ICAO）Doc 9977《民用航空喷气燃料供应手册》要求，加注喷气燃料的加油车应安装符合 EI 1581《航空喷气燃油过滤器/分离器的规格和合格认证程序》要求的过滤分离器。而航空活塞式发动机燃料加油车安装过滤精度为 5μm 的预过滤器或过滤监控器即可。翼下压力加油接头和翼上重力加油枪内应装有孔径不小于 60 目的不锈钢滤网。加油枪应无开启定位作用的棘轮。飞机加油车胶管应符合 EI 1529 或 ISO 1825 的 C 类。胶管从生产日期起，储存期限为 2 年，使用期限为 10 年，符合其他标准的胶管使用期限为 6 年。

为避免可能由于人为带来的事故，加油车上应在以下部位设置安全联锁装置：取力器（泵）、导静电线、加油接头、升降平台（平台悬臂）、航空器油箱盖放置点、地井接头、罐式加油车灌油口，并应在驾驶室内醒目位置安装安全联锁报警装置。

罐式加油车和管线加油车都应具有压力控制系统，以保证加油胶管末端的压力不超过 0.35MPa。同时该系统应能满足当航空器油箱在 0.5s 内关闭时，水击压力不超过 0.84MPa，15s 后不超过 0.42MPa。加油车应配备两具 8kg 手提式干粉灭火器，灭火器应设置在便于取放的支架上。加油车上应安装静电接地卷盘及带有接线夹的接地线，底部应设置导静电拖地胶带。加油车金属管路中任意两点间或任意一点到接地线末端，油罐导电部件到拖地胶带末端的导电通路电阻值均应不大于 10Ω。

罐式加油车的油罐内应设防波板，油罐内所有设备不应有尖端突出物。油罐底面倾斜坡度应不小于 5%，以使燃料流向沉淀槽，沉淀槽底部应装有排放管和阀门。油罐顶部应装有具有吸、排气功能的阻火器及倾翻截止阀，同时还应装有具有高液位自动关闭功能的自动灌油阀及具有低液位自动保护功能的底阀。

加油车应安装防止水击或温度升高而损坏设备的泄压装置。加油车应在便于操作的位置（如控制面板升降平台等处）安装发动机紧急熄火装置并应设有红色标识。加油车应有"严禁烟火"等安全标识，同时具有警示灯、警示旗等装置。

为保证机坪管网加油系统安全，机坪管网每 4～6 个机位应设有一个隔断阀。机坪管网加油系统应安装紧急停泵装置，紧急停泵按钮应有显著标识，且易于触及并应定期进行有效性检查。管网系统应有高点排气和低点排放装置。加油地井盖应能锁定、密封。

4. 安全运行要求

装载有燃油的飞机可能存在油气蒸发从而构成安全隐患。对于正在加油的飞机，以机翼加油口为中心，半径 20m 内距飞机机身高度的圆柱形空间为爆炸危险区域 1 区；以机翼加油口为中心，半径 30m 内距飞机机身高度的圆柱形空间为爆炸危险区域 2 区。对于停放的飞机，以油箱排气孔为中心，半径 4m 内距飞机机身高度的圆柱形空间内为爆炸危险区域 2 区。因此在这部分区域内应注意控制火源，满足防火防爆技术的相关要求。在下列情况下不应给飞机加（抽）油：

（1）飞机主发动机未熄火，轮挡未放好或螺旋桨未停止转动，飞机防撞灯未关闭。

（2）未经航空客户代表同意。

（3）机坪能见度小于 50m。

（4）飞机在机库内。

（5）机坪上空有雷暴。

（6）翼上重力加油时飞机在通电、充氧、充电、明火作业时。

（7）翼上重力加油时机场上空有沙暴、大雨等恶劣天气情况。

在下列情况下应限制给飞机加（抽）油：

（1）有旅客留在客舱中；若特殊需要，航空客户或机场公司应书面通知并在满足燃油供应商下列条件时，方可载客加（抽）油：登机廊桥（客梯车）就位，机上紧急出口与各通道保持畅通；派专人监控并阻止旅客吸烟或使用明火；任何情况下直升机都不应该载客加油。

（2）在距加油设备或飞机加油口及油箱通气口6m距离内有使用闪光照相机及任何非防爆设备等情况。

（3）飞机的机载气象雷达处于开机状态。

（4）在距加油车6m距离内启动防火星罩不完整的机动车辆。

（5）正在使用明火或非防爆电气设备和带电压测试无线电设备。

（6）正在使用电动工具、钻头、冲压或相似的动力设备。

（7）航空客户代表不在现场。

（8）正在进行飞机、车辆电瓶的拆装作业。

5. 应急处置

一旦加油或抽油作业中发生紧急事件，航空器加油员应能立即对事件情况进行分析、判断，并采取正确的处置措施。机坪可能出现的紧急事件有：

（1）影响系统运行的设备故障。

（2）加油中的火灾事故。

（3）溢油事故。

（4）机坪交通事故和人员伤亡事故。

（5）被劫持航空器的加油。

（6）航空器事故或非常事件涉及本场加油时的处置。

针对上述各紧急事件特点，油料供应商应制定应急预案并定期组织演练。如对于溢油事故，可以采取的措施有：

根据发生溢油的场所、部位及溢油面积的大小正确选用吸油棉的规格及种类。先用吸油棉将溢油区域围起来，防止溢油面积进一步扩大。将所适用的吸油棉直接贴在各溢油的表面逐步吸附干净，然后将使用过的吸油棉统一回收并按规定处置。当溢油事故比较严重不可控时，应迅速按下就近的紧急停泵按钮，停止机坪管网或加油车供油。当紧急情况结束后，立即合上紧急停泵按钮，恢复供油。

8.2 罐式加油作业

8.2.1 罐式加油车概述

飞机罐式加油车是装备有油罐、油泵、过滤分离器、压力控制装置（适用于压力加油）、流量计、加油胶管及接头（油枪）等部件，能独立完成为航空器加（抽）油并具有泵油、调压、净化等功能的专用车辆，如图8-9所示。

图 8-9　罐式加油车

罐式加油车最主要的用途是利用自身油罐额定容量所装载的航空油料来为飞机加注燃油，在加油的同时具有过滤净化、精确调压、准确计量等功能。罐式加油车具有机动性高、操作方便、使用灵活等特点，具有下述主要功能：

加油：将本车油罐中的航空油料经过滤、调压、计量后，通过卷盘胶管的压力加油接头或加油枪注入飞机油箱或其他受油设备。

抽油：将飞机油箱中的燃油，通过卷盘加油胶管或平台加油胶管的压力加油接头经过滤、计量后抽回到本车油罐。

循环：循环搅拌本车油罐内的油料。

灌油：用外部设备给本车油罐进行底部装油。

移动泵站：利用自身油泵将油罐以外的航空油料进行转输泵送。

8.2.2　罐式加油工艺

为满足飞机罐式加油车的上述各项作业要求，罐式加油工艺应具备加油、抽油、循环、灌油、移动泵站等多项功能，其工艺流程如图 8-10 所示。图中粗线表示的是主工艺流程，细线表示的是辅助工艺流程。

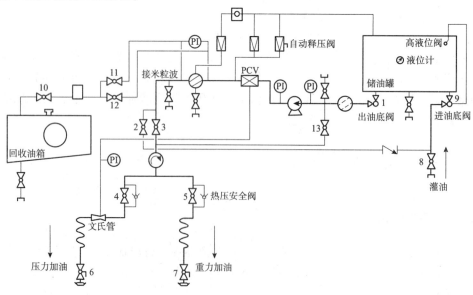

图 8-10　罐式加油车工艺流程图

【例1】

罐式加油车在进行加油作业与循环作业时，应打开的阀门有哪些？

【解答】加油作业是将油罐中的航空油料注入飞机油箱的过程，罐式加油车同时具备重力加油和压力加油的功能。结合图8-9管路系统走向和加注设备分析，当实施重力加油时，应打开的阀门有：1、3、5、7；当实施压力加油时应打开的阀门有：1、3、4、6。循环作业指本车油罐内的油料循环流动，因此需要打开的阀门有：1、2、9。

1. 上装结构组成

1) 燃油系统

(1) 油罐。油罐是罐式加油车的最主要部分，主要负责对航空燃油的储存。为了便于燃油中的水分和杂质的集聚，沉淀、排放，油罐底部的最低点设有沉淀槽、排污口和排污阀。

油罐内部设有防波挡板，减少由于车辆行驶造成剧烈的油液波动对油罐前后封头造成的潜在损害。防波挡板一般在底部都开有长孔，作为燃油通道，并开有人孔，以便进入油罐内部进行清洗和维修。油罐内还装有控制燃油高、低液位的控制装置。

油罐左侧装有浮球式液位计，以便观察油罐的贮油量。

油罐顶部装有通气阀、通气罩、观察口、量油尺等。在人孔盖与观察口均关闭的情况下，通气阀能使油罐内的气体始终与大气保持相通，万一翻车时通气阀内钢球，浮筒上移，密封通气口，阻止燃油从油罐内溢出。通气罩安装在通气阀上方，罩内设有阻火网。油罐顶部设有人行栈道，后部设有防滑人梯。

油罐底部排油口与泵油系统底阀相连，为防止气体进入泵油系统，一般在排油口上部都设置有防漩涡装置。油罐的进油口与油罐底部装油装置相连，为防止燃油进入油罐时因飞溅而产生静电，在油罐内装油口处设置导流罩。

(2) 底部装油装置。底部装油装置由自动阀和罐内高液位浮球控制装置组成。自动阀安装在油罐的底部，采用底部装油形式。这种形式可以减少装油时因喷溅产生的静电。浮球控制装置与自动阀联动，当液面达到最高液位时可使自动阀自动关闭，防止油罐装油溢油。图8-11和图8-12分别表示汽车灌装装置和加油车底部装油接口。

图8-11 汽车灌装装置

图8-12 加油车底部装油接口

(3) 操作室。操作室内有泵油系统、过滤系统、液压系统、气控系统、电气系统等系统的控制和操作按钮，以及流量表、压力表等仪表显示，如图8-13所示。

(4) 泵油系统。泵油系统是罐式加油车的功能执行系统，为罐内的油料提供动力能源。在气动控制系统的逻辑控制下，通过平台胶管或卷盘胶管对飞机进行加油、抽油作业。

目前加油车的加油泵主要有多级自吸式离心泵和单级单吸式离心泵。一般多采用多级自吸式离心泵，其功能结构与油库使用的离心泵类似。多级自吸式离心泵主要由泵壳、转子、轴向力平衡装置、机械密封装置以及支承轴承、托架等组成。

（5）过滤分离器。加油车上的航空油料净化主要通过过滤器实现，目前在用的过滤器主要有过滤分离器（filter separator）和过滤监控器（filter monitor）两种。现阶段飞机加油车以卧式过滤分离器使用较多，如图 8 – 14 所示。

图 8 – 13　加油车操作室　　　　　图 8 – 14　卧式过滤分离器

过滤分离器一般是由壳体、端盖、空气消除器、安全阀、放气阀、沉淀槽、托架、压差计、聚结滤芯和分离滤芯等组成，与油库内使用的过滤分离器结构类似。含有杂质和水分的燃油进入过滤分离器后，首先从里向外流过过滤分离器的第一级聚结滤芯。过滤分离器聚结滤芯由经过特殊处理的涤棉纤维及其他合成材料组合而成，它有两种功能：一是滤除固体杂质；二是将极其微小的水滴或溶解在燃油中的水分破乳、聚结成较大的水珠，聚结后的水珠靠自重沉降到集水槽。第二级是分离滤芯，把仍然悬浮于燃油中的水滴分离出来，让燃油顺利通过。最后洁净、无水的燃油流出过滤分离器。

（6）计量设备。目前加油车的计量设备主要是指流量计，其作用是计算、累计燃油通过的数量，累计一次或多次加油作业的燃油总量，如图 8 – 15 所示。飞机加油车流量计主要采用容积式流量计，配有一台机械计数器，能一次计量并能回零或累加计量不回零。配有一台瞬时流量指示器，可以反映加油作业时燃油的流速。流量计至少每 6 个月应检定一次，流量计的精度应达到 0.2 级。经过修理后的流量计必须重新检定。

图 8 – 15　流量计

（7）加油接头。加油接头是直接连接飞机的设备，按照加油位置不同，有类似于汽车加油枪的翼上加油接头（俗称加油枪），以及类似快速接头的翼下加油接头，如图8-16所示。

图8-16　翼上（左）与翼下（右）加油接头

2）液压系统

罐式加油车液压系统的功能是对胶管卷盘的制动和转动实施液压操纵，从而实现工作平台升降，以及保证胶管卷盘能实现以下三种工况：卷盘制动、胶管展开、胶管收卷。

飞机加油卷盘如图8-17所示。当手动换向阀手柄向里推时，液压油驱动摆线式液压马达转动，通过链条带动卷盘旋转，收卷胶管；反之向外推时则展开胶管。其收卷速度可通过调节单向节流阀来调节。

3）气控系统

气动控制系统是加油车完成各种作业的控制系统，通过一定的逻辑控制，完成各种正常作业。该系统气源由汽车底盘提供，从四回路保护阀接出。气动控制系统最主要的功能是通过呆德曼控制器进而远距离控制加油车的作业，如图8-18所示。按压呆德曼控制手柄即可开始加油，并能随人在一定范围内进行控制。如果在作业期间出现意外情况，只要松开呆德曼控制手柄，即可中断加油作业。

图8-17　加油卷盘　　　　　图8-18　呆德曼控制器

此外，气控系统还具备气控热释压控制、高低液位控制、刹车制动联锁控制、紧急熄火控制等功能。

2. 下装结构组成

飞机加油车的下装结构又称汽车底盘，由动力系统、传动系统、行驶系统、转向系统、制动系统五部分组成。其功能为接受发动机的动力，使汽车运动并保证汽车能够按照驾驶员的操纵而正常行驶或稳定停止。

1）动力系统

飞机加油车的动力系统包括发动机及附属设备，其功能是为整个加油车提供动力。发动机大多使用车用柴油为动力，因此大多数机场内部都设有柴油加油站。虽然实施机场地面车辆"油改电"，提高清洁能源在机场能耗中的占比是绿色机场的发展趋势，但由于罐式加油车结构复杂，载重量大，短时间内都将继续使用车用柴油作为动力。

2）传动系统

汽车传动系的功用是将发动机输出的动力传给驱动车轮，使汽车行驶。传动系一般由离合器、变速器、万向传动装置、传动轴、主减速器、差速器及驱动装置等组成。传动系主要实现汽车的减速与增矩、倒车、中断传动、差速等功能。

3）行驶系统

行驶系的主要功用就是支承汽车的总质量，接受发动机的转矩，通过驱动车轮与地面的附着作用，产生驱动力保证车辆正常行驶。行驶系一般由车架、车桥、车轮和悬架等组成。

4）转向系统

转向系统是汽车在行驶中用来改变汽车行驶方向装置的总称。转向系统一般由转向操纵机构、机械转向器、转向传动机构组成。

5）制动系统

汽车制动系统是为了保证汽车的安全行驶，提高汽车的运输生产率，按照需要使加油车在行驶中降低车速或停车并使停止行驶的车辆保持原地不动的装置。一般汽车都安装有两套独立的制动系统，分别为行车制动系统和驻车制动系统。行车制动系统是使行驶中的汽车降低速度甚至停车的一套专门的装置，通常由驾驶员脚操纵。驻车制动系统是使已停驶的汽车驻留在原地不动的一套装置，通常由驾驶员手操纵。制动系统主要由供能装置、控制装置、传动装置和制动器四部分组成。

8.2.3 罐式加油作业管理

1. 压力加油作业

1）加油准备

航空器加油员应经过有效的培训，持证上岗。在作业中按规定穿戴防砸工作鞋、工作帽、防静电工作服、反光背心、防护耳罩、防护眼镜和工作手套等防护用品，熟悉并严格遵守所使用设备的操作规程。

在飞机加油之前，加油调度员应根据每日航班信息确认需加油的航空器机型、机号、航班号、目的地、加油位置、时间、油料种类等信息，合理调配加油车辆和加油人员，保证及时供油，防止加错油料或延误航班，并填写记录。每日第一架航空器加油前航空器加油员应重点检查：

(1)加油车发动机机油、水、电、油料数量、消防器材与导静电线完备状况，灯光、液压系统，轮胎气压合格，全部铅封、随车加油工具齐备，安全联锁系统、紧急熄火装置有效，行车10m测试制动有效；

(2)加油胶管、压力加油接头或加油枪完好，油罐、管路、阀门等设备无渗漏；

(3)加油车油罐中的油料数量、牌号与航空器所需相符；

(4)油料质量保证书在有效期内；

(5)车辆年检记录、行驶证、车辆保险、飞机活动区机动车行驶证等证件。

2)实施加油作业

航空器加油员按照机场限速要求缓慢平稳地驾驶车辆，并在距离航空器20～30m处测试车辆制动系统是否有效，确认航空器主发动机熄火并放好轮挡后，以不大于5km/h的车速接近航空器，驶入正确的加油位置停车并锁紧手制动。放好加油车轮挡，连接导静电线至航空器上的导静电桩。

检查航空器加油接口，确保接口没有损坏，加油接头没有受到任何污染，油箱盖完备无异后，将压力加油接头与航空器加油口连接锁牢，流量计归零。由航空客户代表(一般为机组成员)确认后开始加油。

使用升降平台为航空器加油时，应注意不使平台加油胶管处于被拉近状态，应在平台上操作平台的升降，并在平台升降初始时确认其启停是否有效。

关闭抽油阀，开启油罐底阀和加油阀后，开启呆德曼控制阀，逐渐增加泵速至额定流量。

加油过程中航空器加油员应密切监控加油车上的各种仪表、航空器加油接口、航空器油箱仪表等运行状况，航空器油箱排气孔应无溢油，出现溢油时，应在清理后方可加油。检查所有连接处，确保没有明显的油料泄漏。若发现异常现象，应立即停止加油。

在加油过程中，不应移动加油平台。若确有需要调整平台高度，应首先停止加油作业。加油员应尽量在地面上而非在加油平台上实施加油操作。

3)加油结束

加油完毕后，关闭呆德曼控制阀和加油阀门，卸下加油接头，盖好航空器油箱盖，关闭航空器加油接口舱盖门，收回加油胶管，将加油接头复位，关闭油罐底阀，收回静电接地线至规定位置。以升(L)为计量单位读取流量计实际指示数量，按规定填写加油单(表8-2)，并由航空客户代表签字确认，将流量计置零。

加油员面向航空器对照检查飞机号码、飞机所属航空公司、日期、加油量和双方签字等内容，对加油单进行详细检查，确认加油单正确无误。

加油员确认加油设备与航空器脱离，确认设备完全复位，并进行绕车检查：

(1)加油员从驾驶室左侧门起逆时针方向开始检查，首先检查所使用的阀门手柄，确认是否复位；依次检查导静电线、卷盘加油接头、流量计、灭火瓶，确认是否复位；检查所用的加油平台、平台加油接头、飞机油箱盖联锁点、加油面板或飞机油箱盖，确认是否复位；检查加油工作凳，确认其是否复位；观察油车罐体航空油料容量表，确认车内所剩油量；观察轮胎，确认其是否正常；观察油车周边有无影响车辆驶离的障碍物。

(2)走到车体后部，检查加油工作梯，确认是否复位。夜间或低能见度天气观察车辆灯光，确认是否正常。

(3)走到车体右部，观察轮胎确认其是否正常；观察油车周边有无影响车辆驶离的障碍物。

(4)走到车体前部，面对加油车车头检查警示灯，确认是否正常。夜间或低能见度天气观察车辆灯光，确认是否正常。观察周围环境，有无影响车辆驶离的障碍物。最后用对讲机与调度联系，确定加油车去向。

4)安全驶离

加油员确认加油车可以安全驶离机位后，再次确认无影响车辆驶离的障碍物，收起轮挡。手按安全联锁复位确认按钮，上车检查车内联锁指示灯，确认是否正常。加油员鸣笛、观察左右后视镜，打转向灯，挂一挡起步，安全驶离加油机位。

2. 重力加油作业

1)加油准备

与压力加油作业类似。

2)实施加油作业

航空器加油员按照机场限速要求缓慢平稳地驾驶车辆，并在距离航空器20～30m处测试车辆制动系统是否有效，确认航空器主发动机熄火并放好轮挡，以不大于5km/h的车速接近航空器，驶入正确的加油位置停车并锁紧手制动。放好加油车轮挡，连接导静电线至航空器上的导静电桩。

检查航空器加油接口，确保接口没有损坏，加油接头没有受到任何污染，油箱盖完备无异后，将加油枪与航空器加油口连接锁牢，流量计归零。由航空客户代表(一般为机组成员)确认后开始加油。

关闭抽油阀，开启油罐底阀和加油阀后，开启呆德曼控制阀，逐渐增加泵速至额定流量。

加油过程中航空器加油员应密切监控加油车上的各种仪表、航空器加油接口、航空器油箱仪表等运行状况，航空器油箱排气孔应无溢油，出现溢油时，应在清理后方可加油。检查所有连接处，确保没有明显的油料泄漏。若发现异常现象，应立即停止加油。

在进行重力加油时，不允许将飞机油箱口的油滤取出实施加油。由于加油员往往需要在机翼上进行加油工作，因此加油员上衣口袋不应装有易掉物品，以防止掉入飞机油箱内。所使用的梯子与飞机接触的部位必须有软衬垫，以免擦伤飞机表面。

油箱盖打开1～2min后，应将油枪与航空器之间导静电接地线接好，并将油枪与油箱口裸露的金属部分接触，且在位于侧风方向实施加油。各类重力加油飞机油箱不应加满，航空器油箱应留有 1~3cm 的膨胀空间。

3）加油结束

与压力加油作业类似。

4）安全驶离

与压力加油作业类似。

3. 抽油作业

在飞机加油作业完成后，由于正常维修作业或其他计划外情况导致飞机燃料的装载量需要调整时，应将飞机油箱中的燃油抽出，即开展抽油作业。

1）抽油准备

抽油工作开展前，应判断需要抽出的航空油料量。首先要确认所抽取航空油料的密度值，如不能准确获知则可以按当地航空油料的近一个月的平均值大致估算。然后根据航空公司所需要抽出的数量，对照抽油车的剩余容量，进行等效换算，一般应至少多留出 10% 的装油空间。

准备抽油的专用抽油车辆，了解飞机抽油的所属航空公司、抽油机型、油品种类、是否添加燃油杀菌剂、抽油数量、抽油时间、抽油地点等信息。并逐一检查如下内容：检查抽油车辆的油罐存油量；检查抽油车辆上的抽油阀门、抽油管路工况；检查抽油工具、抽油单；检查抽油飞机油品质量，测量油品密度。

2）实施抽油作业

将罐式加油车按要求驾驶至需要抽油的飞机附近，再次与航空公司工作人员确认抽油数量。加油员放好轮挡，连接导静电接地线，连接加油胶管。

打开抽油阀门，确认底阀开关关闭，开始抽油作业。并密切注意抽油过程中的油泵转速、油泵真空、抽油流速、油罐液位指示等工况。

3）抽油完毕

抽油完毕后，首先关闭抽油开关。

卸下加油接头，盖好飞机油箱盖，关闭飞机加油接口舱盖门，收回胶管。然后将加油接头复位，收回导静电接地线至规定位置，填写抽油单，并由航空公司代表签字确认。

在抽油车辆驶离飞机前，与加油作业类似应先绕车巡查一周，确认各设备复位后，收回轮挡，驶离飞机。抽回的油品退回指定的油罐，经沉降化验合格后，方可使用。

4）燃油回收

回收的燃料需要单独隔离储存，且不应将其提供给其他航空公司的飞机。完成该项作业后应立即清洗油车和储存容器。为保障加油设备中的燃料不被从飞机上抽回的燃料污染，抽油作业开始之前，应采取以下措施：

（1）检查确定飞机油箱中的燃料牌号，其检查方法为：

①提取油样进行核对检查。喷气燃料应使用化学测水器进行水分检测；

②通过提供上次加油证明，来检查燃料的牌号；

③进行微生物测试。测试方法可参考 MH/T 6119《燃油和含水燃油中可繁殖的好氧微生物含量测定— 触变凝胶培养法》及 ASTM D6469《燃油和燃油系统中微生物污染标准指南》等相关标准。

（2）如果发现飞机油箱里的3号喷气燃料与其他类型的喷气燃料相混合，或有理由怀疑燃料的质量时，应隔离卸下的燃料，进行重新评定检验，在检验结果符合产品规格的情况下，方可以将燃料输回使用油罐或飞机上。如果对燃料质量无质疑，则该燃料不需经过检验即可加入同一航空公司的同一架飞机或其他飞机上。

（3）如果对燃料牌号的检查结果满意，按照下述情况开展工作：

①如果加油车中已经装有燃料，可以接收其存油量10%的燃料，首先进行燃料循环，然后提取油样进行外观检查，如果是喷气燃料，则用化学测水器检测水分，检查合格之后可以将燃料加注给任何飞机；

②如果加油车处于空载状态，可以接收其总容量10%的燃料，然后加油车在油库发油处装满燃料，并在油车内进行燃料循环。提取油样进行外观检查，如果是喷气燃料，则用化学测水器检测水分，检查合格之后可以将燃料加注给任何飞机；

③如果要抽出的燃料数量超过加油车中燃料体积(或容量)的10%，应将该燃油接收到空加油车或其他空储油设备里，宜将该批次的燃料重新加注给同一架飞机。如果不能将该批次燃料重新加油给同一架飞机，则必须对燃料隔离，并进行重新评定检验，检验结果符合产品规格之后，才能将燃料输送到使用油罐里。

总的说来，从飞机油箱中抽出的燃油可能被污染而导致油料质量不合格，应根据不同情况酌情处理。为调整飞机燃料的装载量而抽出的燃料，应尽可能重新加注到同一航空公司的同一架飞机上。从飞机上抽出的燃料，在重新加入同一航空公司的同一架飞机或其他飞机上之前，可将燃料接收到隔离的油罐里。从飞机上抽出的燃料，只有经过适当的检验，合格之后方可返回到机场油库使用油罐里。

5）飞机发生地面事故的抽油

如果飞机冲出跑道、机坪或在地面遭遇其他事故，需要大量抽油而又不能使用飞机上的油泵抽油时，用加油车进行抽油。

此外，可以用机动泵进行抽油，此时应有足够长的胶管，将飞机油箱内的油抽到运油车中。但机动泵距离飞机应大于10m，且置于飞机上风位置。

因为发生事故从飞机油箱中抽出的油必须单独存放，经过化验、鉴定，并经过飞机事故处理机构同意后，方可做出相应的处理。

4. 灌油作业

并非所有的罐式加油车都只在小型运输机场和通用航空机场使用。一般说来，大型运输机场在设计建造时，几乎所有的机位都能采用机坪管网＋管线加油车的方式为航空器加油。但随着机场的不断扩建，可能存在有些机位难以修建输油管道和加油地井的情况，故只能采用罐式加油作业。在罐式加油作业前，需要对空的罐式加油车加注航空油料。灌油作业是通过外部设备(如灌油岛、灌油台等)给罐式油罐车进行底部装油。其作业程序如下：

1）灌油准备

灌油作业前首先需要对所有的相关设备进行逐一检查：

（1）灌油接头胶管：胶管接头应不漏不渗、灵活无卡滞，灌油胶管完好，无老化、无龟裂、无磨损、无渗漏等情况。胶管使用的橡胶化合物应有半导电性能。

（2）导静电线：导静电线不得打折开叉或断股，各部位连接良好且电阻值不大于10Ω。

（3）灌油管路：灌油管路标识明显，无锈蚀。闸阀、球阀动作灵活有效，无渗漏。

（4）过滤分离器：铭牌清晰，有编号，油漆完好，无锈蚀，排气阀、闭路取样器清洁完好，无渗漏。

（5）压差计：压差计完好，无渗漏。

（6）灌油台灭火器：灌油台灭火器在有效期内，铅封完好、喷管无龟裂、堵塞。

（7）加油车内剩余油品质量：有的加油车在灌油作业前可能油罐内留有一定的燃油，需用容量为1L的广口玻璃瓶或闭路取样器提前检查水分和杂质。

（8）油车存油量：首先应明确安全容量，将油车停放在平坦坚实的场所，熄火后拉好手制动。然后根据所需灌油的油车罐的容积确定安全容量，一般为额定容量的95%。面向油车容量表一侧，观察容积表的刻度及读数，必要时通过用手轻轻拍打容积表的表面，看指针是否能随之晃动来检查容积表指针转动的灵活性和有效性。若在灌油开始后，液位计指针未同步变化，应重复上述步骤检查确认，必要时立即停止灌油作业，查明原因。

2）实施灌油作业

加油员缓慢平稳地驾驶加油车停放在规定位置，车辆停稳后拉紧手制动，放置轮挡和警示牌，并正确连接导静电线。

将灌油管路与加油车底部灌油接头相连接，缓慢开启灌油阀门至全开位置，开启油泵实施灌油作业。灌油时管道最大流速的控制应满足防静电规范的技术要求，一般起始时应不大于1m/s，单管最大不大于7m/s，双管灌油流量（进同一个油罐）一般不超过2200L/min。灌油的数量应留有安全余量，原则上不超过理论容积的95%。

3）灌油完毕

灌油结束后，关闭阀门，确认油罐容量，静置10～15min后，从油罐沉淀口放取油样并用化学测水器做航空油料品质检查。注意油罐应留有一定的余量，防止高液位阀失效造成航空油料溢出。同时为防止灌油时罐内空气排放不及时而带有余压，灌油后不应立即开启人孔盖、量油尺盖板做相关测试检查，以免造成因罐内空气快速外泄时喷射出含油雾气对人员及环境造成影响及伤害。

登记车号、灌油前后的数量及时间，完成灌油作业记录。灌油结束后，与加油作业类似绕车巡视检查确认各设备复位，驾驶加油车驶离现场。

4）安全规程

（1）作业人员应正确着装，进行人体静电释放后方能进入作业现场。

（2）灌油前必须将接地线与地锚连接好。

（3）灌油前，应对过滤器沉淀进行排放，所排放的沉淀须按规定处置。

（4）灌油场地应设有防溢油沟，电气设备符合 MH/T 6033《民用航空油库爆炸和火灾危险场所电气安全规程》。

（5）灌油栈桥设备应符合 MH/T 6002《民用航空油料设备完好技术规范》要求。

（6）灌油完毕后，把所有设备恢复灌油前状态，防止跑、冒、滴、漏现象发生。

（7）各类人员进入灌油场地，严禁使用移动电话和照相机的闪光灯等非防爆设备。

8.3 管线加油作业

8.3.1 管线加油车概述

管线加油车是装备有过滤分离器、压力控制装置、流量计、加油胶管及接头等部件，通过机坪管网能独立完成航空器燃油加注，并具有调压、净化、计量等功能的专用车辆，如图 8 – 19 所示。

图 8 – 19　管线加油车

管线加油车的作用是将机坪管网中的航空油料安全、快速地加注至飞机油箱，广泛应用于大中型机场。在加油的同时具备精确调压、过滤净化、精确计量等功能，但其机动性受制于停机位和加油地井的布局设计。管线加油车具有下述的主要功能：

加油：将地井中的燃油经过调压、过滤、计量后，通过卷盘胶管或平台胶管的压力加油接头注入飞机油箱。

回收油箱抽油：在加油过程中，将回收油箱中的燃油经过过滤后注入飞机油箱，同时排空回收油箱。

8.3.2 管线加油工艺

管线加油工艺主要涉及加油和回收油箱抽油两项功能，其工艺流程图如图 8 – 20 所示。图中粗线表示的是主工艺流程，细线表示的是辅助工艺流程。

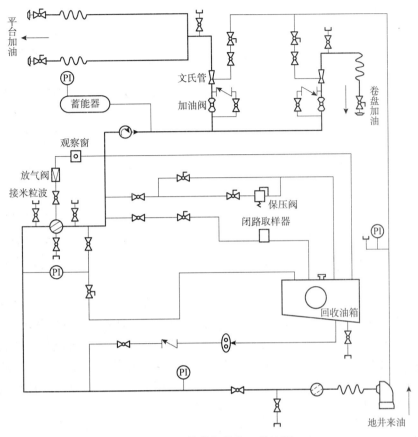

图8-20 管线加油车工艺流程

【例2】

分析管线加油车的加油工艺。

【解答】管线加油车的加油工艺主要是实现燃油从地井到飞机的过程。从图8-20可以看出，右下角的地井来油是管线加油车的入口，左上角的平台加油和右上角的卷盘加油是加油车的出口。油料从地井进入油车后，依次通过地井胶管、粗过滤器、过滤分离器、流量计、加油阀和文氏管后，通过平台加油或卷盘加油进入飞机，该过程即为管线加油车的加油工艺。

1. 上装结构组成

飞机管线加油车的基本结构参照图8-4，其中上装结构主要包括燃油系统、液压系统和气控系统，现分别介绍如下。

1) 燃油系统

燃油系统是管线加油车的功能执行系统，主要是将机坪管网内的燃油在气动控制系统的逻辑控制下完成通过平台胶管或卷盘胶管对飞机进行的加油作业。由于没有油罐等储油设备，燃油系统主要是以管道为主，起到连接航空器和加油地井的功能。其余的设备如过滤分离器、活塞式压差计、检测装置、闭路取样器、流量计等均与罐式加油车类似。

对于燃油回收，回收油箱主要是将自动放气阀出口、闭路取样器放油口、释压阀及压差计出口管路的航空油料回收，然后由回收油箱抽油泵通过过滤分离器进口端加入飞机油箱。抽油泵还可以向管路中打压至 0.8 ~ 1.0MPa，检查管路是否有渗漏及胶管是否有损坏部位。

此外，气控释压阀的气路与气控系统气路相连，能在通常情况下将燃油系统的压力释压至 0.1 ~ 0.15MPa。各主管路球阀都有由单向阀和小球阀组成的旁通释压管线，以防止因太阳暴晒管路内航空油料受热膨胀而产生高压。当操作呆德曼或超越呆德曼时，气控释压阀切断通路，保持燃油系统内的压力。

2）液压系统

管线加油车的液压系统主要有以下四种功能。

（1）升降平台。升降平台是将飞机加油员托举至高处以连接加油管线和飞机加油接口的平台，如图 8 - 21 所示。升降平台由双叉架、双平台升降油缸、上下托架、平台踏板、围栏和爬梯组成。液压油经手动换向阀、液控单向阀、单向节流阀进入油缸，使升降平台升降。为保证安全，液压系统设有平台紧急降落阀。当平台举升后无法降落时，打开平台紧急降落阀降下平台。管线加油车升降平台的升降范围一般为 1.5 ~ 4.2m。平台升降速度可通过调节单向节流阀来调节，其中一只调节升起速度，另一只调节下落速度。

（2）地井胶管收放机构。地井胶管收放机构是放置地井胶管并方便其移动的装置，由油缸和挂架构成，如图 8 - 22 所示。油缸为双作用油缸，外有导向套筒，油缸下部设有支撑脚，用以稳定加油车。液压油经手动换向阀进入双作用油缸，驱动地井胶管收放机构。通过操纵手动换向阀可自动收起或放下地井胶管。

图 8 - 21　升降平台

图 8 - 22　地井胶管收放机构

（3）胶管卷盘机构。与罐式加油车类似，胶管卷盘用于加油胶管的存放和卷绕，中心部分是兼作支承座的旋转接头。两个圆盘组成绕管盘，上装滚棍防止磨损或拉伤胶管。卷盘外装有一个大链轮，支架上装有马达，液压油经手动换向阀、单向节流阀进入摆线式液压马达通过链条带动卷盘大链轮从而将拉出的胶管卷回。

（4）回收油箱抽油泵机构。回收油箱抽油泵组由高压轴向柱塞马达、齿轮泵及相应连接固定、传动机构组成。利用液压油驱动高压轴向柱塞马达带动齿轮泵抽油或打压。液压油经过气控换向阀进入轴向柱塞马达，带动抽油泵抽出回收油箱中的航空油料。

3）气控系统

管线飞机加油车的气控系统与罐式加油车类似，详见本书8.2.2节罐式加油工艺，此处不再赘述。

2. 下装结构组成

飞机管线加油车的下装结构可使汽车运动并保证汽车能够按照驾驶员的操纵而正常行驶或稳定停止，其组成与罐式加油车类似。但一般说来，管线加油车比罐式加油车小，因此其下装结构规模同样较小。具体内容详见本书8.2.2节罐式加油工艺，此处不再赘述。

8.3.3 管线加油作业管理

管线加油车作为连接加油地井与飞机加油口的专用设备，主要开展翼下压力加油作业，其实施步骤如下：

1. 加油准备

管线加油车的作业准备与罐式加油车类似，主要包括检查证件、检查设备、确认信息等内容，详细可参考本书8.2.3节罐式加油作业管理。

2. 实施加油作业

航空器加油员应在距航空器20～30m处测试车辆制动系统是否有效，确认航空器主发动机熄火并放好轮挡后，以5km/h的车速接近航空器，驶入正确的加油位置停车锁紧手制动。放好加油车轮挡，连接导静电线至航空器上的导静电桩。

打开地井盖和加油栓盖，确认加油栓端口清洁后，连接加油栓紧急拉线，连接地井加油接头并锁牢。检查航空器加油接口，确保其接口没有损坏，加油接头没有受到任何污染、油箱盖完备无异常后，将压力加油接头与航空器加油口连接锁牢，流量计置零。由航空客户代表确认后开始加油。

使用升降平台为航空器加油时，应注意不使平台加油胶管处于被拉紧状态。应在平台上操作平台的升降，并在平台升降初始时确认其启停是否有效。开启加油栓阀门，将加油地井栓紧急拉线放置在易于操作的位置，开启加油阀，开启呆德曼控制阀至额定流量，开始实施加油作业。

加油过程中航空器加油员应注意监控加油车上的各种仪表、航空器加油接口、航空器油箱仪表等运行状况，航空器油箱排气孔应无溢油，出现溢油时，应在清理后方可加油。检查所有连接处，确保没有明显的油料泄漏。若发现异常现象，应立即停止加油。

在加油过程中，不应移动加油平台。若确有需要调整平台高度，应首先停止加油作业。加油员应在地面上而非加油平台上实施加油操作。

3. 加油结束

加油完毕，关闭呆德曼控制阀和加油阀门，卸下加油接头，盖好航空器加油箱盖，关闭航空器加油接口舱盖门，收回加油胶管，将加油接头复位，收回静电接地线至规定位置。

以升(L)为计量单位读取流量计实际指示数量，按规定填写加油单(表8-2)，并由航空客户代表签字确认，将流量计回零。卸下地井加油接头，盖好加油地井栓和地井盖，将地井加油接头和加油地井栓紧急拉线复位。

加油员面向航空器对照检查飞机号码、飞机所属航空公司、日期、加油量和双方签字等内容，对加油单进行详细检查，确认加油单正确无误。

确认加油设备与航空器脱离、确认设备完全复位，逐一开展下述绕车检查工作：

(1)加油员走到加油车前部，面对加油车车头，检查警示灯是否正常。

(2)顺时针绕到车体右侧，检查所使用的加油平台、加油管支臂、所使用的平台加油接头、飞机油箱盖联锁点，确认是否复位；检查所使用的导静电线、工作梯、工作凳，确认是否复位。

(3)走到车体后部，检查警示旗和灭火瓶，确认其是否复位。

(4)走到车体左侧，分别检查卷盘加油接头、紧急拉绳、流量计、所使用的加油球阀手柄、所使用的导静电线接头，确认是否复位。

(5)检查所使用的加油地井，确认是否恢复正常。

(6)检查航空器，确认加油面板或飞机油箱盖是否复位。

(7)绕车检查中，加油员还要观察其他设备是否正常，如轮胎、胶管挂钩、回收油箱液位指示，夜间或低能见度天气还需检查车辆前后灯光，观察有无影响车辆驶离的障碍物。

4. 安全驶离

确认加油车可以安全驶离机位后，加油员再次观察，确认前方无影响车辆驶离的障碍物，收回车辆轮挡。按压安全联锁复位确认按钮，上车检查车内联锁指示灯，确认是否正常。最后用对讲机与调度联系加油车去向，鸣笛并观察左右后视镜有无异常情况，打转向灯，缓慢驶离加油机位。

8.4 撬装加油作业

8.4.1 撬装加油装置概述

对于部分吞吐量较小的运输航空和通用航空，由于用油量小，因此建设机场油库的经济性较差，故可采用公路运油+撬装装置进行燃油的运输和加注。撬装装置是集航空燃料接收、储存、发出、加注等全部或部分功能于一体，能够满足防火、防爆及民用航空燃料质量管理要求的专用航空器加油装置，具有占地面积小、功能齐全、灵活方便、经济性好、维护简便等特点，如图8-23所示。此外，一些通用航空机场也有直接使用200L标准油桶与油泵、胶管、流量计、加油枪等附件组成的简易加油装置。

图8-23 撬装加油装置

撬装装置的用途是利用自身油罐额定容量所装载的航空油料来为飞机加注燃油，在加油的同时具有过滤净化、精确调压、准确计量等功能。能实现下述主要作业：

装油：利用罐式油罐车的快速接头给撬装装置的油罐进行装油，此外撬装装置还具有储存航空油料的功能。

加油：将油罐中的航空油料经过滤、调压、计量后，通过压力加油接头或加油枪注入飞机油箱或其他受油设备。

抽油：将飞机油箱中的燃油，通过加油接头经过滤、计量后抽回到油罐。

移动泵站：利用自身油泵将油车罐以外的航空油料进行转输泵送。但注意并非所有的撬装设备都具备移动功能。

循环：循环搅拌本装置油罐内的油料。

8.4.2 撬装加油工艺

撬装加油工艺主要涉及装油、加油、抽油、移动泵站和循环等功能，其工艺流程图如图 8 – 24 所示。图中粗线表示的是主工艺流程，细线表示的是辅助工艺流程。

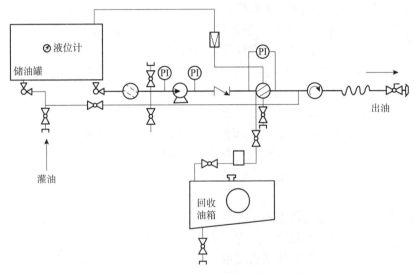

图 8 –24 撬装加油装置工艺流程图

由于通用航空供油往往涉及多种油品，因此喷气燃料以及不同牌号航空汽油的撬装设备应单独设置。撬装装置暂无统一结构和相关标准要求，但其总体结构与罐式加油设备类似，只是其储罐更小，结构更简单。撬装式加油装置一般包括输油泵、过滤分离器、流量计、电动软管卷盘、加油软管、闭路取样器、油罐、撬装底座、阀件、接地装置、压力表、加油控制箱、移动装置等组成。

输油泵入口前一般利用 Y 型过滤器对航空油料杂质进行预过滤，使用的滤网一般为 $20 \sim 25$ 目($710 \sim 590\mu m$)，可有效阻挡大颗粒杂质，避免泵损坏。

过滤分离器的要求与罐式加油车一致，安装有自动排气阀、自动卸压阀、窥视器、活塞式直读压差计、放沉排水阀等。自动排气阀、自动卸压阀出口通过窥视器接入集油箱。

油箱上装有液位计，便于直接观察油面。油箱的底部装有泄放阀，便于清洗排油。

过滤分离器和过滤监视器的出口均通过自动回位阀和三通阀连接至闭路取样器，实现在线取样检测。闭路取样器的排放口接入集油箱，实现燃油收集与暂存。加油装置的所有设备均安装于撬装底座上，撬装底座上带有倾斜的接油盘及泄放口，可收集加油单元使用和维修过程中泄漏的燃油，减少环境污染。真空表、压力表、活塞式直读压差计、窥视器、流量计等仪器仪表的显示面均位于加油装置操作的正面，便于观察。

由于撬装设备与罐式加油车类似，因此其余附属装置也大致相同，详见本书 8.2.2 节罐式加油工艺，此处不再赘述。

8.4.3 撬装加油作业管理

撬装加油装置的作业程序如下：

1. 加油准备

进行加油操作前，加油员应确认加油装置供电、油料数量，以及接地装置的情况，加油控制箱上的急停按钮应有效。正式加油前，应通过闭路取样器获取经过滤分离器后的油样，目视检查合格后，再用化学测水器检测。如有异常现象，应立即停止加油，查明原因，采取补救措施。然后由用户或用户代表确认或签署燃料牌号确认单，检查所提供的燃料牌号、加油枪或加油接头标识色对应的燃料牌号与所要求加注的燃料牌号相符。

打开加油口盖前，还应书面检查确认的燃料牌号与航空器上标识的燃料牌号相符。如果航空器上没有标识燃料牌号，或标识的燃料牌号与书面确认的燃料牌号不一致，在与用户或用户代表再次核实确认无误并记录之前，不能开始加油作业。

加油车灌油后应静置至少 5min，从沉淀槽出口放样直至检查确认无水分、杂质。如果当天首次加油前未在当天进行灌油作业，则在首次加油前应增加一次排放检查。加油车油罐淋过较大的雨雪后，应从沉淀槽出口放样直至检查确认无水分、杂质。

2. 实施加油作业

首先将导静电线从接地装置上拖出，并将其连接至飞机的导静电桩上。操作加油控制箱上卷盘正转按钮，带出加油软管。打开飞机油箱盖，1~2min 后，将加油枪的接地线连接到飞机上，插入加油枪。在打开加油盖之前，还应先将加油枪与航空器的机翼金属表面接触，确保电位平衡后再打开加油盖。打开加油枪，并将流量计置零。操作加油控制箱，启动泵组，开始加油。重力加油枪应用手握住打开，绝对不允许加楔子卡住加油枪使其处于打开的位置。

加油期间，加油员应该处在能够清楚观察加油设备仪表控制台和航空器加油口的位置，观察是否有泄露、过滤器压差是否正常，并通过观察加油设备上的压力表读数来判断压力控制设备是否正常。航空器辅助动力装置（APU）及地面动力设备（GPU）运转情况下的加油作业为特殊作业，应得到用户或用户代表的书面授权。

加油过程中，加油员应注意监视加油装置上各种仪表的运行状况，飞机油箱排气孔应无溢油。出现溢油时，应在清理后再加油。检查所有连接处，确保没有明显的油料泄漏。若发现异常现象，应立即停止加油。在整个加油过程中，严禁将流量计调零。

如使用油桶加油，在将盛有燃料的油桶移到适合加油的位置之后，应使油桶直立至少静置 5min 后打开桶盖，确认桶内油高正常。桶底剩余的 40mm 的燃料应回收。桶内燃料未加注完毕，则应盖紧桶盖，重新签封，在桶身上标识清楚开启日期并记录，在下次优先发放。

3. 加油结束

加油完毕后，先关停泵组，关闭加油枪，抽出加油枪，并将飞机油箱盖盖好，再将加油枪防尘盖盖上，将加油枪的接地线收回。移走加油软管，并再次检查飞机油箱盖确实盖好，以便可以收回导静电线。操作加油控制箱上的卷盘反转按钮，收回加油软管。读取流量计实际指示数值，按规定填写加油单，并由相关人员签字确认，将流量计置零。加油结束后，应注意及时清空过滤分离器及过滤监视器中的沉淀水。

8.5　质量控制与计量管理

8.5.1　日常维护检查

为保证加油作业正常有序开展，延长加油设备使用寿命，确保加油作业安全，有序开展燃油质量控制与计量管理工作。本节主要针对罐式加油车和管线加油车，加油设备应定期做好日常维护和检查工作，主要包括以下内容：

每次加油前，应检查加油接头（枪）是否洁净，发现水或污物应立即清除干净。

每次加油时，需要观察过滤分离器压差，发现异常情况应及时处理。

每天记录加油地井使用情况。对于 3 个月没有使用的喷气燃料地井，在使用前应将支管中的所有燃料冲放出来后，提取样品进行外观检查合格后方可使用；对于直接安装在主管线上的地井，冲放检查期限可延长至 1 年。

每周应至少对所有加油栓井检查一次，遇大雨或雪天应每天检查，发现水或污物应立即排除干净，并做好检查记录。地井管网等新建或改造施工后，应增加对地井检查和管线冲洗的频次。

每周应至少对机坪管网系统的低点带压高速彻底冲洗一次，确保冲走所有的水分或杂质，直到获得洁净的样品为止。冲洗燃料的数量应比取样管段的容量多 50～200L，冲洗数量取决于系统的设计和污染物的多少。冲洗后，应在流动条件下取样进行外观检查，如果发现过量的水分或杂质，或得不到满意的样品，应调查确认污染物的来源，并做好检查记录。

如果放宽每周冲洗检查的要求，应经书面的变更确认，且在当地应至少保存有证明燃料中持续洁净、无水的历史资料（在先前的 12 个月中，低点排放记录显示有不超过痕量的杂质或水分）。

每月应对压力加油接头（枪）滤网检查和清洗一次，如有破损，应及时更换。如果发现大量异物，应立即查明原因，否则应停止使用，并做好检查记录。

新购或移交的加油设备以及经过修理或大修之后的加油设备使用前，应对其进行彻底的检查、冲洗和测试，应进行过滤器的比色法双膜片试验（对于新加油车进行重量法膜片试验），并记录结果。

静态留存在加油胶管中的燃料可能会发生颜色变差和热降解。所有在用加油设备的输油胶管中的燃料应加注给飞机，对于翼上加油胶管每周至少两次、对于压力加油胶管每月至少两次将胶管中的燃料循环或冲洗至燃料回收系统中。

8.5.2 日常取样检查

1. 罐式加油车

在下列情况下应排净水分、杂质：

(1)每日早班开始时；

(2)每次灌油作业静置 5min 之后(仅对加油车油罐沉淀槽)；

(3)每场大雨、大雪过后(仅对加油车油罐沉淀槽)；

(4)加油车油罐、过滤器或加油系统清洗或维护之后；

(5)抽油之后。

应从加油车油罐沉淀槽、在有压力的状态下从过滤分离器沉淀槽或过滤监控器的进口端，在全流量状态下进行排放，排放的燃料量应超过置换排放管线所需要的量，然后用广口玻璃瓶或闭路取样器采取至少 1L 样品进行外观检查。如果外观检查结果不合格，应重复排放及取样。如果发现水分、杂质含量异常或无法获得合格的外观检查结果，应立即停用该加油车并进行调查。

2. 管线加油车

应在下列情况下排净水分、杂质：

(1)每日早班开始时；

(2)过滤器或加油系统维护之后。

应在有压力的状态下从过滤分离器沉淀槽或过滤监控器的进口端在全流量状态下进行排放，排放的燃料量应超过置换排放管线所需要的量，然后用广口玻璃瓶或闭路取样器采取至少 1L 样品进行外观检查。如果在机坪外不能在有压力的状态下采取样品，该检查应在当日首次加油开始时进行。如果外观检查结果不合格，应重复排放及取样。如果发现水分、杂质含量异常或无法获得合格的外观检查结果，应立即停用该加油车并进行调查。

如果加油车副油箱中的燃料能循环回到罐式加油车油罐或经管线加油车过滤器过滤后可再次加入飞机，应在每天第一次加油前对副油箱进行排放及外观检查，合格后方可使用。不应将外部排污外观检查不合格的燃料排入加油车副油箱。副油箱应上锁，以防止不合格的燃料进入。

对于高低点冲洗设备，从高低点冲放出的燃料在高低点冲洗设备内经静置后，应通过设备的低点排放水分、杂质。

8.5.3 加油过程中取样检查

加油前，应核对燃料品种牌号并随车携带检查燃料质量的工具。加油过程中的取样检查根据罐式加油车和管线加油车有所不同。

1. 罐式加油车

如果航空公司有要求，应在加注量超过加油车管线和过滤器壳体内的燃料量之后，从过滤器的下游(出口端)提取 1L 样品进行目视检验。如果在样品中发现有水分,或用化学测水器测试时颜色发生了明显的变化,应立即提取第二份样品进行检查。

如果证实燃料中确有不正常的水分存在,应立即停止加油并通知航空公司代表。在未查明原因并采取补救措施之前,不应继续加油。

2. 管线加油车

管线加油车每次加油时都应取样进行外观检查,且加注喷气燃料时应至少采取一个样品进行目视检验。管线加油车加油过程中的取样规定见表 8 - 3。

表 8 - 3　管线加油车加油时取样规定

加油车	加油期间取样	加油结束后取样
安装过滤分离器的加油车	加油 1000L 后从过滤分离器下游(非必做项)	从过滤分离器沉淀槽(必做项)
安装过滤监控器的加油车	加油 1000L 后从过滤监控器下游(必做项)	从过滤监控器入口(必做项)

对安装了过滤器监控器的管线加油车,当加油量达到 1000L 时,应从过滤器的下游提取 1L 样品进行检查。管线加油车每次加油结束之后,应立即在有压力的状态下从过滤分离器的沉淀槽或过滤监控器的上游(入口端)采取 1L 样品进行检查。

如果在样品中发现有水分或用化学测水器测试时颜色发生了明显的变化,应立即再次取样进行检查。如果证实燃料中确有不正常的水分存在,应立即停止加油并通知航空公司代表。在未查明原因并采取补救措施之前,不应继续加油。

如果在完成该飞机的加油作业之前,管线加油车被停用或被安排去为另一架飞机加油,在驶离飞机之前应遵循表 8 - 3 的规定。

8.5.4　计量管理

加油作业的计量管理工作具有较高的要求,针对的主要参数是流量、体积、温度、密度和质量,针对的设备主要是加油车上的流量计。

对于流量计的要求主要有:飞机加油车应选用准确度等级为 0.2 级的容积式流量计,并采用在线检定的方式进行检定。应根据流量计安装说明书安装在过滤分离器、预过滤器、粗过滤器和消气器等设备的下游,安装地点周边应无影响计量性能的其他振动和电磁干扰。流量计的静压力应稍大于被测介质的工作压力,一般取 1.25 倍,以保证不发生泄漏或意外。量程范围一般选择为实际运行中最大流量值的 1.2 ~ 1.3 倍。选择流量计的口径应按被测管道使用的流量范围和被选流量计的上限流量和下限流量来选择。根据实际操作要求,就地显示的流量计应选择直读式流量计;测量数据需远传自动记录的应选择具有远传功能的流量计。多个流量计同时进行计量时,应在收发油总管段适宜位置安装一台流量计,在单台流量计发生故障计量失效时及时确认油料数量。

油品密度测量应在首次加注前完成,每次测量的密度值使用时间不超过 8h。若客户另有要求时,可根据双方协议进行油料密度测量,密度测量按 GB/T 1884《原油和液体石油产品密度实验室测定法》执行。

加油前应确认加油车流量计显示装置回零。加油完毕后应与客户签字确认流量计示值。

加油油料体积以升(L)为计量单位，加油数量精确到1kg。加油质量的计算通过将流量计加注体积乘以油料试验密度获得。

油料数量管理应做到日清月结。计量统计室应对库站每日收支存数量进行统计分析，计算当日收支存各项溢耗量和溢耗率。当发现溢耗率异常时，应分析查找原因，及时上报。

库存盘点是对一段时间内的收发油总量、库存量、溢耗量、溢耗率进行统计，分为月度盘点、年度盘点和临时盘点。月度库存盘点时间应为每月末24：00，年度盘点时间应为每年12月31日24：00。盘点时，罐式加油车、输油管线应处于充满状态。盘点后及时填写《油料测量报表》和《油料动态统计报表》。盘点的资料包括测量原始记录、计量统计报表以及计量凭证。

思考题

1. 对比民航主要机型载油量与加油情况，分析是否每次加油都需要加注至最大载油量？
2. 罐式加油车在进行抽油作业与灌油作业时，应打开的阀门有哪些？
3. 管线加油车在进行加油作业时，应打开的阀门有哪些？
4. 分析对比罐式加油车与管线加油车的功能区别，并思考为什么管线加油车不能开展抽油作业和灌油作业？
5. 分析撬装加油装置的特点与使用场景。
6. 对于通用航空机场和小型运输机场的燃油加注过程，应如何保证航空油料质量？

参考文献

[1]中国航空油料有限责任公司. MH/T 6100—2013 飞机管线加油车[S]. 2013.

[2]中国航空油料有限责任公司. MH/T 6101—2013 飞机罐式加油车[S]. 2013.

[3]中国航空油料有限责任公司. MH/T 6005—2009 民用航空器加油规范[S]. 2009.

[4]中国航空油料集团公司. 航空油料飞机加油员[M]. 北京：团结出版社，2011.

[5]International Civil Aviation Organization (ICAO). Doc 9976, Flight Planning and Fuel Management (FPFM) Manual[S]. 2015.

[6]International Civil Aviation Organization (ICAO). Doc 9977, Manual on Civil Aviation Jet Fuel Supply [S]. 2012.

[7]International Air Transport Association(IATA). 9790–04, Guidance Material on Standard Into – Plane Fuelling Procedures[S]. 2013.

[8]Energy Institute(EI). EI 1529, Aviation Fuelling Hose and Hose Assemblies[S]. 2019.

[9]Energy Institute(EI). EI 1581, Specifications and Laboratory Qualification Procedures for Aviation Jet Fuel Filter/Water Separators[S]. 2016.

[10]Joint Inspection Group(JIG). EI/JIG 1530, Quality Assurance Requirements for the Manufacture, Storage and Distribution of Aviation Fuel to Airports[S]. 2019.

[11]Joint Inspection Group(JIG). JIG Bulletin 64, Aircraft Fuelling Data Sheets[S]. 2013.

[12]Joint Inspection Group(JIG). JIG 1, Aviation Fuel Quality Control & Operating Standards for Into – plane Fu-

elling Services[S]. 2016.

[13] Joint Inspection Group(JIG). JIG 2, Aviation Fuel Quality Control & Operating Standards for Airport Depots and Hydrants[S]. 2016.

[14] Joint Inspection Group(JIG). JIG 4, Aviation Fuel Quality Control & Operating Standards for Smaller Airports [S]. 2016.

[15] SAE International. ARP 5818A, Aircraft Refuelling Vehicle Design and Performance Requirements[S]. 2015.

[16] SAE International. ARP 5918, Standard Test Criteria for Aircraft Refuelers[S]. 2011.

[17] European Committee for Standardisation(CEN). EN 12312 – 5, Aircraft Ground Support Equipment – Specific Requirements – Part 5: Aircraft Fuelling Equipment[S]. 2021.

[18] International Organization for Standardization(ISO). BS EN ISO 1825: 2017, Rubber Hoses and Hose Assemblies for Aircraft Ground Fuelling and Defuelling – Specification[S]. 2017.

第9章 附属系统

9.1 安全标志与标识

9.1.1 设施设备标识

在民用机场供油工程的各个流程中，可能存在多种油品并存的情况，由于现场设施设备众多且采用标准化设备，仅从外部难以区分设备内部输送的介质，对机场供油工程的设施设备进行规范性标识，可以更好地区分不同用途的设施设备，防止操作失误。

机场供油工程中涉及的油罐及附件、输油管道及附属设备、飞机加油设备、装卸油设备、电气设备、动力机械设备、监控通讯信息设备、消防设备等露天设备除不锈钢、有色金属锌钢管和转滑动部件及其他不宜刷涂料的部件或部位外，其外部表面均应刷涂层。

凡在管道始终端口、交接处、泵的入口、阀门过滤分离器和油品装卸处及油罐、加油车等储油设备、输油设备、加油设备、油品装卸设备均应有清晰的标识。并且标识符号应能在正常的日光条件以及应急、下雨或夜光条件下迅速识别，并且在设备所在地表呈黑色、绿色或覆盖积雪等情况下均应清晰可见。不同设备表面涂层基本颜色要求如表 9-1 所示。

表 9-1 设备表面涂层基础颜色

序号	设备名称	表面涂层颜色
1	露天油罐	白色
2	洞内、半地下、室内油罐	
3	露天输油管道	灰色
4	栈桥、鹤管及主体部分	白色(鹤管铝制部分为本色)
5	过滤器、阀体等管路附件	白色(不锈钢材质为本色)
6	油泵、电机	出厂颜色
7	各类机修设备	
8	变压器	
9	配电柜	
10	电力母线及有关电器材料	符合电力部门规定
11	电线管	黑色(镀锌管为本色)

续表

序号	设备名称	表面涂层颜色
12	各类接地线	黑色或黄绿相间色(镀锌材质为本色,但应有色标)
13	消防管道、泵及管路附件	红色
14	泡沫罐	以中心线为界,上白下红
15	水管道、水泵及管理路附件	绿色
16	污水管道及管路附件	黑色
17	加温设备	出厂颜色(但应设明显警示标志)

机场航空燃料供应系统中的航空燃料设施设备的标识,包括识别色、色带、标签。在实际运用中,一般可根据航空燃料设施设备的具体情况,选择其中一种或两种以上标识。其中,识别色是在关键的进出口阀门、加油栓井盖和其他连接处设置的标识颜色。航空汽油识别色为红色,航空煤油识别色为黑色;用于输油管线的色带一般为环形色带,其宽度为100mm,色带的间距为100mm;标签通常和色带一起使用,其尺寸长宽比宜为2:1。标签与色带的间距应与色带宽度一致。不同牌号航空燃料设施设备的识别色、字体颜色、色带示例如表9-2所示。

表9-2 航空燃料在供应系统中设施设备标识

燃料牌号	识别色		字体色	色带	标签
100 号航空活塞式发动机燃料	红色		白色		100号航空汽油
95 号航空活塞式发动机燃料	红色		白色		95号航空汽油
3 号喷气燃料	黑色		白色		3号喷气燃料
JET A -1	黑色		白色		JET A-1

此外,其他设备的具体标识要求如下:

1)储油罐标识要求

(1)地上油罐罐体表面涂层颜色宜为白色,并喷涂编号;航空煤油油罐编号用黑色,航空汽油油罐编号用红色;罐顶围栏与罐盘梯的首尾踏步应设置黄黑相间的警示标识。

(2)油罐的渗漏检测口、泄水孔管口宜设置提醒和区分标识。

(3)储罐的扶梯、栏杆和操作平台应设置警示标识,标识应符合表9-1的规定。

2)消防设备及管道标识

(1)消防水罐罐体表面涂层颜色宜为绿色,并喷涂白色编号;

(2)消防泡沫罐罐体喷涂红色,并喷涂白色编号;

(3)消防水管、泡沫管道及设施设备的标识应符合表9-1中的规定。

3）长输管道的标识

长输管道沿线路由上应设置里程桩、标识桩、转角桩、穿越标记桩、阴极保护测试桩、警示带和警示牌等永久性标识。里程桩应沿输油管道起点至终点每 0.5km 至少设置 1 个，宜设置在顺管道油流方向左侧，距管道中心线 1.0m + 0.5D 处，并按照检测方便的原则设置。阴极保护测试桩可与里程桩合并设置。

4）机坪设备的标识

机坪管道的阀门井宜按机坪区域代码加顺序号加以编号，并在阀门井上表面喷涂编号；机坪加油栓井、高低点装置、测试井（桩）、ESD 按钮的编号宜按机位编号进行设置，ESD 按钮柱应牢固，标识醒目，标识牌黄底黑字，并对按钮进行编号。

9.1.2 职业健康、安全与环保标识

职业健康、安全与环保标识又称为 HSE 标识，其中 HSE 源自 HSE 管理体系，指的是健康（Health）、安全（Safety）和环境（Environment）三位一体的管理体系，目前在其基础上进一步发展为 QHSE 体系，指在质量（Quality）、健康（Health）、安全（Safety）和环境（Environment）方面指挥和控制组织的管理体系。QHSE 管理体系要求组织进行风险分析，确定其自身活动可能发生的危害和后果，从而采取有效的防范手段和控制措施防止其发生，以便减少可能引起的人员伤害、财产损失和环境污染。强调预防和持续改进，具有高度自我约束、自我完善、自我激励机制，因此是一种现代化的管理模式。

对于机场供油工程的库（站）而言，HSE 标识设置应符合《安全标志及其使用导则》（GB 2894）、《工作场所职业病危害警示标识》（GBZ 158）及《环境保护图形标志》（GB 15562）的规定，一般分为禁止标识、警告标识、指令标识和提示标识。禁止标识的含义是禁止人们不安全行为的图形标识，基本形式是红色带斜杠的圆边框；警告标识的含义是提醒人们对周围环境的注意，以避免可能发生危险的图形标识，基本形式是黄底正三角形黑边框；指令标识的含义是强制人们必须做出某种动作或采用防范措施的图形标识，基本形式是蓝底圆形黑边框；提示标识的含义是向人们提供某种信息（如标明安全设施或场所等）的图形标识，基本形式是绿底正方形边框。不同位置的具体要求如下。

1. 出入口处标识

（1）应在库（站）出入口的外侧明显处按国家规定标识，设置"禁止烟火、车辆 5km"限速标识。

（2）生产作业区应在入口外侧 1m 或通道处设置警示线标识。警示线使用黄黑相间色带，宽度为 20cm，与生产作业区隔离大门或进入通道同长，并在警示线外侧下方地面喷涂"您已进入作业区"字样，红底黄色黑体 600 号字，居中布置。有物理隔离的生产作业区设置在入口外侧，无物理隔离的设置在内侧。

（3）入口内、外侧适宜位置应设置出入库（站）管理规定、防火防爆十大禁令、安全生产十大禁令、航空油料安全标签、职业危害告知图、爆炸危险区划分图、消防平面图、紧急集合点等标识。

2. 生产/辅助作业区内标识

（1）油罐区：油罐扶梯入口处应设置防坠落、坠物标识；油罐人孔处应设置"未经许

可，禁止入内"及"必须戴防毒面具"字样的标识牌。

(2)油泵区：人口处应设置防噪声、机械伤害标识；敞开式机械应设置机械伤害标识。

(3)过滤器间/棚：明显处应设置小心滑倒、磕碰标识。

(4)高压室、变压器室的门外侧应设置名称标识，并应喷刷"高压危险"标识。配电室门应标有"配电重地，闲人勿进"标识。

(5)在变压器围栏上，应挂上"高压危险，请勿靠近"标识牌。

(6)电气设备应配备工作状态警示标识，备有"工作""维修""禁止合闸"标识牌。

(7)台阶及工作平台第一级踏步、最后一级踏步应标识黄黑相间警示色。

(8)在疏散道路上应设置疏散标识与导向标识的组合标识；安全集结点(紧急集合点)标识，应设置在空旷地带。

(9)消防应急通道入口或转弯处应设置明显的消防通道标识牌。

(10)消防水池旁显著位置应设置"当心落水"警示标识牌。

(11)隔油池、事故池旁显著位置应安放"当心坠落"警示标识牌。

(12)有毒有害药品存放间(柜)应在门上设置防中毒和上锁标识。

(13)收集、处理、排放含油污水、固体废弃物等处应设置环境保护标识。

3. 其他标识

(1)应在高空作业风险处悬挂"当心坠落"标识牌。

(2)阀井、操作井、管沟等受限空间入口处应设置"未经许可，禁止入内"警示标识牌。

(3)建筑物通道应标有紧急逃生标识，并符合当地消防部门的规定。

(4)玻璃门或玻璃隔墙上应设置防止碰撞的警示标识。

(5)警语警句标识宜采用绿色衬底，黄色朱体字，并具备警示作用。

9.2 油库供配电系统

9.2.1 供电电源与线路要求

1. 供电电源

库(站)供电电源的设计需满足下列要求：

(1)设有机坪管道系统的机场油库应按二级供电负荷设计，机场油库的电源应由机场变电站提供。二级负荷是由双回路供电，供电变压器亦有两台，能做到当电力变压器发生故障或电力线路发生常见故障时，不致中断供电或中断后能迅速恢复。

(2)机场油库应通过机场中心变电站不同母线引入两路电源，这种供电方式即为满足消防一级负荷双路电源供电要求。

(3)控制系统、管道测漏系统、航班信息系统应配备应急电源，应急电源的容量应能满足由其供电的系统及设备的正常工作，应急电源的后备时间应不小于30min。

(4)10kV/6kV高压泵配套异步电动机宜采用无功或就地补偿方式，220V/380V供电的设备宜采用无功自动集中补偿方式。

(5)高低压系统应安装多功能仪表，计量有功、无功等参数。高低压总电源开关分合闸、油泵电动机的运行电流宜远传至控制系统集中显示。由于目前多功能仪表已具备计量电费、检测有功和无功、功率因数等参数的功能，因此不必再一对一单独设检测仪表，可以节省柜面安装空间。

(6)高低压配电间、控制室、实验室的操作间应设置应急照明设备。应急时间为高低压配电间6h，控制室、检验(定)室的操作间为30min。

(7)一、二、三级油库的消防泵站和泡沫站应设应急照明，应急照明可采用蓄电池作为备用电源，其连续供电时间应不少于6h。

(8)启动瞬间造成电网电压波动小于10%的油泵电动机宜直接启动，对于不经常启动的电动机可以放宽到15%，不满足以上要求的宜采用软启动器或变频器启动。

(9)控制系统的供电宜由库(站)低压配电室不同母线引出两路供电回路直接供电，并在末端自动切换。

(10)实验室的配电室宜单独设置，其上层房间不宜设置为仪器分析室，且上层房间不应设置给排水点。实验室总的用电负荷应能满足所有设备同时使用的用电需求，供电设计的供电容量应留有余量。

2. 电缆的选型和敷设

(1)电力电缆及控制电缆应选用铜导体的电缆。

(2)低压配电系统应采用 TN – S 形式。

(3)不同电压水平的控制回路相互间不应合用同一根控制电缆。

(4)控制电缆应选用金属屏蔽结构的控制电缆。选用双绞线控制电缆时，宜选用对绞线芯分屏蔽复合总屏蔽形式的控制电缆。

(5)穿越爆炸及火灾危险区域的直埋的供、配电及控制电缆应采用铠装电缆。

(6)供、配电及控制电缆线路需采用下列敷设方式：

①同一路径的电缆根数较少且路径较长时，宜采用直接埋地敷设；地下有障碍物或土壤含有较强的腐蚀性介质时，应改用其他敷设方式。

②库(站)的主要生产作业场所的配电电缆应采用直埋或电缆沟充砂敷设，局部地段确需在地面敷设的电缆应采用阻燃电缆。

③在生产区敷设的控制、信号电缆可采用电缆沟、直埋、镀锌钢保护管(保护管两端应封闭)或带盖板的全封闭金属桥架的敷设方式。如采用桥架敷设，电缆应采用阻燃电缆。

④由机场中心变电站引至机场油库的两路电源宜选择不同的敷设路由。

3. 照明灯具

(1)油泵区、收发油区等主要作业场所的照度应不低于100lx，变配电室的照度应不低于200lx；库(站)区道路的照度应不低于3lx。

(2)控制室应设置照明采光，照度不低于300lx；控制室应设事故照明系统，照度为30～50lx。

(3)实验室内一般房间照度宜不低于200lx；作为滴定、比色的房间及天平室的照度宜不低于300lx。照明灯具显色指数宜不低于80。

(4)设置在库(站)作业区域的照明线路及灯具应满足其爆炸危险区域的防爆等级要求。其中，作业区域指收发油区及储油区，包括油车停放的区域。

(5)库(站)照明灯具的选择需遵循以下原则：

①配光合理、效率高；

②应满足光通量和限制炫光的要求；

③应便于维护、检修；

④应满足节能环保的要求；

⑤应满足环境条件和其他特殊要求。

9.2.2　不同环境的供配电

1)实验室供配电

民用机场供油工程所属的实验室内应设置三相交流电源和单相交流电源及总电源控制开关。配电箱和电源插座箱的进线开关应设漏电保护开关，供电符合《供配电系统设计规范》(GB 50052)的规定。其中实验室的配电导线宜采用铜芯线，非防爆要求的实验室宜采用穿管暗敷方式。实验室应在墙壁的适当位置根据需要及负荷安装单相和三相插座，工作台或工作地点到最近插座的距离宜不大于1.83m，所有电源插座的功率要与仪器设备相匹配。实验室的所有用电仪器应有安全接地措施。

2)安防系统供电

由库(站)低压配电室不同母线引出两路供电回路直接供电，并在末端自动切换。主电源容量宜按系统总额定功率的1.5倍设置。安防系统宜采用在线式UPS供电方式，UPS后备电池组的供电时间应不少于30min。安防系统前端设备供电宜采用集中供电方式。

3)爆炸危险区域划分及电气设备选择

库(站)爆炸危险区域等级范围划分应符合《石油库设计规范》(GB 50074)的规定。油样室、废液室、试剂室、储存易燃易爆气体的气瓶室及油车库(棚)的爆炸危险区域应划分为2区。爆炸危险区域内的电气设备选型应符合《爆炸危险环境电力装置设计规范》(GB 50058)的规定，并根据设备运行环境选择合适的IP防护等级。

4)防雷分区及防浪涌保护装置的设置

防雷分区及防浪涌保护装置的设置应符合《建筑物防雷设计规范》(GB 50057)和《建筑物电子信息系统防雷技术规范》(GB 50343)的规定。其中，控制、通信、信息网络、安全防范等系统均应设置浪涌保护器；穿越不同防雷分区的控制线路、通信线路、视频线路的首末两端安装信道浪涌保护器；根据保护模式、通流容量、电压保护水平的要求为低压配电系统选择防浪涌保护方案；设有阴极保护的埋地金属管道应在地上绝缘法兰、埋地绝缘接头处跨接电压开关型浪涌保护器。

5)保护及其他工作接地的要求

(1)保护接地和交流工作接地的接地电阻值应不大于4Ω。

(2)在爆炸危险环境的电气设备的金属外壳、金属构架、金属配线管及其配件、电缆保护管、电缆的金属护套等不带电的裸露金属部分，正常工作时均应进行等电位连接并接地或接零。

(3)在爆炸性气体环境1区以及2区内除照明灯具以外的其他电气设备应采用专用的接地线。该专用接地线若与相线敷设在同一保护管内时应具有与相线相等的绝缘等级。金属管道、电缆的金属外壳等可作为辅助接地线。铠装电缆引入电气设备时，其接地或接零芯线应与设备内接地螺栓连接，钢带及金属外壳应与设备外接地螺栓连接。

（4）仪表盘柜、操作台、供配电箱、仪表的金属外壳以及电缆桥架、穿线管、接线盒、电缆铠装护层等正常情况下不带电的金属应做保护接地，并可与静电接地合用接地系统。

（5）金属配管中间的非导体管两端金属管应分别与接地干线相连，或采用截面不小于 $6mm^2$ 的铜芯软绞线跨接后接地。

（6）控制系统中的非隔离信号应进行信号回路接地。

（7）控制系统中电缆屏蔽层、排扰线、仪表屏蔽端子应做屏蔽接地。

（8）本质安全电路本身除设计有特殊规定外，不应接地。电缆屏蔽层应在非爆炸危险环境进行一点接地。齐纳安全栅汇流条应做本安接地。

（9）现场仪表的工作接地宜设置在控制端。

（10）控制室集中安装的仪表盘柜、操作台、供配电箱、仪表应分类设置接地汇流排、信号及屏蔽接地汇流排以及本安接地汇流条，并经过各自的接地干线连接到总接地极。

9.3　供油信息化系统

9.3.1　总体要求

供油信息化系统的核心是供油工程控制系统，按照 MH 5008 规定，机场供油工程库（站）的供油控制系统按建设目标年周转量（G，单位为 t）分为三个控制类别，如表 9-3 所示，并满足下列要求：

（1）一类、二类控制类别的库（站）应配置供油控制系统；

（2）三类控制类别的库（站）宜在值班室集中显示油罐液位、高低液位报警、火灾报警、可燃气体浓度等信号；

（3）设有机坪管道系统的机场油库应配置双机热备冗余控制系统。

表 9-3　库（站）的控制类别分类

周转量 G/t	控制类别
$G \geqslant 300000$	一类控制类型
$100000 \leqslant G < 300000$	二类控制类型
$50000 \leqslant G < 100000$	三类控制类型

供油控制系统的配置应包括 PLC 系统、计算机系统和软件系统。PLC 系统应包括 PLC 硬件、PLC 编程软件、机柜、工作电源、防雷和接地装置；软件系统应包括监控软件和软件接口，宜配置用于储罐群的管理软件和数据库软件。

供油控制系统除设置必要的应急操作按钮外，不宜设置其他工艺控制按钮柜，采用总线控制的电动阀门应选用通用的通讯协议。供油控制系统功能应当满足下列要求：

（1）应实现对生产过程的工艺、设备参数的监测、报警及自动控制功能。

（2）库（站）控制系统应实现库（站）内工艺、设备参数的监测、报警及收、发、倒油过程的自动控制。

（3）机坪管道控制系统应实现机坪管道稳压供油的监测、报警和自动控制。

（4）输油管道控制系统应实现输油管道工艺、设备参数的监测、报警和设备的控制。

此外，航空加油站通过引入航班动态显示信息，可与机场信息集成系统接口，获取航班动态数据。航班动态数据包括机位号、执行日期、航班号、进出港标识、属性、始发站、经停站、目的站、备降站、各站计划起飞时间、计划降落时间、实际起飞时间、实际降落时间、航班状态、异常原因等信息。

航空加油站还可设置加油车调度管理系统，对管线加油车、罐式加油车等的运行信息进行管理，完成航班加油保障预置、分配、调整，以及对加油车辆、人员的动态监控和航班保障计划表打印等功能。航空加油站也可以通过设置加油单录入系统，实现油单统计、结算、管理等功能。

9.3.2　仪表与通信

1. 仪表配置要求

机场供油工程中库（站）的仪表设置及选型，一般推荐按照表9-4的要求执行。

除了表9-4中规定的仪表要求，自控系统还应满足以下具体的要求：

（1）油罐液位计的最大允许误差：用于体积交接计量的为1mm，用于质量交接计量的为3mm。

（2）油罐除应安装液位计外，还应配备其他类别的液位测量装置。如：罐旁标尺、差压测量等辅助液位测量装置。

（3）液位控制器宜采用音叉式控制器。

（4）流量计的准确度等级要求：用于贸易结算时为0.2级；用于企业内部流量监控时为0.5级。

（5）油罐多点温度计测温元件在储油罐上等间隔（大约3m）分布，油罐高度不大于15m，温度计元件数宜不少于5点；油罐高度大于15m，点数宜不少于6点。

（6）输油管道泄压回路或机坪管道的回流管线上宜安装流量计或流量开关。

（7）设备防爆等级应满足相关规范的要求，防护等级不低于IP54。

表9-4　仪表设置及选型

控制类别			一类控制类别	二类控制类别	三类控制类别
液位	储油罐	液位计	集中、就地显示		
		高高液位控制器	联锁报警		
		低低液位控制器	联锁报警		
	回收罐	液位计	集中、就地显示	就地显示	
	污油罐	高液位控制器	联锁报警		
	消防水池（罐）	液位计	集中、就地显示	就地显示	

控制类别			一类控制类别	二类控制类别	三类控制类别
流量	出入库	流量计	集中、就地显示		就地显示
压力	储罐底压力(压差)	高精度压力(差压)变送器	储罐自动计量系统配套设置		
	出入库总管	压力变送器	集中、就地显示		就地显示
	过滤器	差压变送器	集中、就地显示		就地显示
	加油泵出口	压力变送器	集中、就地显示		—
温度	出入库总管	温度传感器	集中、就地显示		就地显示
	储油罐	温度传感器	集中、就地显示		—
	加油泵输油泵	轴承温度、绕组温度	集中显示		—
电流	加油泵输油泵	电机电流	集中显示		—
可燃气体浓度		可燃气体探测器	集中显示		
气象监测	储油罐区	风速风向仪	集中显示		
电力监控		电力智能表	集中显示		就地显示

(8)危险场所不应选用交流电磁阀。

(9)供油主管出库阀门下游应安装不少于2台压力变送器。因为设有机坪管道系统的出库总管上设置两台同型号压力变送器,分别开孔取压,可互为备用;可通过HMI上人工选择或PLC自动选择其中一台参数参与供油控制;两台压力变送器压力值差异较大时发出报警提醒。

(10)机坪管道系统的供油控制系统宜采用变频调节控制加油泵。变频器与加油泵宜采用"一对一"或"一对多"的配置方式。控制程序应通过变频调节和自动增减加油泵的运行数量实现机坪管道稳压控制,当加油泵向机坪管道输油的流量达到额定流量时,应有启动下一台加油泵的程序设计,使加油泵始终工作在性能高效区。

(11)新建机场的机坪管道可设置机坪管道泄漏自动检测系统。泄漏自动检测系统宜满足在机坪管道压力为0.7MPa时,每200m³体积的管段内每立方米每小时泄漏量宜不大于0.04L。

2. 通信系统

对于机场供油工程,库(站)内部及之间的通信系统可选择有线或无线通信方式。库(站)的控制室、调度室,以及库(站)之间具有油料输转业务的电话机宜带实时录音功能,且宜选择具有网络管理功能的录音电话,或者采用存储介质为网络硬盘的录音设备。通信系统的综合布线设计应符合《综合布线系统工程设计规范》(GB 50311)的规定。并且在爆炸危险场所内使用的通信设备应选用与爆炸危险场所相适应的防爆产品。

9.3.3　报警与联锁联动

机场供油工程的信号报警需具备以下功能：

(1)应有滤波及判断功能，以防止产生虚假报警和重复报警现象；

(2)应设计可产生不同级别报警的功能，并易于区分；

(3)应具有报警确认功能。

报警信息应能以多种方式发布，包括声、光(闪烁)报警，同时应在操作员站计算机的报警信息一览表和动态流程画面中显示。显示的信息应包括时间、位号及描述、数据名称、报警等级、说明等。具有操作人员操作记录、系统设备及网络故障情况的事件记录功能。

此外，储罐进、出口电动阀与液位控制器报警信号应联锁。储罐进、出口电动阀应互锁。收油入库总管电动阀及输油泵与储罐高高液位控制器报警信号应联锁。机坪管道系统、油车装载系统应设置紧急关闭信号触发后的复位装置。在操作员确认复位操作前，系统应具有限制加油泵、装油泵启动的功能。

9.3.4　紧急关闭系统

紧急关闭系统，简称 ESD(Emergency Shutdown Device)，是 20 世纪 90 年代发展起来的一种专用的安全保护系统，以它的高可靠性和灵活性而受到一致好评和广泛应用。不同的厂商、不同的行业，对这一装置的叫法有所不同。一般的叫法包括安全仪表系统(Safety Instrument System)、安全联锁系统(Safety Interlock System)、紧急跳闸系统(Emergency Trip System)、安全关联系统(Safety Related System)、仪表保护系统(Instrument Protective System)等。

对于机场供油工程，紧急关闭系统应具备在危及安全的紧急情况下立即关闭危及安全的动力设备及隔断危险源的功能。紧急关闭系统所控制的设备应以关闭动力源和隔断危险源继续蔓延而需要关闭的最少数量设备为原则设计。在下列航空油料供油系统相关区域应设置紧急关闭系统的启停装置(一般称为 ESD 按钮)：①有机坪管道的机位、综合检测区、自控室、调度室、加油泵区、储罐区等适当位置；②装卸油区的适当位置；③输油管道收、发油区适当位置。

紧急关闭系统的设置主要是在突发机坪管道及装卸油、输油管道收发油、储油罐等区域发生跑、冒油等事件时，通过 ESD 按钮启动紧急关闭系统，迅速阻止事态的继续发展。上述的适当位置是指现场人员能迅速有效操作的位置。

航空油料供油系统的紧急关闭系统应包括启停装置(ESD 按钮)、联锁停泵、联锁关阀、声光报警、超控等功能，并应具备在线诊断和定期检测功能。一些运输机场的机坪管道系统设置了电动隔断阀，紧急关闭系统触发停止按键后除停止加油泵外，还设置了同时关闭加油泵出油总管的电动阀及相应触发管段对应的电动阀，以最大限度地切断危险源的蔓延。

具体来说，航空油料储罐应设置进油操作阀与高高液位报警开关之间、出油操作阀与低低液位报警开关之间的联动，实现进、出油作业的紧急关闭功能。

ESD 按钮一般应具有自锁定装置，选型应满足安装场所的防护等级要求，并与附近电气设备做等电位连接。当独立安装时应做重复接地，接地电阻应不大于10Ω。机坪上选用固定安装在机位附近的 ESD 按钮。固定安装的 ESD 按钮宜通过非专门敷设的其他有线通信线路传输信号，或者通过安全可靠的无线方式传输信号，相应的无线通信系统必须确保其安全可靠，具体需满足下列要求：

图 9 – 1 某机场机坪安装的 ESD 按钮

（1）无线发射、接收的关键硬件设备应有冗余设置；

（2）按钮发射到库、站接收控制器之间应具备两条或两条以上通信链路；

（3）数据链路应采取 AES128 同级别或以上的加密措施；

（4）无线通信的频率及功率应满足国家及机场的相关要求。

机坪安装的 ESD 按钮如图 9 – 1 所示。

一般来说，机坪上固定安装的 ESD 按钮数量宜按每 2 个机位设置 1 个 ESD 按钮或每 3 个机位设置 2 个 ESD 按钮进行设置，当自滑进、出的机位设置 ESD 按钮数量不能满足时，宜按该区域高杆灯的数量设置。应在按钮正上方设置告示牌，告示牌的内容包括启动紧急关闭功能的条件、如何启动、油库对讲机波段、应急电话等内容。ESD 按钮盒宜独立安装在机位前方安全红线外的立柱上，也可安装在高杆灯的配电箱内或外挂在配电箱上。机坪上通过无线传输方式固定安装的 ESD 按钮宜从附近高杆灯配电箱取电，如其不具备外接电源条件也可采用自备电源供电。为了安全起见，机坪上独立设置的 ESD 按钮周边应设保护围栏，并设置防止误操作保护罩。

9.4 消防、安防与给排水

9.4.1 消防系统

1. 总体要求

按照国家相关消防规范的要求，机场供油工程的库（站）应根据油库等级、储罐形式、液体火灾危险性及与邻近单位的消防协作条件等因素综合考虑设置消防设施。其中，储罐的消防冷却水设置应按《石油库设计规范》（GB 50074）执行；室外消火栓设置按《消防给水及消火栓系统技术规范》（GB 50974）执行；储罐消防泡沫灭火系统设置按《泡沫灭火系统设计规范》（GB 50151）执行；库（站）建、构筑物的消防应按《建筑设计防火规范》（GB 50016）及《消防给水及消火栓系统技术规范》（GB 50974）执行。

具体而言，库（站）内的消防用水量应按一处着火的最大用水量计算，油罐区消防可不设泡沫炮、水炮和泡沫 – 水两用炮。而对于供油工程中储存甲、乙、丙类可燃液体的储罐应设消防冷却水系统。消防冷却水系统的设置需满足下列要求：

（1）容量大于或等于3000m³或罐壁高度大于或等于15m的地上立式储罐应设固定式消防冷却水系统。

（2）容量小于3000m³且罐壁高度小于15m的地上立式储罐以及其他储罐可设移动式消防冷却水系统。

这是因为单罐容量大于或等于3000m³的储罐若采用移动式冷却水系统所需要的水枪和人员很多。对于罐壁高度大于或等于15m的储罐冷却，移动水枪要满足灭火充实水柱的要求，水枪后坐力很大，操作人员不易控制，故应采用固定式冷却水系统。

2. 供给强度要求

（1）地上立式储罐消防冷却水供水范围和供给强度应不低于表9-5的要求。

表9-5 地上立式储罐消防冷却水供水范围和供给强度

储罐及消防冷却型式			供水范围	供给强度	附注
移动式水枪冷却	着火罐	固定顶罐	罐周全长	0.6(0.8)L/(s·m)	—
		外浮顶罐内浮顶罐	罐周全长	0.45(0.6)L/(s·m)	除钢制单盘式、双盘式与敞口隔舱式内浮顶储罐外，其余按固定顶储罐计算
	相邻罐	不保温	罐周半长	0.35(0.5)L/(s·m)	—
		保温		0.2L/(s·m)	
固定式冷却	着火罐	固定顶罐	罐壁外表面积	2.5L/(s·m)	—
		外浮顶罐内浮顶罐	罐壁外表面积	2.0L/(s·m)	除钢制单盘式、双盘式与敞口隔舱式内浮顶储罐外，其余按固定顶储罐计算
	相邻罐		罐壁外表面积的1/2	2.0L/(s·m)	按实际冷却面积计算，但不应小于罐壁表面积的1/2

其中，移动式水枪冷却栏中，供给强度按使用φ16mm水枪确定，括号内数据为使用φ19mm口径水枪时的数据。着火罐单支水枪保护范围：φ16mm口径为8～10m，φ19mm口径为9～11m；邻近罐单支水枪保护范围：φ16mm口径为14～20m，φ19mm口径为15～25m。

（2）装卸油场所消防冷却水供水强度需满足下列要求：

①单股道铁路罐车装卸设施的消防水量应不小于30L/s；双股道铁路罐车装卸设施的消防水量应不小于60L/s。

②不超过2个车位的汽车罐车装卸设施消防水量应不小于15L/s；超过2个车位的汽车罐车装卸设施消防水量应不小于30L/s。

③航空加油站装油点消防水量可按15L/s设计。因为航空加油站装油点经常给大型油罐车装油，装油量较大，其火灾危险性较大，考虑室外消防水枪的出水量为每支7.5L/s，按同时使用2支水枪考虑。

④装卸油码头的消防给水设计流量应根据码头分级，按着火油船泡沫灭火设计流量、冷却水系统设计流量、隔离水幕系统设计流量和码头室外消火栓设计流量之和确定。消防

水量具体计算应按《消防给水及消火栓系统设计规范》(GB 50974)执行。

9.4.2 安防系统

机场供油工程中库(站)的安防系统一般包括门禁、视频监控、电子巡查、保安通信、周界报警、车辆进出管理等系统,以及采取防攀爬、防冲撞等措施。其中库(站)的出入口控制、电子巡查、保安通信等系统的设计应符合《安全防范技术工程规范》(GB 50348)的规定。安防系统前端设备应考虑防水、防潮、防尘、防破坏等防护措施。当前端设备必须安装在爆炸危险区域内时,应选用符合爆炸危险场所防爆要求的产品。安全防范系统的电源线、信号线经过不同防雷区的界面处宜安装浪涌保护器;室外安装的安防系统前端设备应有防直击雷和防浪涌措施。

库(站)宜在防护区重要通道或部位,以及主要生产作业场所,即储罐区、油泵棚(房)、航空油料装卸作业区、控制室等场所,应当设置视频监控,并设夜间辅助照明装置。视频监控系统的设计应满足下列要求:

(1)网络型数字视频监控系统的设计还应符合《综合布线系统工程设计规范》(GB 50311)的规定;

(2)视频图像信息保存时间应不少于90d;

(3)应有保证信息安全的身份认证及2级或以上的权限管理设定模式。

在库(站)的行政管理区和生产作业区(辅助生产作业区)之间的出入口、控制室、调度室等处宜设置门禁系统。飞行区外的库(站)围墙应采取防攀爬措施,包括滚网、电子围栏、激光或红外线对射入侵报警系统等。库(站)的电子围栏需选用张力式电子围栏及围界语音广播系统,其形成的警戒线需连续无间断(周界出入口除外);当报警发生时,防护系统需能显示周界模拟地形图,并以声光信号显示报警的具体位置。进出库(站)大门应设置防冲撞装置或破胎器。

库(站)的视频监控、周界报警应有报警信号输出端口,可按要求与机场安防系统联网,或接入当地公安机关报警联动系统。有特殊安防要求的重要库(站)的视频安防监控系统可采用周界越线检测分析、入侵探测启动等智能化视频处理技术。

9.4.3 给排水与污水处理

机场供油工程中所需供水主要用于生产环境中所需冲洗、冷却、化验分析,以及工作人员生活用水。一般来说,供油工程的水源应就近选用地下水、地表水、机场或城镇自来水。水源的水质应符合生活用水、生产用水和消防用水的水质标准。在实际建设过程中,给水系统的设计由该机场统一考虑,当选用自来水作水源时,进水管的压力宜不低于0.15MPa,由于机场油库、航空加油站一般在机场范围内,其供水管网距离较近,供水压力也有保证。机场供油工程的生产和生活用水量一般都较少,两者一般合并建设,这样有利于节省投资,当合并建设在技术经济上不合理时,亦可分别设置。

机场供油工程库(站)水源工程供水量的确定需要满足《石油库设计规范》(GB 50074)和《建筑给水排水设计规范》(GB 50015)的相关规定。此外,对于实验室给水而言,由于化验分析和设备对供水要求的不同，实验室用水应符合《分析实验室用水规格和实验方法》（GB/T 6682）的规定，进入实验室的给水总管应安装阀门和倒流防止器，且阀门应设置在易操作和检修的位置。

机场供油工程的排水主要包括生产过程中产生的含油污水、未污染生产废水及雨水、实验室污水、生活污水等。其中，含油与不含油污水应采用分流制排放。含油污水应在经过无害化处理后采用管道排放，未被油品污染的地面雨水和生产废水可采用明沟排放，但在排出库、站围墙之前应设置水封装置。水封装置与围墙之间的排水通道应采用暗渠或暗管。供油工程的排水采用分流制排放是为了防止污染、保护环境。含油污水若采用明沟排放，一旦库外某处发生火灾，很可能蔓延至生产区域，而采用暗管、暗沟、水封井都可以有效防止火灾的蔓延。含油污水管道宜采用金属管道，这样可以防止含油污水腐蚀，避免管道渗漏，采用铸铁管造价较低，个别支管由于接管原因可以使用钢管等方便施工的管材。

具体来说，储罐区防火堤内的含油污水管道引出防火堤时，应在堤外采取加装阀门、水封井等防止油品流出罐区的切断措施。含油污水管道应在油罐组防火堤处、建（构）筑物的排水管出口处、支管与干管连接处、干管每隔300m处设置水封井。并在排水管道通过库、站围墙处设置水封井。这样是考虑一旦发生火灾时，相互间予以隔绝，使火灾不致蔓延。而在围墙处设置水封井为防止事故时航空油料外溢或库外火源蔓延到墙内。漏油及事故污水的收集应符合《石油库设计规范》（GB 50074）的规定。在油车装卸油作业等易发生漏油事故的场地一般宜设置截油沟，这样可以将漏油或事故污水收集至隔油池，便于集中处理，避免污染环境。清洗油罐的污水、清洗设备的含油污水、航空油料汽车装卸作业区的含油污水、油罐区内被油污染的初期雨水应集中收集至隔油池统一处理。隔油池的容积宜按清洗油罐的含油污水量2倍确定，并应设置含油污水处理工艺。航空油料实验室的地面应设置地漏，试验台和通风橱的排水管应设水封，所有地漏应带水封。同时，实验室含油污水排放管道应设水封井，排放管道选用耐腐蚀、耐有机溶剂的材质。

为了节约成本，机场供油工程的生活污水宜依托周边企业处理，如果确实不能依托，应根据环保要求进行处理，达到排放标准后，可直接排放。由于航空加油站的含油污水量很少，航空加油站装油点宜设隔油池，将收集的含油污水宜运送至机场油库含油污水处理系统进行统一处理。为了安全防火，减少大气污染，保护人员健康，减少气候对处理效果的影响，处理含油污水的构筑物或设备，宜采用密闭式或加设盖板。

思考题

1. 机场供油工程涉及的设施设备标识，如何做到在不同的日照和气候条件下清晰可辨？
2. 机场供油工程中不同环境对供配电要求有何差异？
3. 为何机场供油工程中供油控制系统规定按建设目标年周转量进行分级？
4. 机场供油工程紧急关闭系统的启停装置是否设置越多越好？
5. 机场供油工程消防系统设计中，推荐采用哪种灭火剂，为什么？

参考文献

[1]谭惠卓.现代机场发展与管理[M].北京：中国民航出版社，2008.

[2]于贤福，石永春.油库技术管理[M].北京：中国石化出版社，1999.

[3]中国石油化工集团公司.GB 50074—2014 石油库设计规范[S].北京：中国计划出版社，2014.

[4]中国航空油料有限责任公司.MH 5008—2017 民用运输机场供油工程设计规范[S].北京：中国民航出版社，2017.

[5]中国航空油料有限责任公司.MH/T 6002—2008 民用航空油料设备完好技术规范[S].北京：中国科学技术出版社，2009.

[6]中国航空油料集团公司.MH/T 6097—2013 民用机场航空燃料设施设备识别标识[S].北京：中国民用航空局，2013.